国家自然科学基金项目（70373054、70773047）资助课题

聚焦三农：农业与农村经济发展系列研究（典藏版）

农地生态与农地价值关系

蔡银莺　张安录　著

科 学 出 版 社

北 京

内 容 简 介

本书以湖北省为研究范围,运用收益还原法、条件价值评估法分别估算出城市区域、江汉平原、鄂中丘陵、鄂西山地等典型地区不同类型农地的市场价值和非市场价值,较为科学地评估出农地的整体价值,摸清农地资源的价值构成及规律;在不同生态类型区个性分析、整体综合分析的基础上,探讨了农地生态特征与农地市场价值和非市场价值的关系,定量分析主导生态因子对农地价值的贡献;总结分析出不同时期、不同类型地区农地资源景观变化及价值变动规律,揭示了农地市场价值和非市场价值变化的影响因素和变化规律。

本书可供各级政府农业部门,土地资源管理、农林经济管理及环境资源管理相关领域的科研院所及高校师生参考。

图书在版编目(CIP)数据

农地生态与农地价值关系 / 蔡银莺,张安录著. —北京:科学出版社,2010 (2017.3 重印)

(聚焦三农:农业与农村经济发展系列研究:典藏版)

ISBN 978-7-03-027161-7

Ⅰ.①农… Ⅱ.①蔡…②张… Ⅲ.①农业用地-土地评价-研究-中国②农业用地-地价-评估-研究-中国 Ⅳ.①F321.1

中国版本图书馆 CIP 数据核字 (2010) 第 059036 号

责任编辑:林 剑 / 责任校对:钟 洋
责任印制:钱玉芬 / 封面设计:王 浩

科学出版社 出版
北京东黄城根北街 16 号
邮政编码:100717
http://www.sciencep.com

北京京华虎彩印刷有限公司 印刷
科学出版社发行 各地新华书店经销

*

2010 年 4 月第 一 版 开本:B5 (720 × 1000)
2010 年 4 月第一次印刷 印张:19 1/2
2017 年 3 月印 刷 字数:400 000

定价:**118.00** 元
(如有印装质量问题,我社负责调换)

总　序

农业是国民经济中最重要的产业部门，其经济管理问题错综复杂。农业经济管理学科肩负着研究农业经济管理发展规律并寻求解决方略的责任和使命，在众多的学科中具有相对独立而特殊的作用和地位。

华中农业大学农业经济管理学科是国家重点学科，挂靠在华中农业大学经济管理学院和土地管理学院。长期以来，学科点坚持以学科建设为龙头，以人才培养为根本，以科学研究和服务于农业经济发展为己任，紧紧围绕农民、农业和农村发展中出现的重点、热点和难点问题开展理论与实践研究，21世纪以来，先后承担完成国家自然科学基金项目23项，国家哲学社会科学基金项目23项，产出了一大批优秀的研究成果，获得省部级以上优秀科研成果奖励35项，丰富了我国农业经济理论，并为农业和农村经济发展作出了贡献。

近年来，学科点加大了资源整合力度，进一步凝练了学科方向，集中围绕"农业经济理论与政策"、"农产品贸易与营销"、"土地资源与经济"和"农业产业与农村发展"等研究领域开展了系统和深入的研究，尤其是将农业经济理论与农民、农业和农村实际紧密联系，开展跨学科交叉研究。依托挂靠在经济管理学院和土地管理学院的国家现代农业柑橘产业技术体系产业经济功能研究室、国家现代农业油菜产业技术体系产业经济功能研究室、国家现代农业大宗蔬菜产业技术体系产业经济功能研究室和国家现代农业食用菌产业技术体系产业经济功能研究室等四个国家现代农业产业技术体系产业经济功能研究室，形成了较为稳定的产业经济研究团队和研究特色。

　　为了更好地总结和展示我们在农业经济管理领域的研究成果，出版了这套农业经济管理国家重点学科《农业与农村经济发展系列研究》丛书。丛书当中既包含宏观经济政策分析的研究，也包含产业、企业、市场和区域等微观层面的研究。其中，一部分是国家自然科学基金和国家哲学社会科学基金项目的结题成果，一部分是区域经济或产业经济发展的研究报告，还有一部分是青年学者的理论探索，每一本著作都倾注了作者的心血。

　　本丛书的出版，一是希望能为本学科的发展奉献一份绵薄之力；二是希望求教于农业经济管理学科同行，以使本学科的研究更加规范；三是对作者辛勤工作的肯定，同时也是对关心和支持本学科发展的各级领导和同行的感谢。

李崇光

2010 年 4 月

目　录

农地生态与农地价值关系

导　论

0.1　研究背景

0.1.1　农地保护的双重压力：经济发展和生态管护

温家宝总理曾经指出："发达国家管理保护土地资源，已经跨过了数量管护、质量管护两个阶段，正向生态环境管护地更高层次发展，而我国耕地数量管护还处在初级阶段。"① 可见，农地的生态管护是我国未来加强土地管理的必然趋势。

农田、森林、草地、水域等农地是土地生态服务的主要载体，是稀缺的自然资源和不可替代的生产要素。作为人类赖以生存和发展的物质基础，农地提供粮食、蔬菜、木材等实物型产品，以及开敞空间、景观、文化服务等非实物型生态服务，为人类带来巨大的社会福利。然而，"农地始终是城市土地的源泉"（张跃庆等，1990）。近年来，随着经济建设及城市化进程的加快，对土地资源的需求日益增加，城市用地不断向外扩张、蔓延，非农建设用地增长迅速，城市用地扩张和农业用地丧失的加剧已成为焦点问题。同时，我国人口多、农地稀缺的基本国情决定了保护农地与保障经济建设始终是一对难以调和的现实矛盾。经济的高速增长以农地的低效耗竭为昂贵代价，成为许多矛盾激化的触发点、聚集点。据统计，全国每年从农民手中征用的土地将近 20 万公顷，因征地引起的农村群体性事件已占到全部农村群体性事件的 65% 以上，成为影响农村乃至社会稳定的一个突出问题（陈锡文，2006）。在经济发展过程中，既要保护人们赖以生存的农地资源，又要满足经济建设所必需的用地供应，协调农地管护和经济发展的现实矛盾，探寻两者的均衡，成为当前摆在人们面前亟待解决的一个重大课题。

在市场经济及快速城市化进程阶段，农业生产面临比较优势的压力：农地

---

① 温家宝总理在 2000 年全国国土资源厅局长会议上的讲话。

比较利益低下，机会成本较高、经济报酬较低、风险较大，工商业用地经济价值较高。就我国来讲，城乡生态经济交错区工业用地效益是农地效益的 10 倍以上，商业用地效益更高，一般为耕地效益的 20 倍以上（张安录，1999），农地和城市用地经济产出差异明显。农地比较利益低下的根本原因在于，农地所提供的开敞空间、景观等舒适性服务，有些能够在市场上得到交易，有些间接与市场有关，更多的由于服务的外部性、公共物品属性，无法正常地通过市场交易实现或配置。因此，长期以来传统经济学对土地价值的认识仅仅停留在单纯的或狭义的经济价值的基础上，忽视了土地所拥有的生态功能、景观功能、食物安全以及代际公平等外在于市场的价值（蔡运龙，2000）。也因为此，人们对农地强大的生态系统服务功能及外部效益长期漠视，对农地资源的开发利用存在短期行为，往往只看到资源的使用价值，只重视增田、增产、增收，对农地过度开发和掠夺性经营，致使农地生态环境严重破坏，造成土地地力匮乏、污染加重、森林覆盖面积缩小和湖泊消失等一系列不可逆转的生态环境问题。《2004 年中国环境状况公报》（国家环境保护总局，2005）指出：我国现有耕地总体质量偏低，存在土壤养分失衡、肥效下降、环境恶化等突出的生态问题。2004 年全国农药施用量为 132 万吨，化肥施用量为 4412 万吨。施肥比例失调，氮、磷、钾肥的施用比例为 1：0.39：0.22，而世界平均为 1：0.6：0.4。有机肥施用量仅占肥料施用总量的 25%，而合理比例应占 40% 左右。微量元素肥料施用面积仅占应施用面积的 15% 左右。根据全国第二次遥感调查结果，中国水土流失面积 356 万平方公里，占国土面积 37.1%。其中水力侵蚀面积 165 万平方公里，风力侵蚀面积 191 万平方公里。水土流失遍布各地，几乎所有的省、自治区、直辖市都不同程度地存在水土流失。而这不仅发生在山区、丘陵、风沙区，而且平原地区和沿海地区也存在，特别是河网沟渠边坡流失和海岸侵蚀比较普遍。

此外，我国现行的国民核算体系尚未能体现生态系统的间接价值，只重视对经济产值及其增长速度的核算，传统的经济发展观念仍以物质财富的增长为核心，以国民生产总值或国内生产总值作为主要衡量指标。地方政府在农地转用决策中通常缺乏考虑农地的非市场效益，为了在短期内带来以 GNP 或 GDP 为表征的地区经济效益的增加，致使大量的农地转用到经济产值相对较高的工业、商业、住宅等用途。改革开放 30 年来，我国 GDP 年均增长 9.4%。同时，我国也成为世界上单位 GDP 能耗最高的国家之一。2003 年我国每万元 GDP 能耗是日本的 8 倍、美国的 2.3 倍、欧盟的 4.5 倍、世界平均水平的 2.2 倍（世界财经报道，2006）。低效率的经济增长意味着在同等情况下，需要将更多的土地用于工业化和城市化，从而侵蚀了生态服务的基础（戴星翼等，2005）。换言之，我国现行的经济增长以农田、森林、湿地和草地的损失，以农民社会福利的损失为代价。改革开放 30 年来，国家通过低价征用农地，最少使农民损失 2 万亿元（陈锡文，2006）。1978 ~ 1994 年的 16 年间我国城市化水平由 17.92% 提高到 28.62%，城市建成区面积由 8 842 平方千米扩大到 20 465 平方千米，耕地面积却由 9938.95 万公顷 减少到 9 490.67 万公顷，城市化水平每提高一个百分点将减少耕地面积 45 万公顷（陈江龙，2003）。1996 ~ 2003 年全国耕地资源呈明显的持续减少趋势，累计减少 664.7 万公顷，年均减少面积 94.96 万公顷（张士功，2005）。

农地城市流转是实现工业化和城市化所必须付出的一种代价，已经成为经济发展和工业化、城市化中的普遍现象。在国际上，日本和韩国及我国台湾省在实现城市化过程中每年耕地面积递减率为 1.2% ~ 1.4%。2004 年我国城镇人口达 56 212 万人（中国经济年鉴，2006），全国城市化平均水平已达到 43%（按城镇人口测算）。按照国际经验，当城市化水平达到 30% 的临界值时，将进入快速城市化阶段。城市化是社会进步的一个重要标志。我国要实现工业化和现代化，城市化是一个不可逾越的发展过程。土地是城市的依托，城市化建设必须要有一定的土地作保障，不可避免地需要占用一定的农地。近年来，由于工业化和城市化的高速发展，我国耕地正在大面积地被占用。据全国土地利用变更调查报告（国土资源部地籍管理司，2002）表明，2002 年全国各省、自治区、直辖市建设占用耕地面积占耕地减少量的 2.6% ~ 44%，耕地减少的数量惊人。目前，我国部分省份已进入快速城镇化阶段，近期建设用地供需矛盾尤为突出。在 WTO 背景下，伴随市场的压力和劳动生产率的提高，到 2010 年将有 1500 万的农业劳动力转移到非农行业，其中，一部分通过农产品深加工业就地转化，另一部分将转向城市；入世后，随着经济社会的发展和土地的资源功能和资产功能的不断显化，工业、城镇以及基础设施用地量必然进一步扩张。因而，在今后很长一段时期内农地保护与城镇建设之间的矛盾将愈加尖锐，对农地价值进行货币化计量，无疑是对农地问题内生化处理的一种可行方法。

0.1.2　农地保护的双重困境：市场失灵和政策失效

传统经济学理论认为，价值的确定和实现在于交换，而交换的集合是市场，市场是价值确定和实现的首选工具（戴星翼等，2005）。然而，农地具有自然和社会双重属性，一方面，既是作为不可替代的生产要素存在，具有明确的权属关系（有物主或所有者）和排他性；另一方面，又是稀缺的生态环境要素，能够为社会公众提供调节气候、涵养水源、维护生物多样性、提供开敞空间等诸多的生态系统服务功能。为此，农地向社会公众提供两种完全不同属性的物品和服务。前者，农地作为生产资料，为农地产权所有者和使用者提供农产品，带来经济收益；后者，农地作为环境要素，为社会公众提供环境财物及社会福利等公共物品，具有不可分割和非排他性。然而，在农地资源的价值体系中，由于后者没有市场或难以有效地通过交易机制实现，缺乏价格信号，无法依据市场价格来反应价值，即农地资源的非市场价值在我国现行的市场构架和政府政策下，几乎不被市场所涵盖，既没有所有权，也没有价格。因此，农地资源外在于市场的这部分价值往往在实践生活中被人们忽略，甚至预支。农地公共物品、外部效应和价格信号缺少或失真等原因导致"自由"市场机制的失效，农地的价格无法按其边际成本最优定价。在市场失灵条件下，农地资源不能通过市场实现最优配置，出现无效率的浪费和滥用，导致环境的污染、破坏和失地农民等系列社会和环境问题。据农业部的相关信息，随着工业化和城镇化的推进，我国农村每年约有13.33多万公顷的耕地被占用，每年可能有100多万的农民失去耕地（王姝，2006）。

市场失灵的情况下，政府的政策干预是必要条件。然而，当前在市场失灵的同时，政府的政策干预也同样存在失灵现象。尽管当前我国实行土地用途管制、基本农田保护制度、耕地总量动态平衡等世界上最严格的耕地保护制度，但现行的许多农地保护政策或制度仍然缺乏激励机制，存在农地保护陷入困境、资源在保护中流失、运行效果不佳等"政策失效"的现实。尤其是农地保护难以实现经济效益，农业市县往往是贫困市县。保护农地意味着放弃发展机会的现实窘境，更加促使一些地方政府在信息不对称条件下规避农地保护责任，追逐近期经济效益。国土资源部 2005 年对全国 16 个城市进行卫星遥感监测，发现违法用地的宗数占到新建设用地的 60%，面积占到 50%，个别地方甚至达到 90%；1999 年新《土地管理法》实施以来，全国的土地违法案件查处情况的统计显示，地方政府违法立案查处的案件所占的比例大概将近 20%，涉及的土地面积达 60%（吴歆，2006）。实践证明，中央政府保护农地所做的努力均被地方政府在农地保护和发展地方经济平衡问题上的制度创新所抵消（陈会广，2004）。诸如，经济发达省市出现的"耕地占补平衡"指标买卖现象、基本农田"异地代保"现象，而粮食主产区出现的只顾本地区自给自足等现象。如马歇尔所言，在出现政策干预、市场失效和外部性的情况下，市场价格就难以反映耗竭性资源的相对稀缺。以一种失灵替代另一种失灵，一定不会增进社会的整体福利水平。因此，真实、合理地评价农地资源客观存在的保护效益，为从制度上优化政府的管制效率提供理论依据，才能最终为农地撑起永久的"保护伞"。

0.2 研究意义

0.2.1 为农地城市流转决策提供理论参考值

农地和城市用地之间巨大的经济产出差异是加剧农地城市流转的一个重要原因，单纯依靠市场机制的作用难以达到土地资源配置的帕累托最优状态。据统计，1987～1995年，我国因城市基础设施的开发与扩展损失耕地面积近100万公顷，占同期耕地损失与功能转化总量的20%，其中近1/4集中在经济发展迅速的东部地区（世界银行，2001）。长期以来，正是因为人们对农地资源的开发利用往往仅局限于对其经济产出价值的认识，对其涵括社会效用和生态效益在内的非市场价值研究甚少，从而使农地保护的理论与实践滞后，缺少对农地生态系统应有的保护和投入。在此情况下，将农地资源的价值货币化，一方面，使得人们在农地城市流转决策时可以明显地比较出农地农用和农地非农化两者的相对重要性，以此决定利用或开发的优先顺序，有助减少和防止破坏性的经济行为；另一方面，科学地评估农地资源保护的总价值，将其纳入农地资源的成本核算体系中，不仅能够弥补市场机制作用不足给农地流转决策带来的影响，而且通过提高土地资源农业利用的比较效益，能够起到缓解农地流失的作用。湖北省是全国著名的商品粮、棉、油基地，地貌类型复杂多样，农地生态与农地市场价值的研究对于全国的粮食安全、长江水域生态系统和两湖平原湿地生态系统的保护有着重要的现实意义，为协调地区经济发展和农地保护的现实关系提供重要的理论和决策依据。

0.2.2 为完善农地分等定级估价规程，制定农地保护政策和农地制度的创新提供理论依据

农用地分等定级与估价项目是新一轮国土资源大调查工程中一项十分重要的工作内容，农用地分等定级与估价的成果可以为我国土地资源管理中的农业土地资源潜力分析、编制土地利用总体规划、耕地占补平衡、土地开发整理、征地制度改革等众多领域提供科学的数据依据，这些成果数据将成为我国国土资源管理乃至整个国民经济发展研究领域宝贵的基础数据。然而，目前的农地分等定级与估价主要考虑的是农地的经济产出，考虑的分等、定级和估价的因子主要是社会经济要素，因此评估出的农地价值仅仅是农地总价值的一部分，即农地的市场价值或使用价值（use value or market value），而遗漏了农地的非市场价值（non-market value or non-use value），即所谓的存在价值（exist value）

和馈赠价值（bequest value）和选择价值（option value）。据美国学者 Walsh 等（1984）曾经对科罗拉多野生动物保护的非市场价值做出估计，存在价值、选择价值和馈赠价值三项价值大约是农地保护总价值的 40%。Drake 1986 年 5 月应用 CVM（contingent valuation method）评估瑞典农地景观的非市场价值，评估出农地景观每年的非市场价值在 975 克朗/公顷（折合 140 欧元/公顷）；Navrud（1988）对 Broker 及 Stoll 地区农地保护在水资源质量改善上的非市场价值的估算也表明，非市场价值为总价值的 63%；三菱综合研究所 1991 年对日本全国水田的非市场价值评估结果表明，日本水田的非市场价值为 12 兆日元，而同期水田的稻谷产出额为 3 兆日元，水田的非市场价值是经济产出价值的 4 倍（宋敏，2000）。毫无疑问，非市场价值是资源环境价值中无法忽略的重要组成部分，若忽视农地客观存在的这部分价值，必然会低估农地经营和农地保护的效益，而以此为依据制定的农地制度改革和其他相关政策也会发生扭曲，最终导致政策失灵。在此情况下，科学地揭示不同区域、不同类型农地的生态背景，主要生态因子与农地产出的关系，获取基础数据，全面地评估出农地的市场价值和非市场价值，对于完善农地分等定级估价规程，制定农地保护政策和农地制度的创新具有重大的现实意义和广阔的应用前景。

0.2.3 为农地生态补偿提供理论依据

农地保护以保育环境、确保国家粮食安全为目的，实质是一项具有明显地区外部性的公共行为。然而，一方面，我国现行的农地保护制度目前多是作为行政任务执行，农地保护给社会带来的粮食安全、环境保护等绝大部分效益被周边地区乃至全社会共享，而保护的成本却由行为者承担，保护者或保护地区未得到相应的补偿，存在"搭便车"和"政策失效"的问题，缺乏应有的激励机制或作用。另一方面，现代农业允许农民大量投入以保持恒定的高收获量，以化肥、农药的大量投入为特征，追求短期的高产、增收的效益，漠视土地地力和生态环境的维护，不仅造成了土地退化，还带来了农药污染、化肥污染等环境污染问题。为此，对农地保护效益，尤其是农地非市场价值的评估，可以为农地保护补偿提供科学的理论依据，诸如为水源地及相关保护区农地使用受限的损失补偿提供依据。自 20 世纪人们认识到公共物品和外部性问题是造成生态和环境问题的原因，以及政府直接管制在解决这一问题的低效率以来，世界各国均采用了各种不同的经济手段试图解决外部性问题。其中，生态补偿就是这样一项重要的、较有成效的经济刺激手段。生态补偿以消除由于损耗或保育生态环境这种公共物品而带来的外部性，即外部成本的内部化，从而达到保护生态环境的目的。例如，法国早在 1960 年就通过一项法律，授权自然区域和敏感性区域征收一种部门费，收取的费用与公众的捐助一起作为土地管理的费用（王学军等，1995）。在全世界范围内，根据1992年里约联合国环境与发展大会提出的可持续发展的公平原则，发达国家每年拿出GDP的0.7%补偿给发展中国家，以帮助发展中国家摆脱贫困，保护生态（孙昌金等，2002）。为此，尝试建立农地保护的生态补偿机制，规范人类活动的性质和干扰程度，限制土地的过度开发，补偿和恢复农地景观的生态功能，对于合理规划土地利用，优化农地景观格局，改善地区的环境质量具有重要的作用。

0.3 研究目的

第一，通过对湖北省不同典型区域、不同类型农用地生态背景及土地利用变化的效果进行全面调查，查明影响农地价值的主导性生态因子以及农地生态对农地价值的贡献程度，为改善生态环境，保护不同类型农地和科学地评估农地的总价值提供科学依据。

第二，揭示不同区域、不同类型农地的生态特征值的动态变化过程与农地单位产出的互动关系，建立互动关系模型，定量分析各主要生态因子对农地价值的贡献。

第三，对农地的总价值，特别是农地的非市场价值进行科学评估，修订和完善当前的农地分等定级成果，为农地制度改革、农地保护、农业竞争力的提高打下坚实的基础。

0.4 研究内容

根据研究目的，农地生态与农地价值关系研究主要包括以下内容：

第一，从理论上探讨农地生态属性、农地资源价值构成、农地生态与农地价值的关系，为农地生态与价值实证研究奠定基础。

第二，分析农地景观变化及趋势，并运用生态足迹、能值分析等方法，以湖北省为例，具体探讨江汉平原、鄂中丘陵、鄂西山地、城市区域等典型地区农地的生态负荷、生态承载力、系统优势度、系统稳定性等生态特征，揭示环境资源在农业生产中的贡献度。

第三，运用相关资源价值评估理论与方法，从农地的市场价值评估与非市场价值评估两方面对农地价值评估理论与方法进行梳理；并结合我国农地资源价值核算的实际情况，运用收益还原法、条件价值评估法分别估算不同类型农地资源的市场价值和非市场价值，科学地评估农地资源的整体价值或保护效益。

第四，选择典型区域（江汉平原、鄂中丘陵、鄂西山地、城市区域、湖北省）进行实证研究，评析农地生态特征、估算农地市场价值、探寻区域生态特征与农地市场价值的关系，寻找制约区域农地资源价值的主导因子；通过调查问卷、大规模入户调查（有效问卷 1248 份）的方式取得较为翔实、准确的农地经济产出、公众参与农地保护的响应意愿、农户个人及家庭特征等相关数据资料，借鉴国内外的研究成果，科学地揭示不同区域、不同类型农地的生态特征的动态变化过程与农地经济产出的互动关系，建立互动关系模型定量分析各主要生态因子对农地价值的贡献度，揭示农地生态经济系统的快、中、慢变量和序参量，归纳出农地质量和价值变化的关系规律。

第五，选择典型区域（江汉平原、鄂中丘陵、鄂西山地、城市区域及湖北省）进行实证研究，科学地估算农地非市场价值，揭示各类型地区公众参与农地保护意愿或偏好的影响因素及区域差异规律，进一步探寻农地生态特征与农地非市场价值间的关系规律。

0.5 技 术 路 线

围绕研究目的及内容，研究采用的技术路线如图 0-1 所示。

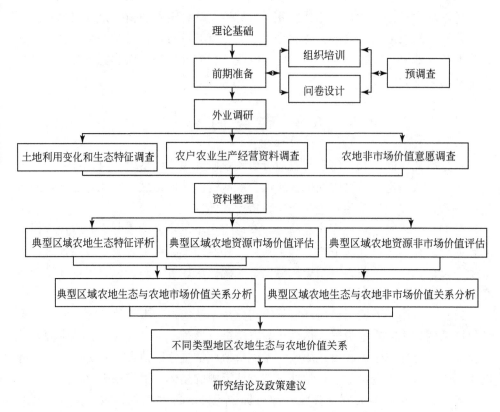

图 0-1 农地生态与农地价值关系研究技术路线

第1章
农地生态与农地价值研究的理论
基础、主要方法与进展

环境及资源管理涉及的理论基本分为两类：一类是以经济学和管理学为基础的社会经济分析，例如成本效益分析和与个人主观偏好判断为依据的环境评价（willingness to pay，WTP；contingent valuation method，CVM 等）、系统分析、多准则决策模型（Multicriteria decision-making，MCDM；Multiattribute utility theory，MAUT 等）；另一类是以生态系统理论为出发点的系统生态学、景观生态学、生态经济学等，强调通过对环境系统的了解，再进一步探讨人文因素介入后的影响（黄书礼，2002）。

1.1 农地生态与农地价值研究的理论基础

1.1.1 生态系统理论

台湾学者黄书礼教授（2002）在整理、归类综合性期刊 Journal of Environmental Management 在 1995～2000 年间的 400 多篇文章后，发现将生态系统理论应用到环境资源管理研究中的仍占少数，目前仍以社会经济分析为主流。他认为，环境和资源管理所探讨的对象是环境系统，因此仍然需要对生态学原理有所了解，尤其要以生态系统理论作为研究的基础。

1.1.1.1 农地生态系统

农地生态系统是人类为了满足生存需要，干预自然生态系统，利用农作物的生长繁殖来获得物质产品而形成的人工或半人工生态系统。该系统是由农作物及其周围环境构成的物质转化和能量流动系统，在自然生态系统基础上叠加了人类的经济活动而形成的更高层次上的自然与经济的统一体。在农地生态系统中，人类活动作为主导因子起决定作用，从而决定了农地生态系统在结构和功能上具有独特的性质。总的来说有四个突出的特点：物质、能量的输入和输出量大；大量的人工辅助能量的投入；食物链趋于缩短；残遗物利用趋于加长（蓝盛芳等，2002）。农地生态系统作为土地生态系统的重要组成，是人类赖以生存和发展的物质基础，它向人类提供生活必需的一切资源和环境条件，包括粮食、蔬菜、木材等实物型产品，以及开敞空间、景观、文化服务等更多类型的非实物型生态服务，为人类带来社会福利，存在巨大的经济价值。

1.1.1.2　生态承载力

随着人口的不断增长，人口及各种人为干扰活动对农地生态系统带来巨大的压力。为此，资源环境保护者倾向于将农地生态系统的初级生产能力和承载能力结合起来研究（Vitousek et al.，1986），强调资源是否需要保护或应该保护到什么程度取决于资源的承载能力和维护的最低安全标准。为此，人们的视点开始聚集在生态系统对人类系统的制约上，探讨人类社会的生态承载力问题。生态承载力是生态系统维持自我维持、自我调节能力以及环境系统的容纳能力。这种能力是用社会经济活动强度和具有一定生活水平的人口来衡量，表现为可支持的经济规模和人口数量（高吉喜，2001）。探究农地生态与农地价值关系的主要目的在于确保人类在利用土地的同时，能够与自然环境之间和谐发展，达到使人类免于遭受环境品质恶化与自然灾害的威胁之外，还能够获得自然环境所提供的生态系统保育功能，两者互利共生。最早应用承载力观点来探讨人类与资源环境之间的关系，可以追溯到 20 世纪 60 年代末～70 年代初期，McHarg（1969）所建立的生态土地使用规划方法和罗马俱乐部赞助的"增长的极限"研究（Meadows et al.，1974）。McHarg 的方法与理念强调对一个地区形成的自然作用的了解，分析环境资源在空间分布上的差异性，以此规划环境敏感地区，并探讨土地利用的适宜区位，使土地开发对环境负面效果减到最小。"增长的极限"研究将承载力观点应用到探讨全球性资源的可利用性、人口量、环境污染、食物供给和环境品质之间的互动关系。

Holling 和 Goldberg（1971）应用生态系统理论进一步解释承载力的观点，指出生态和城市系统的承载力不只是一个固定的均衡点，而是分布在恢复力（resilience）的稳定范围内。

Common 和 Perrings（1992）采用恢复力的观点分析生态系统和经济系统的关系，他们认为从营养位阶（trophic level）的角度来看，经济系统只是生态系统中的一项，经济系统只关心本身而不考虑别的营养位阶，相当于是自然界的一项干扰因素经常去扭曲资源配置。这种人为的干扰越大，越会降低系统的恢复力，生态系统的稳定性就越低。在运用承载力观点探讨人和自然环境的关系时，必须同时了解两者之间的演变。Norgaard（1984）把共进化（coevolution）的观念扩充解释到社会系统和生态系统的相互关系中，提出共进化发展是一种存在于生态系统与人类经济系统之间，属于正面、互惠的回馈过程。H. T. Odum 所提出的生态能量流动来探讨自然与人文系统关系的理念和方法又对承载力产生了另类的思考。H. T. Odum（1971，1981）指出一个地区的承载力取决于各种能量的输入，包括可再生能量和外界投入的不可再生能量以及经济投入。一个地区可以利用的能量越多，承载力也越大。一个地区受人为因素介入的承载力不但具有空间的异质性，而且具有动态性。

1.1.1.3　能值理论

能值理论是 20 世纪 80 年代由美国著名的生态学家 H. T. Odum 创立，用来研究生态系统与人类社会经济系统，定量分析资源环境和经济活动的真实价值以及它们之间的关系。H. T. Odum（1996）将能值定义为：产品或服务形成过程中直接或间接投入应用的一种有效能（available emergy）总量。其理论依据是：生态经济系统是一个自组织系统，任何形式的能量都来自于太阳能，随着能在系统中的流动，一部分能散失掉（熵），同时形成具有较高能量等级的新形式的能。通过追溯研究，任何一种形式的能都可以用同一种形式的太阳能来表示。由此可知，不同类型的能量具有不同的能级和能质，随着能量从低等级的太阳能转化为较高质量的绿色植物的潜能，再传递和转化为更高质量和更为密集的各级消费者的能量，能量数量的递减伴随着能级的升高；各类能量之间具有特定的转换关系，即能值转换率，通过能值转换率就可以把不同类型的能量转化为同一量纲的能值，在此基础上对研究对象进行全面和科学的分析。能值分析理论是一种重要的生态价值测度理论和生态经济评价方法，能够为研究环境资源的定价提供一个新途径，尤其对于市场方法难以估价的许多自然资源的评价是一种有效途径。此外，能值分析为定量分析生态系统和复合生态系统提供了一个衡量和比较的共同尺度和标准，该理论把自然、社会和经济等亚系统统一起来，可以定量分析自然和人类社会经济系统之间的关系，估计生态环境的承载力（Campbell，1998；董孝斌等，2004）。但也有一些学者认为，能值分析方法把生态系统与人类社会经济系统统一起来，用于调节生态环境与经济发展的关系，具有一定的意义。但对经济学来说意义不大，甚至经常会有误导（张耀启等，2005）。为此，本书仅运用能值理论分析农地生态系统中环境资源的贡献度，揭示农地生态系统的环境负荷、系统优势度等特征。

1.1.2　农地价值理论

价值问题是经济学研究的重要内容。虽然资源价值理论的研究仍远远落后于实践需要，并且完整的价值理论体系尚未建立，但围绕着价值研究已经形成许多理论学说，包括劳动价值理论、效用价值理论、补偿价值理论、功能价值理论、生态价值理论、哲学价值理论等。总结价值理论的相关研究，与本研究最直接相关及具有指导作用的理论有劳动价值理论和效用价值理论。

1.1.2.1　劳动价值理论

劳动价值理论从商品交换关系中抽象而来，核心在于强调劳动创造价值。从传统意义上，运用劳动价值理论衡量农地资源的价值时，只从人类实际投入农地中的人力、物力、财力等具有明确使用的价值来定向，能够为农地经济价值的评估提供充足的理论依据。但一些学者也认为（蓝盛芳等，2002），劳动价值理论以人类付出的劳动决定商品的价值，是一种成本价值论，这种价值论忽略了资源环境本身的价值及贡献，仅以人类的劳动价值来衡量商品价值，是不全面的。Kaufmann（1987）在比较以生物物理为基础的经济学派和马克思学派后，指出两个学派可互补对方的不足。Kaufmann 认为劳动力并不是最根本的动力，而应将其扩充到涵括自然界所提供用来驱动"生产"的可再生与不可再生能量。众所周知，农地资源除了确保人类的粮食安全，满足生存需要之外，亦提供生态保育、净化空气、涵养水源、美化环境等非使用价值。从资源环境角度而言，农地作为一个人工—自然复合系统，受人类活动的不断作用，事实上已经凝结着人类的劳动。诸如，农地保护是人类为使农地的数量及质量达到满足生存需求的标准和要求，付出一定量的劳动来从事农地生态环境的维护和建设。因此看来，农地的生态环境是能够满足人类需要的，具有使用价值，且由于要达到这种使用价值，人类耗费一定的劳动。按照马克思关于价值是"无差别人类劳动的单纯凝结"的理论，农地的自然生成的服务功能也应该是有价值的。但是，虽然从凝结人类劳动的角度，劳动价值理论能够解释部分农地非市场价值的存在，但要完整地解释农地非市场价值则需要进一步结合西方经济学的效用价值理论。

1.1.2.2　效用价值理论

效用价值理论是从人对物的评价过程中抽象出来的，在本质上反映着人与自然的关系，注重对人类福利和商品效用的关系研究，因此适合研究环境问题（蔡剑辉，2004）。由于农地作为资源环境的重要组成部分，除了物质生产功能外，还具有人类生活空间和景观美学的功能，向消费它的人类提供一定的效用。因此，可将效用理论引入到农地非市场价值的评估领域。

1.1.3　农地价值构成理论

资源价值构成的科学分类是价值评估的基础。近年来，随着资源环境经济学的发展，自然资源无价向有价的实质性突破带动了农地价值理论的提升和发展，基本结束土地有价、无价的长期争论，逐步改变传统经济学对农地价值仅停留在狭义经济产出价值上的认识，农地资源的非市场价值研究引起相关学者的关注（Halstead，1984；Drake，1992；Loomis et al.，2000）。尽管国内学者对农地价值也有一些探索性的研究（汪峰，2001；霍雅勤等，2003；张芳，2003；赵学涛，2003；武燕丽，2005；王瑞雪，2005；高云峰，2005），但目前对农地资源的价值分类仍存在较多争议，尚无统一定论。因此，寻其根源，仍需要参考资源环境的价值构成对农地总价值及其内涵进行界定。

从经济的角度出发，价值的概念通常被广泛定义为一切社会福利的净效益。这一概念使得环境价值已经不再仅仅局限于人们利用资源所得到的利益，还包括使用资源后的心理满足程度或效用，即消费者剩余。具体来说，商品的价值是消费者为获得某件商品所愿意支付的最高价格，而净价值是为获得该件商品所愿意付出的最大支付意愿与实际必须支付的价格之间的差额。自然资源的服务功能具有多面性、复杂性，其价值按照不同的表现形式和功能往往可以划分为不同类型。诸如，区别于传统忽视环境资源价值的理论和方法，英国环境经济学家Pearce 等（1990）认为，资源价值的货币化是以效用主义为基础，直接或间接地满足人们的偏好所产生的价值，并在概念上系统地讨论了环境资源经济价值的构成，对环境资源的价值内涵进行了重新界定。Pearce 等认为，环境资源的总经济价值由使用价值和非使用价值组成，下面又可分为直接使用价值、间接使用价值、选择价值和存在价值四个构成要素。随后，相关的学者也从不同的角度和出发点分别对资源的价值进行划分，代表性的观点见表1-1。目前，众多的文献普遍认为资源价值分为使用价值和非使用价值两部分。

非使用价值是一个抽象的概念，它所衍生的经济价值多为无形且不容易被人们所察觉的环境效益和社会效用。非使用价值相当于生态学家所认同的某种物品的内在属性。Krutilla（1967）是最早提出资源非使用价值概念的经济学家。1967年他在《美国经济评论》发表的"自然保护的再认识"一文，提出"舒适型资源的经济价值理论"，认为此类资源具有唯一性、真实性、不确定性和不可逆性。Krutilla 认为，价值的存在源于公众对保护资源有 WTP 或 WTA，并区分使用价值、选择价值和存在价值的概念，为研究资源非市场价值奠定了理论基础。选择价值是指在不确定的决策下，特别是当决策对资源的使用具有不可逆性时，决策者为取得更充足的信息而延后决策所可能获取的效益（Arrow et al.，1974）。换句话说，是人们为了保存或保护某一环境资源以便在将来做各种用途时，所愿意支付的数额。存在价值与人们现在使用和未来的选择使用无关，是人们对某一环境资源存在而愿意支付的数额。Krutilla 提出这个概念时，认定人们愿意支付代价保留资源的唯一动机，是为了将资源流传给自己后代，与人们自己是否使用它没有直接关系。尽管 Krutilla 与 Fisher（1975）都强调将资源流传给自己后代是存在价值形成的唯一动机；而 McConnell（1983）则认为利他动机是有存在价值的主要原因。Randall（1987）则认为不管源于何种动机，只要知道某种环境资源持续存在，对个人有效益的都统称为存在价值。馈赠价值与存在价值相似，也是人们希望为未来保留财产的选择，是指为后代保留某种环境资源的使用价值和非使用价值的价值。

表 1-1 国内外学者关于资源价值构成的代表观点

代表学者	资源价值构成	
Pearce 等（1990）	使用价值	包括直接使用价值和间接使用价值
	存在价值	
	选择价值	包括个人、其他人及子孙后代将来的使用价值
McNeely 等（1991）	直接价值	包括消耗性使用价值和生产性使用价值
	间接价值	包括非消耗性使用价值、选择价值、存在价值
Turner（1991）	使用价值	间接使用价值、间接利用价值、选择价值
	非使用价值	存在价值、馈赠价值
Gowdy（1997）	市场价值	
	非市场价值	
李金昌（1999）	物质性产品价值	或有形的资源价值
	舒适性服务价值	或无形的生态价值
当前采用较多的分类	使用价值	包括直接使用价值、间接使用价值
	非使用价值	包括存在价值、选择价值、馈赠价值

在一定程度上，农地资源具有公共物品的属性，存在正的外部性，能够提供资源基础功能、废物降解功能、环境舒适功能、维护生物多样性、开敞空间、文化教育和公众健康等诸多功能。农地利用不仅给农户或生产者本身带来直接的经济效益，而且作为公共物品给所有的社会成员带来生态效益或间接的社会效益，这种关系可通过图 1-1 阐释。其中，对农户的效用主要体现在资源的生产和养育功能上，其价值表现为土地上最适宜种植的农作物所带来的地租量的现值；而其他方面的效用主要是外溢、利他的，所有的社会成员无需通过市场交易、无需付出费用或任何劳动均可享有。因此，农地资源的真实价值不仅包括能够用市场价格反映的部分，而且应涵盖目前无法通过市场价格反应的外溢部分。其中，将农地资源当前能够用市场价格反映的部分归为农地资源的市场价值，无法通过市场价格实现的外溢部分为农地资源的非市场价值，与 Gowdy（1997）及李金昌（1999）的分类相似。农地市场价值是农地资源目前的使用价值或经济产出效益，即传统价值理论中所指的价值部分，也是早期研究中的期望消费者剩余（expected consumer surplus）。农地非市场价值游离于市场之外，无法有效地通过市场交易机制实现而又客观存在的价值部分，涵括农地的间接使用价值及远期使用价值——选择价值（option value）、农地的馈赠价值（bequest value）和存在价值（existence value）。其中，选择价值是指人们虽然现在不使用农地资源的某项效益或功能，但是未来可能会需要使用，于是为了确保未来要用时能够随时可用，消费者现在所愿意提前支付的代价（Bishop，1982）；存在价值也称内在价值，是人们为确保农地资源的各项服务功能能够继续长时间存在所愿意支付的价值；馈赠价值是一种“持续发展”的理念，是人们基于代际公平，为子孙后代将来能够继续利用农地资源所愿意支付一定的代价来保护资源，避免资源被过度的利用和滥用。

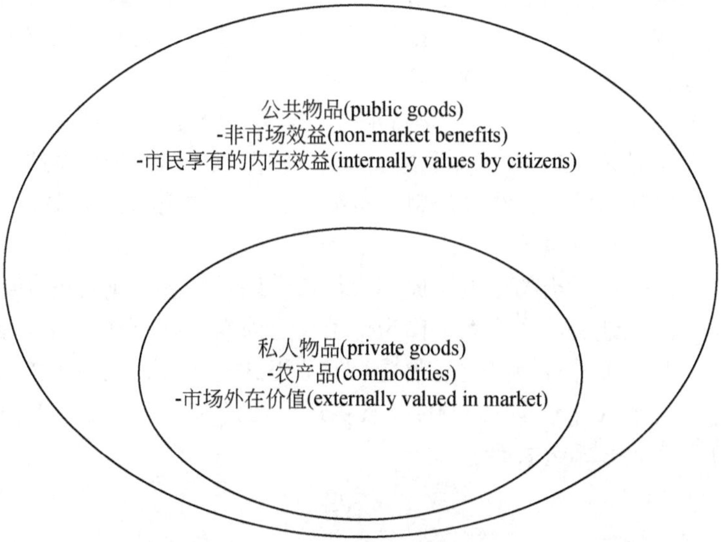
公共物品(public goods)
-非市场效益(non-market benefits)
-市民享有的内在效益(internally values by citizens)
私人物品(private goods)
-农产品(commodities)
-市场外在价值(externally valued in market)

图 1-1　农地资源总价值构成

1.2　农地价值研究的主要方法与进展

一般来说，凡是用作农业生产的土地，均统称农地。但由于农业生产的意义和范围不同，农地有广义和狭义之分。广义的农地包括耕地、园地、林地、牧草地和其他农用地，狭义的农地专指耕地。本书研究的是广义的农地，但与我国现行的土地分类标准有所区别。考虑到畜禽饲养地、设施农业用地、农村道路、农田水利用地、晒谷场实际上多划入村级建设用地范围，为此将其他农用地里的畜禽饲养地、设施农业用地、农村道路、农田水利用地、晒谷场等不纳入农地的研究范围，而将其他农用地里的养殖水面、坑塘水面和未利用地的河流水面、湖泊水面等纳入水域的研究范围。

农地资源某种程度上是私人产权和公共产权混合的准公共物品。一方面，农地作为生产资料为产权所有者和使用者提供农产品，带来经济效益，这部分价值可通过市场交易实现，故称为市场价值；另一方面，农地为社会公众提供环境效益等公共物品，这部分价值不能或不能完全在市场交易中得到体现，统称为非市场价值。在农地资源价值内涵界定的基础上，国内外农地价值评估研究主要从市场价值和非市场价值两方面展开。

1.2.1 农地市场价值研究的方法及其进展

农地市场价值一般以农地在特定的自然条件（土壤、地形、气候）下，获取纯收益或生产农作物的能力为衡量基础；或在土地市场发育完善的地区，是指在竞争的农地交易市场中，买方为获取一块土地而必须向卖方支付的货币额（王瑞雪等，2005）。在国外，农地市场价值评估常用的方法有土壤潜力估价法、市场比较法、收益还原法、数学模型法、成本法等。而我国由于农地估价起步较晚，农地市场发育不完善，交易资料严重缺乏，目前常用的方法主要有收益还原法、成本逼近法、评分法等。

收益还原法是以适当的土地还原率将待估农地未来各期正常的年纯收益折成现值的方法。以土地经济产出水平作为价值决定因素，以土地收益价格为理论依据。该理论认为，土地价格是土地收益，即地租的资本化，土地价格的高低取决于土地收益的大小（朱仁友，2000）。收益还原法的关键是确定土地在未来年期的收益及还原率，基本公式为：

$$P = \frac{a}{r} \tag{1-1}$$

式中：P 是农地价格；a 是农地年纯收益；r 是土地还原率。

因而，评价农地市场价值，首先要调查和搜集待估农地相关的收益和费用资料，再分别测算年总收益、年总费用，计算年纯收益，最后确定适当的土地还原率并计算农地的市场价值。

1）农地总收益的确定。农地总收益是指农地生产的所有农产品在正常市场条件下所能实现的价值总量。通常农地收益包括主产和副产，主产指农作物如小麦、水稻、玉米等；副产为麦秆、稻秆等有一定经济价值的产物。各种作物的价格按社会市场价格计算。

2）农地总费用的确定。农地总费用包括固定成本和农业生产年经常性费用两项。其中，固定成本包括管理费、利息、利润、税金、农田水利设施维修费和有关税费等。生产年经常性费用包括苗种费、肥料费、水费、人工费、机工费、农药费、役畜费。

3）农地还原率的确定。确定适当的还原率，是应用收益还原法准确评估农地经济价值的关键。求取还原率的方法较多，马克思对地租资本化中利息率的论述，提到平均利息率、借贷资本利息率、普通利息率、资本增值率等5种利息率的可能性；台湾学者林英彦提出收益还原法的还原率应采用实质利率，以银行一年期定期存款利率为基础，并用物价指数调整以后，再扣除一成的所得税得到的比率；日本《不动产鉴定评价基准》规定还原率以最具有一般性的投资利润率为标准；经济合作与发展组织（OECD）建议使用复合贴现率为最佳还原率。目前国内还原率的确定方法通常采用的有三种：纯收益与价格比率法、安全利率加风险调整值和投资风险与投资收益率综合排序插入法。

农地通过种植或养殖产生经济收益，其经济价值的高低主要由收益能力决定，收益还原法是当前农地市场价值评估的首选方法。并且待估的农地多为熟化地，有稳定的经济收益，为此文中采用收益还原法评估农地的经济产出价值。

1.2.2　农地非市场价值研究的方法及其进展

非市场价值不存在直接的交易市场，难以用市场价格衡量，只有通过非市场评估技术来估算。农地资源非市场价值的评估，一般常用的方法有旅游成本法（travel cost model，TCM）、特征价值法（hedonic price method，HP）以及条件价值评估法（contingent valuation method，CVM）等。

1.2.2.1　条件价值评估法

目前，在资源环境领域里关于公共物品或非市场财物的衡量方法，应用最广泛、最成熟的是条件价值评估法（contingent valuation method，CVM）（郑惠燕，1996；Hanley et al.，1995）。条件价值评估法（contingent value method，CVM）是一种利用效用最大化原理，采用问卷调查，通过模拟市场来揭示消费者对环境物品和服务的偏好，并推导消费者的支付意愿，从而最终得到公共物品非市场价值的一种研究方法（徐中明等，2002）。CVM通常随机选择部分家庭或居民作为调查样本，以问卷调查形式向受访居民询问一系列的假设问题，诱导受访居民陈述其对资源环境或非市场财物的偏好及评价，引出受访居民对某项环境改善效益的支付意愿（willingness to pay，WTP）或者对环境质量损失的受偿意愿（willingness to accept，WTA）。然后，通过计算受访居民的平均支付或受偿意愿，并把样本扩展到研究区域整体，用平均支付或受偿意愿乘以受益群体，估算环境改善或损失所能带来的经济效益或损失。通常结合其他相关信息进行计划项目的成本效益分析，论证计划项目的可行性。

（1）条件价值评估法的理论基础

条件价值评估法基于假想的自然资源状态变化，采用支付意愿或 Hicks 消费者剩余的概念对环境状态变动产生的福利变化进行计量。Hicks（1946）把消费者剩余的度量尺度分为补偿变化（compensating variation，CV）和等价变化（equivalent variation，EV）两种方法。当公共物品的供应增加，消费者的福利得到改善时，补偿变化是指消费者为获得增加的一系列效用所愿意支付的最大价值(WTP)；而等价变化则是指消费者为获得福利的增加自愿放弃福利变化前应得到的最低补偿(WTA)。反之，当环境恶化、消费者福利受损时，补偿变化是指为使消费者的福利不变所必须补偿的最低价值(WTA)，等价变化则是指消费者为避免未来福利变化所愿意支付的最高数额(WTP)。但 EV 和 CV 对消费者购买两种商品的数量没有限制，后来又进一步提出了补偿剩余（compensating surpluss，CS）和等价剩余（equivalent surplus，ES）两种对消费者的商品组合选择有限制的方法（张帆，1998）。

假设消费者对市场商品和环境物品均具有消费偏好，在个人对环境物品消费量已知的前提下，消费者的效用函数可以用下面的基础模型来说明：

$$\text{Max}\, U = u(X, Q)$$
$$s.\,t.\ P_X X + P_Q Q = M \tag{1-2}$$

式中：X 为市场商品的数量，P_X 为市场商品的价格，Q 为环境物品的数量，P_Q 为环境物品的价格。根据拉格朗日（Lagrange）中值定理可求解出效用最大化时消费者的需求函数，即 $L = u(X, Q)_i + \lambda \cdot (M - P_Q Q - P_X X)$，代入目标函数得到间接效用函数 $V = u[X(P_X, P_Q, M), Q(P_Q, P_X, M)]$。当环境品质 q 恶化，从 q^0 变化为 q^1 时，从间接效用函数与支出函数互为反函数的关系，可推导出支出函数 e^*，如(1-3)式：

$$M - P_Q Q = e^*(P, Q, U) \tag{1-3}$$

再由效用最大化的对偶模型支出极小化，如（1-4）式：

$$\text{Min}\, P_X X + P_Q Q$$
$$s.\,t.\ U^0 = U(X,\ Q) \tag{1-4}$$

求解支出最小化问题，可以得到消费者的需求函数 $X^h = h_x(P_x, P_Q, Q, U^0)$，代入目标式后可得到支出函数 $e = (P_X, P_Q, Q, U^0) = M$，而且 $e = e^* + P_Q Q$。由消费者剩余的观点可从间接效用函数 $V(P_X, M - P_Q q^0, q^0) = V(P_x, M - P_Q q^1 - CS, q^1)$ 求出消费者剩余（consumer surplus，CS），即：

$$CS = e(P_x, P_Q, q^0, U^0) - e(P_x, P_Q, q^1, U^0) \tag{1-5}$$

由于 $e(P_x, P_Q, q^0, U^0) = e^*(P_x, q^0, U^0) + P_Q q^0$，代入(1-5)式后得到：

$$CS = e^*(P_x, q^0, U^0) + P_Q q^0 - e^*(P_x, q^1, U^0) - P_Q q^1$$
$$= e^*(P_x, q^0, U^0) - e^*(P_x, q^1, U^0) - P_Q(q^1 - q^0) \tag{1-6}$$

因环境物品多为纯公共物品，价格 $P_Q = 0$，所以消费者剩余 CS 可缩写为(1-7)式：

$$CS = e^*(P_x, q^0, U^0) - e^*(P_x, q^1, U^0) \qquad (1\text{-}7)$$

以上推导可直接求出居民对环境物品的愿付价值，代表居民对维护环境的总的支付意愿。

（2）条件价值评估法的研究进展

1947年，资源经济学家 Criacy-Wantrup 提出了 CVM 的基本思想，认为通过调查可以了解人们对公共物品的支付意愿及效用，从而衡量自然资源的价值（Portney，1994；Hanemann，1994）。1963年，Davis 首次将 CVM 运用到实践，评估缅因州林地宿营、狩猎的娱乐价值。1967年经济学家 Ronald Ridker 运用 CVM 在费城和锡拉库扎地区评估人们为避免空气污染的支付意愿（Mitchell et al.，1989）。随后 Randall、Ives 和 Eastmand（1974）进一步阐释了条件价值评估法的理论优点和特性，从此该方法逐渐地被广泛运用评估自然资源的休憩娱乐、狩猎和美学效益的经济价值（Mitchell et al.，1989）。经过近半个世纪的发展，条件价值评估法的调查和分析手段日臻完善，已经成为一种评价非市场环境物品与资源经济价值的最常用、最有效的工具。尤其，从20世纪80年代以来，西方国家对条件价值评估法的理论方法与应用研究得到了迅猛发展，研究案例和著作呈指数形式增长。据 Mitchell 等（2003）统计，从20世纪60年代初 CVM 法提出到20世纪80年代末的20余年时间里，公开发表的 CVM 研究案例有120例（张志强等，2002）；Carson（2003）的统计结果表明，至2001年 CVM 方面的文献累计达5000多篇；Carson（2001）的统计表明，仅1990年以来用 CVM 方法评估非市场资源价值的文献达500多篇。CVM 已经成为20世纪后半叶资源环境经济学领域的主要理论改进之一（Jokobsson et al.，1996）。条件价值评估法在环境资源的价值评估中应用相当广泛和普遍，适合于各个领域的环境资源研究。例如，生物保护区的保育价值评估（Bowker et al.，1988；Bennett et al.，1996；陈凯俐，1997；郑惠燕，1998；郑惠燕，2000）、水质改善的经济效益（刘锦添，1990；吴佩瑛等，1995；萧代基等，1998；Bergstrom et al.，2000；Kim et al.，2001；Eisen-Hecht et al.，2002；陈钦奇，2003）、野生濒临灭绝动物的保育价值（Boyle et al.，1987；Willis，1989；Barnes，1996）、国家公园的经济效益（黄宗煌，1990；Lockwood et al.，1995；Bateman et al.，1997；Hadker et. al.，1997；吴佩瑛等，2001）、热带雨林的保存效益（Allen et al.，1996；Kramer et al.，1997；Carson，1998；王昭正等，2001）、农业景观价值（Halstead，1984；Drake，1992；Willis et al.，1993；Pruckner，1995；Pruckner，1999；Rosenburger et al.，1997）、湿地保育价值（Bergstrom et al.，1990；郑惠燕，1996；Woodward，2001）、废弃物回收效益（黄雅玲等，2004；金健君等，2005），以及图书馆、剧院、博物馆等公共文化场所的价值评估（Harless et al.，1999；Holt et al.，1999；Noonan，2003）

等。CVM 的应用领域几乎能够涵括所有可替代公共物品的效益评估。CVM 在国内的研究起步相对较晚，20 世纪 80 年代才从西方国家引入了 CVM 的基本概念，直至 20 世纪末条件价值评估法的研究仍主要集中在对理论探讨及国外最新研究的介绍。十年前，在发展中国家应用条件价值法评估的仅有个别案例，甚至有的学者认为在发展中国家，尤其在农村区域运用条件价值法难以想象。但今天，在发展中国家运用条件价值法评估公共物品的非市场价值的研究案例增长迅速，应用领域已经包括地表水质量评价、公众健康、卫生设施和生物多样性等非市场价值的评估（Venkatachalam，2004）。近年，国内学者运用条件价值法评估资源价值或生态系统服务价值的探索性研究也在不断增加，运用领域主要集中在对森林资源的价值研究（曹辉等，2003；高云峰，2005）、生态系统服务价值评估（薛达元等，1999；薛达元，2000；张志强等，2002，2004；杨凯等，2005）、耕地资源非市场价值研究（汪峰，2001；赵学涛，2003；王瑞雪，2005）、野生动物价值研究（高智晟，2005）、旅游资源价值评估（刘坤等，2001；郭剑英等，2005）等。整体上分析，条件价值评估法研究在我国目前虽仍处在初步探索的阶段，绝大多数的研究仍处在模拟阶段，但 2004 年以来应用研究的速度在加快，随着理论的进一步扩展和方法的改进，条件价值评估法在国内将会有更广阔的研究前景。

（3）条件价值评估法的引导技术

向受访居民详细地描述评估环境物品的质量、数量变动状况，提供准确、充足和现实的信息，是条件价值评估法中受访居民对所提出的一系列假设问题做出估价的基础。同时，应当选择适当的支付工具以引导 WTP 或 WTA。可能的支付工具包括收入税、财产税、公用事业费、门票费以及向信托基金支付（张志强，2003）。

调查受访居民的支付意愿或接受意愿的方法包括面对面调查、电话调查和邮寄信函等方式。面对面调查虽然费用最高，但在解释说明假想市场、陈述被评价物品和服务、回答受访居民的疑虑等方面具有明显优势，因此是最重要和最常用的调查方式。1993 年 NOAA 委托两位诺贝尔奖获得者 Arrow 和 Solow 负责的"蓝带小组"就 CVM 问卷设计与研究提出的 15 条原则里，建议采用面对面的调查形式，而不是邮寄或电话调查的形式。

条件价值评估法的询价方式，在实际操作层面上目前已经发展出较常用的开放式出价法、封闭式出价法、支付价值卡、反复式出价法（或逐步出价法）及准逐步竞价法五种方法，各种方法各有优缺点，见表 1-2（谢静琪等，2003）。

1）开放式（open-ended）出价法。在不给予受访居民相关价格信息的情况下，直接询问受访居民的 WTP 或 WTA。这种方法的优点是过程简单、易于回答，但可能会因为受访居民内心缺乏评价标准而出现拒答或抗拒性样本。另外开放式出价法节省时间，但如果受访居民对调查的假设市场或研究主题缺乏认识，则不容易获得可靠的资料；而且因为调查员没有向受访居民提供任何与假设性市场相关的信息，受访居民可能会缺乏参考产生信息偏差和策略性偏差。

2）封闭性（close-ended）出价法。可以分为单界二分选择法（single-bounded dichotomous choice method）和双界二分选择法（double-bounded dichotomous choice method）。单界二分选择法由 Bishop 和 Hberlein（1979）所提出。在单界二分选择法情况下，受访居民只需要对随机提供的单一参考价格表示同意或不同意便可，这种方法适合采用邮寄问卷或电话调查的形式。双界二分选择法必须询问受访居民二次是否愿意支付或接受某个金额，即把受访居民第一次回答的支付或接受意向作为第二次询问的调整时的参考依据，当受访居民第一次回答愿意时，则调高金额再次询问；如果第一次回答不愿意时，则调低金额再询问。这种方法类似两回合的逐步竞价法，也比单界二分选择法精确。

3）支付价值卡法（payment card）。支付价值卡法由 Mitchell 和 Carson（1989）提出，目的在于继承开放式出价法的优点，并改善抗拒样本过多的缺点，应用时先向受访居民提供一系列的参考价格供选择。该方法的优点在于向受访者提供一系列参考价格，容易理解和参与，询价过程简单。但支付价值卡法虽可将价值限定在某一范围内，使受访居民不至于渺茫而无法填写，也可能因此左右受访居民最终选定的价格。而且，价格排序和位置安排不同亦可能会造成一定程度的偏差。此外，还存在一些受访者会选择支付卡的第一个和最后一个选项的情况，存在边缘投标值处理问题，因此需要事先对边缘标值的处理做预先考虑。

表1-2 条件价值评估法的询价方式及优缺点

询价方式	优 点	缺 点
开放式出价法	调查过程简单，容易回答，节省调查时间 按受访者的基本知识提供愿意付费的实际价格	受访者可能会因缺乏评价标准拒绝回答或出现抗议性样本 容易产生策略性偏差或信息偏差
封闭式出价法	减轻受访者回答问题的压力，具有易答、省时的特性 出价方式接近消费者一般的交易方式，较能引导出受访者心里的真实反应 避免起点偏差，并且把策略性偏差降至最低 不需要通过"价值函数"来估算非市场财物的价值	需要使用复杂的统计模型分析，并且实证模型不具有理性行为的理论根据 会产生策略性偏差，且估算结果的准确性受到二选择模型的影响 估算的 WTP 或 WTA 只能反映出 WTP 或 WTA 的下限值 需要适度修正衡量效益的指标

询价方式	优 点	缺 点
支付价值卡法	改善开放式出价无反应及抗议性样本过多的缺点 解决逐步竞价法的起始偏差 可以使受访居民有参考的依据，便于事后的统计工作	价格排序以及水准点的位置不同可能造成偏差 受访居民将容易受限于支付卡，无法反映出准确的愿付价格，仅是近似值
反复式出价法（逐步竞价法）	有较大的概率得到受访居民最大的WTP，衡量较为准确 调查员提供较多关于假设性市场的信息，可以避免信息偏差和策略性偏差 受访居民有较大的选择余地	时间成本过高 容易产生起始点偏差 调查员必须要经过较严格的训练，以确保出价的合理 不能采用电话或信函的调查形式
准逐步竞价法	解决开放式拒付样本过高的情况 改善封闭式出价法的偏差和"截断效果"的缺点 有利于实证工作，节省受访居民填答的时间	也有逐步竞价法的部分缺点

资料来源：谢静琪等，2003

4）反复式出价法或逐步竞价法（iterative bidding/bidding game）。反复式出价法是从某一起始价格开始询问受访居民，如果同意则逐渐调高价格，反之则降低价格。反复几次，直至受访居民不愿意变更金额为止。该方法的优点是得到受访居民最大的WTP或最小的WTA的概率较高，衡量较为准确，而且在反复过程中能使受访居民完全考虑环境物品的真正价值。其次，调查员在采用逐步竞价法时能提供较多关于假想市场的信息，使逐步竞价法更接近于真实的交易市场，因此能够避免信息偏差和策略性偏差。这种方法在出价过程中虽然具有提示功能，但也可能因调查员起叫价格的高低影响受访居民的愿付价格。此外，调查时间较长，受访居民需要有足够的耐心，容易产生起始点偏差，以及出现受访居民可能受到下一个逼近值的压力反而给出不正确的回答。

5）准逐步竞价法。该方法是双界二分选择法的改进，融合双界二分选择法和开放式出价法两种方法的特性，二次对受访居民询价后，由受访居民填写最高的WTP。可避免开放式出价法造成拒答率过高的情况，以及单界二分选择法偏差过高和双界二分选择法产生"截断效果"的缺点，有节省受访居民填答时间和利于实证工作进行的优点。

（4）可能偏差

农地生态与农地价值关系

条件价值评估法的最大不足，也是最容易让人质疑的是所引导出来的受访居民的偏好意愿是构建在假想的市场状况下，而不是真实的状况下所得到的反应。因此，调查结果可能会受到许多方面偏差的影响。归纳起来，影响条件价值评估法研究结果准确性的可能偏差主要有：假想偏差、策略性偏差、起始点偏差、支付工具偏差、信息偏差、调查员偏差等。

1）假想偏差。一些研究证实（Harrison et al. , 2002；Murphy et al. , 2003）CVM 的评估结果通常高估了资源真实的经济价值。这在很大程度上是因为受访者在假想市场上的陈述意愿明显高出其真实的支付价格，即受访者假想意愿与实际转移支付之间的偏差导致。由于条件价值评估法是要使受访居民在假想的市场环境下对非市场财物进行估价，受访居民基于这种假想环境中所表示的偏好，不一定会和实际市场情况下的决策相同，通常将此类因调查的假想性质和真实结果所出现的偏差归为假想偏差。为此，通过调查技巧或相关方法尽可能地规避或减缓假想偏差，成为 CVM 方法探讨的一部分重要内容。一些研究人员（Cummings et al. , 1999；Brown et al. , 2003）认为通过廉价磋商（cheaptalk）可以有效地减缓假想偏差或通过"态度—行为"复合模型检验受访者对假想市场中商品的态度与其真实市场行为间存在的相关关系，进一步检验受访者的答案能否反映其真实的意愿（Meyerhoff, 2002）。此外，实际运用时还可以通过预调查、设计图文并茂的问卷、采用匿名调查等方式增加受访居民对假想市场的了解，尽量使受访居民的回答与真实情况的差距缩小。

2）策略性偏差。受访居民通常会认为调查结果将作为政府制定政策的参考依据，为了维护自身的利益，会刻意不显示出真实的偏好，在投标时故意说高（over- pledging）或者说低（free- riding）支付意愿，从而导致策略性偏差的产生（Cummings et al. , 1996）。因此，问卷设计时尽量将问题的真实性和政策的关联区分开，向受访居民说明调查行为与政策制定无关，减少策略性偏差的产生；或在对调查结果进行分析前，剔除边缘投标（outlying bids）（超过收入 5% ~ 10% 的投标）来得到核心投标值。

3）起始点偏差。起始点偏差通常发生在逐步竞价法中。由于竞价法需要调查员先提出一个建议的愿付价格，当受访者对所估价的环境资源不熟悉或缺乏耐心时，投标起点会影响到受访居民的最终出价。通过预调查确定投标格式的起点值和数值间隔或使用竞价法以外的其他询价方法，如支付价值卡法等方法，可以避免起始点偏差的产生。

4）支付工具偏差。受访居民的 WTP 或 WTA 大小与支付方式有关，不同的支付方式可能会产生不同的结果。Randall，Hoehn 和 Brookshire（1983）认为所谓的支付工具偏差并不存在，重点在于如何选择受访居民习惯且容易接受的支付工具。因此，在问卷设计时要选择受访居民最容易接受的支付工具。

5）信息偏差。CVM作为一种主观的评价方法，取决于受访者对评估物品的熟悉程度及其认知意识。因此，问卷或调查过程中所提供的信息的数量、质量和顺序会直接影响到受访居民的理解和回答，当对假想市场、评估物品和其他相关问题所提供的信息不足时会导致受访居民难以给出适当的意愿。Blomquist和Whitehead（1998）、Hoehn和Randall（2002）认为当受访者对CVM评估物不熟悉时所提供的支付意愿较熟悉者的偏好相比缺乏准确性。可在预调查测试问卷质量的基础上，对问卷内容加以修正，尽可能地向受访居民提供正确、充足的信息，降低偏差。

6）调查员偏差。因调查员的调查技巧和态度、对问卷内容的熟悉程度和对受访居民有暗示或误导所产生的偏差。这点可以通过加强调查员的培训或提高问卷的结构性来降低调查员本身所造成的偏差。

1.2.2.2 特征价值法

特征价值法（hedonic price method，HP）起源于Lancaster（1966）和Rosen（1974）提出的特征价值理论。该理论认为，商品的价值是商品内在一系列特征（characteristic）与属性（attribute）的价值总和。不同的消费者对产品属性的需求不相同，因此会依据个人需要与欲望，给予各种产品属性不同的重要性程度评价。Lancaster（1966）提出产品本身对消费者并不会产生直接效用，而是由消费产品的各种特征来获得效用的满足。因此，需要了解消费者对特征属性不一的差异性产品（differentiated products）的特征或属性的评价时，取代传统消费理论以产品为对象的分析，特征价格理论以产品特征为研究对象，直接分析消费者对不同商品特征组合的选择，丰富了消费者选择理论的内涵。

（1）特征消费理论

1966年Lancaster提出所谓"特征消费理论（hedonic consumption theory）"，认为消费者购买商品时，并不只在乎商品数量的多少，而是由于商品本身具有消费者所需要的特征或属性，消费者能够从这些商品特征或属性中得到满足。在所有可能的特征集合中消费者有自己的偏好顺序，并且在预算约束条件下以追求最大效用的特征组合，品质较好的产品，生产者会制定较高的价格，消费者的愿付价值也会比较高。而效用与商品需求之间的关系是间接的，商品仅是消费者获取所需要特征的工具。因此，将消费者对商品的需要视为引申需要。

Lancaster理论可扩充为n种商品和m种特征的一般情形，模型所需要的假设条件包括：①不同商品所包含的特征成分并不相同；②同一种商品所包含的特征成分相同；③消费者从商品的特征属性中得到效用，而不是从商品本身获得。通常也把上述假设条件称为消费技术关系，表示商品投入量与特征产出量之间的关联，用公式表示为：

$$Z_i = \sum_{j=1}^{n} V_{ij}Q_j, i = 1,2,\cdots,m, j = 1,2,\cdots,n$$

式中：Z_i 为消费 n 种商品所得到第 i 种特征的总量；V_{ij} 为每一单位 j 商品中所包含的第 i 种特征的数量；Q_j 为消费第 j 种商品的数量。消费者所享用的各种商品特征的数量与商品的消费相关，因此即使消费者对不同商品的偏好并不完全相同，但对同一种商品的特征数量却是相同的，在此商品和特征之间存在线性关系和累加性。此外，消费者在追求效用最大的同时，其消费选择受消费者收入的限制需要满足一定的预算约束限制，因此，消费者的最佳消费选择模型表示为：

$$\text{Max}U = U(Z_1, Z_2, \cdots, Z_m)$$

$$s.t. Z_i = \sum_{j=1}^{n} V_{ij}Q_j$$

$$Y = \sum_{j=1}^{n} P_j Q_j \quad Q_j \geqslant 0, j = 1,2,\cdots,n$$

式中：Z_i 为消费 n 种商品后所得到的第 i 种特征的数量；V_{ij} 为每一单位 j 商品中所含第 i 种特征的数理；Q_j 为消费第 j 种商品的数量；P_j 为第 j 种商品的价格；Y 为消费者收入。

上述模型表示消费者在商品价格已知、既定的收入约束和消费技术的限制下，如何选择最佳的消费组合 Q_1^*，Q_2^*，$\cdots$，Q_n^*，达到消费效用最大化。

（2）特征价格理论

市场经济条件下，商品价格随着商品特征属性的改变而变动的趋势日益明显，Ladd 和 Suvannunt（1976）年在特征价格理论领域内建立消费商品特征模型（Consumer goods characteristic model，CGCM）。他们把商品看成是各种特征属性的集合，不同商品拥有不同种类、不同数量及不同性质的特征属性。CGCM 模型认为商品是因为有效用才有需求，而效用又取决于商品的特征，消费者所获取的效用取决于其所购买的商品特征总量。CGCM 模型与 Lancaster 模型最大的差异在于，CGCM 模型并不主观认定消费技术为线性，且特征的边际效用没有为负的假设，效用水平除由特征总量决定外，还受到商品分配的影响。该模型比 Lancaster 模型更为完整，证明了两个假设条件：①任何一种消费品，消费者支付的价格既等于产品特征的边际货币价值总和，又等于产品的特征价格。即每一特征属性的边际货币价值等于消费每一单位商品所获得的特征数量与特征的隐含价格的乘积。②消费者的消费需求受到商品特征数量的影响，对商品的需求是收入、商品价格和商品特征的函数。

假设农地可以自由交易，价格由市场供需决定，即农地的购买价格完全取决销售者和购买者的出价与要价。土地需求者的效用函数具有可分割性，将农地的特征属性简单地归结为区位特征、形状特征、规模特征、使用限制特征、肥力特征、环境特征等，即农地的价值取决于土地所处的区位、形状是否规整、面积大小、是否位于基本农田保护区或是否可以转用等限制条件，以及土地的肥力和环境品质特征。将农地的特征价格变量放入模型中，可用特征价格函数表示为：

$$U_{land} = U (Q_1, Q_2, \cdots, Q_n)$$

$$Z_i = Z_i (location_{ij}, shape_{ij}, size_{ij}, limit_{ij}, fertility_{ij}, environment_{ij})$$

上述公式中，$Q_1, Q_2, \cdots, Q_n$ 表示 k 农地购买者对农地的效用来自 n 块土地，每一个 Z_i 是 Q_j 与 V_{ij} 的函数。Location 为农地的区位特征，如距离道路的远近、与其他农田是否相邻等；shape 为农地的形状特征，如土地的形状是否规整、地形坡度等；size 为土地的规模特征，即土地是否集中连片，面积大小；limit 为土地的使用限制特征，如是否位于基本农田保护区或是否位于城市规划区，使用用途是否受到限制等；fertility 为农地的肥力特征，即土地的土壤肥力状况，包括耕作层厚度、有机质含量、水土流失状况、盐碱化程度等；environment 为农地的环境品质特征，也就是欲评估非市场物品特征，比如空气清新度、水污染程度、噪声污染程度。根据 Rosen（1974）提出的分析框架，假设市场处于均衡状态，而且存在一条连续的特征价值曲线。当市场达到均衡状态时，供给者的边际支付意愿与供给者的边际所得相等。市场均衡状态就是在供求双方追求效用最大化的行为作用下形成的。

假设个人效用函数为严格的凹性（strictly concave），个人（厂商）的预算限制条件为：

$$Y_{land} = \sum_{j=1}^{n} P_j Q_j$$

在个人追求效用最大化的作用下，通过 Lagrangrian 函数，求解方程组。可得如下结果：

$$L = U_{land}(Z) + \lambda (Y_{land} - \sum_{j=1}^{n} P_j Q_j)$$

由一阶必要条件，$\dfrac{\partial L}{\partial Q_j} = 0, \dfrac{\partial L}{\partial U} = 0$，可得：

$$\frac{\partial L}{\partial Q_j} = \sum_{i=1}^{m} \left(\frac{\partial U_{land}}{\partial Z_i} \right)\left(\frac{\partial Z_i}{\partial Q_j} \right) - \lambda P_j = 0$$

$$\therefore P_j = \frac{1}{\lambda} \sum_{i=1}^{m} \left(\frac{\partial U_{land}}{\partial Z_i} \right)\left(\frac{\partial Z_i}{\partial Q_j} \right)$$

由于 $\lambda = \dfrac{\partial U_{land}}{\partial Y_{land}}$ 为农地支出的边际效用，故可以将上式改为：

$$P_j = \sum_{i=1}^{m} \left(\frac{\partial Z_i}{\partial Q_j} \right) \left[\left(\frac{\partial U_{land}}{\partial Z_i} \right) \Big/ \left(\frac{\partial U_{land}}{\partial Y_{land}} \right) \right]$$

式中，$\dfrac{\partial Z_i}{\partial Q_i}$ 为不同的农地 Q_j 一单位所含有特征 Z_i 的数量，$\dfrac{\partial U_{land}}{\partial Z_j}$ 表示农地特征属性

Z_i 的边际效用，$\dfrac{\partial U_{land}}{\partial Y_{land}}$ 表示农地支出的边际效用。两者的比值 $\left(\dfrac{\partial U_{land}}{\partial Z_i}\right)\Big/\left(\dfrac{\partial U_{land}}{\partial Y_{land}}\right)$ 表示农地支出与第 i 种特征的边际替代率，该比值表示维护在满足程度不变的状态下，增加一单位 Z_i 的消费所愿意放弃的农地支出水平。农地支出和第 i 种特征之间的边际替代率亦是第 i 种特征的边际隐含价格，可以得到：

$$P_j = \sum_{i=1}^{m}\left(\frac{\partial Z_i}{\partial Q_j}\right)\left(\frac{\partial Y_{land}}{\partial Z_i}\right) = \sum_{i=1}^{m} V_{ij}\left(\frac{\partial Y_{land}}{\partial Z_i}\right)$$

上式为第 j 块农地的特征价格方程式，此方程表示第 j 块农地的价格是其所有特征数量与该特征的边际隐含价格的乘积总和。由于 $\dfrac{\partial Y_{land}}{\partial Z_i}$ 不受常数限制，且假设所有消费者彼此有相同的效用，则农地的市场价格可以表示为农地所含各种特征的函数：

$$P_j = P_j\,(\,\text{location}_{1j},\ \cdots,\ \text{location}_{xj},\ \text{shape}_{1j},\ \cdots,\ \text{shape}_{yj},\ \text{size}_{1j},\ \cdots,\ \text{size}_{zj},$$
$$\text{limit}_{1j},\ \cdots,\ \text{limit}_{aj},\ \text{fertility}_{1j},\ \cdots,\ \text{fertility}_{bj},\ \text{environment}_{1j},\ \cdots,\ \text{environment}_{cj};$$
$$p_{lx},\ p_{sy},\ p_{sz},\ p_{la},\ p_{fb},\ p_{enc}\,)$$

式中：P_j 为第 j 块农地的市场价格；location_{xj} 为第 j 块农地第 x 种区位特征；shape_{yj} 为第 j 块农地第 y 种形状特征；size_{zj} 为第 j 块农地第 z 种规模特征；limit_{aj} 为第 j 块农地的第 a 种使用限制约束；fertility_{bj} 为第 j 块农地第 b 种肥力特征；environment_{cj} 为第 j 块农地的第 c 种环境特征。P_{lx} 为第 x 种农地区位特征的特征价格；P_{sy} 为第 y 种形状特征的特征价格；P_{sz} 为第 z 种规模特征的特征价格；P_{la} 为第 a 种使用限制特征的特征价格；P_{fb} 为第 b 种肥力特征的特征价格；P_{enc} 为第 c 种农地环境品质特征的特征价格。

在 HP 方程已知的情况下，对某一特征的偏微分就可以得出不同特征的边际价值，即其他特征保持不变的条件下，某一特征改变后消费者的支付意愿。

（3）特征价值法的研究进展

20 世纪 60 年代，Griliches（1958）作为早期的贡献者之一，推动特征价值理论的发展。但特征价值法的概念至少要追溯到 Andrew Court（Freeman，2002）。1939 年，Andrew Court 用"享乐（hedonic）"价格技术分析汽车属性特征与其价格之间的关系，虽然当时特征价格理论尚不完整，但 Andrew Court 在特征价值法的实证运用上的贡献和影响较大。此后，特征价格具体的相关理论一直到 1952 年由 Houthakker 提出，他认为影响消费者的消费行为不仅和商品的数量有关，商品的品质和特征也是消费者决策的重要因素，并提出了不同于传统消费理论用商品数量衡量消费者效用满足程度的方法，探讨消费者的行为。70 年代，在新消费理论的基础上，为了解决供求双方效用极大化的问题，Rosen（1974）在完全竞争市场的假设条件下，以消费者效用最大化和生产者利润最大化为目标，以均衡市场为分析前提，构建了异质商品的特征价格方程，使特征价值法逐步发展成为一种比较成熟完善的理论。根据这一理论，可以运用经济学的方法把商品特征的隐含价格分离出来，分析不同商品特征的供求关系。在国外，特征价值理论的应用范围相当广泛，包括农产品、加工食品、汽车、土地、岛屿、牧场、房地产、工资、空气品质、网络服务等的价值评估（Arguea et al.，1993；Stanley，1995；Haurin et al.，1996；Ready et al.，1997；Combris et al.，1997；Baltas et al.，2001；Sengupta，2002；Bonnetain，2003；Seok Lee，2003）。国内由于土地市场发育不完善，交易资料不足，对 HP 主要是方法介绍。近年来，也有少数学者将 HP 运用于房地产价值评估和地价指数的编制（马思新等，2003；温海珍等，2004；郑捷奋，2004），但仍属初步探索性的应用。理论上 HP 是揭示农地生态特征属性与农地价值关系的适宜方法，但限于我国农地市场发育不成熟，尤其农地内部交易市场基本未形成，在应用研究上缺乏资料，因此本研究中未能采用特征价值法评估农地的属性价值。今后，可在市场机制较为健全、资料较为丰富的城市生地、熟地的交易评估中作探索性研究，揭示土地属性特征与交易价格之间的内在关系。

1.2.2.3 旅行成本法

旅行成本法（travel cost method，TCM）是以旅行费用作为替代物衡量人们对景点或其他公共物品的评价，是环境资源的游憩价值评估中应用最广泛的方法。作为非市场价值评估方法之一，旅行成本法通过估算旅游者到达旅行目的地所花费的各种开支（如车票、门票、时间成本等）来评估环境资源的价值。这种方法主要适用于户外旅游景点，如自然保护区、具有独特景观功能的湿地（Ribaudo，1984；Choe et al.，1996）或国家公园（Kennedy，1998；Emmert，1999）、森林资源（Willis et al.，1991）等的非市场效益评估。近年来，随着我国都市农业、休闲农业、观光农业的兴起，运用旅游成本法评估农地资源的游憩价值将会有广阔的应用前景。

1）旅游成本法的理论基础。旅行成本法将旅行成本作为参观户外娱乐场所的价格的近似，由此推导出参观和参观成本之间的统计关系，并以此替代需求曲线（surrogate demand curve），通过对需求曲线下方的积分可以测出每个参观者的消费者剩余，从而实现对环境的评价（姚志勇，2002）。以单一景点旅行成本模型为例，假设消费者对景点的需求是旅行费用和其他变量的函数：

$$V = F(p, Z)$$

式中：V 为消费者的旅游次数；P 为旅行成本；Z 为人口的一系列社会经济特征；数据为横截面资料，即 i 个消费者的资料，$i = 1$，…，m。

F 以下的面积为消费者 i 的支付意愿，即该景点对消费者 i 的价值

$$CS_i = \int_{P_0}^{\infty} F(p, Z) \, dp$$

其中 CS_i 为游客 i 的消费者剩余。而景点的价值则可以视为所有单个消费者消费剩余的累加

$$Value = \sum_{i=1}^{n} CS_i$$

以上理论模型分别计算出每一个消费者的消费者剩余，然后加总。在具体计算时，不可能对每个消费者计算，需要首先划分地区，计算各地区代表性消费者的需求曲线，然后求出各地区的需求函数和消费者剩余，再加总。

2）旅游成本法的研究进展。自 Hotelling（1949）提出 TCM 的评估思路以来，旅游成本法得到广泛的应用及改进。20 世纪 50 年代该方法首先被 Wood 和 Trice（1958）使用，并被 Clawson 和 Knetsch（1966）普及。1959 年，美国学者 Clawson（1959）利用消费者剩余概念提出以旅行费用来评价森林旅游价值的方法，主张通过调查旅游区的客流情况、消费情况以及各旅游区的游林率，确定旅游需求曲线，计算消费者剩余，以此作为森林的旅游价值。Clawson 的研究引起学术界的重视。此后，经济学界展开了一系列 TCM 的理论与实证研究。目前，旅游成本已普遍被应用到公园、湿地、自然保护区等户外旅游景点的效益评估。一些学者也针对农地提供景观舒适性及开敞空间的多重功能进展实证研究，估算农地带给当地居民及观光游客的难以通过市场配置的非市场价值。诸如 Peters 等（1989）对亚马逊热带雨林非木材林产品的价值评估，Tobias 和 Mendelsohn（1991）、Bacill 和 Mendelsohn（1993）、Maille 等（1993）运用旅游成本法、意愿调查法等对热带雨林的生态旅游价值进行研究，Hanley 等（1993）、Willis 和 Garrod（1999）对森林的休闲、景观和美学价值进行评估等。

在国内，TCM 从方法介绍和探讨（陈应发等，1994；陈应发，1996；甄峰，2004）逐渐尝试转向应用研究。靳乐山（1999）运用 TCM 评估圆明园的使用价值为 1.1679 亿元；曹辉和兰思仁（2001）对福州国家森林公园景观游憩价值的评估，研究表明福州国家森林公园的非市场价值达 3.92 亿元；陈伟琪等（2001）对厦门岛东部海岸的旅游娱乐价值进行评估，估算出东部海岸旅游娱乐价值达 4 亿多元/年；李巍和李文军（2003）用 ZTCM 评估了九寨沟的游憩价值，其价值达到 10.85 亿元；张茵和蔡运龙（2004）评估九寨沟保护区游憩价值为 15.61 亿元；孙建平（2004）运用 TCM 估算秦岭北坡 17 个森林公园的游憩价值约为 15 825.4 万元；金丽娟（2005）将 TCM 和 CVM 相结合估算出香山公园 2004 年游憩价值总和约为 136 205.36 万元，是香山公园年实际收益的几十倍。作为显示偏好价值评估方法，TCM 基于可观察的旅游市场和需求行为，在森林、公园、自然保护区、旅游景点等资源环境的游憩娱乐价值评估方面得到广泛的使用，并

取得初步的成果。但是，目前国内运用 TCM 评估的对象主要集中在自然保护区和旅游景点两大领域，对于农地、湿地等缺乏游憩市场的资源涉及不多。

综上所述，HP、TCM 与 CVM 比较，属于事后评估法，不能完整地评估农地的非市场价值。其中，旅行成本法可以衡量人们对于游憩景观所支付的隐含价格，适用于观光农业、休闲农业，但却难以运用于评估一般农地的非使用价值。特征价值法可以衡量环境特征变动的效益，如从湖泊景观对房地产价值的贡献来估算农地景观的非市场效益，但由于我国农地内部交易市场尚未形成，而房地产市场交易资料也不透明，并且影响农地价值高低的主要因素是区位和用途管制。因此，特征价值法仍难以运用于评估农地非市场价值。综合比较，衡量农地资源较为完整的非市场价值，CVM 是当前唯一可行的评估方法。

第 2 章
问卷设计与抽样调查

2.1 问 卷 设 计

2.1.1 问卷设计及调查原则

通过问卷调查方式，引导受访居民进入假想的市场环境中，直接询问其对某项公共物品所愿意支付的价格或是对该公共物品受损所愿意接受补偿的价格，揭示消费者对环境物品和服务的偏好程度，并推导消费者的支付意愿和受偿意愿，从而最终得到公共物品的非使用价值是条件价值评估法的核心思想和整体思路。为此，CVM 问卷设计和调查实质就是一个假想市场的实现过程，问卷质量直接影响到调查结果的真实性、可靠性。Cummings（1986）、Bateman 和 Turmer（1993）都曾就问卷设计提出若干指导原则。最有影响的 CVM 问卷设计和调查的原则是由美国大气与海洋管理局（NOAA）提出的（Arrow，1993）。1993 年 NO-AA 委托两位诺贝尔经济学奖获得者 Arrow 和 Solow 负责的"蓝带小组"（blue ribbon panel）就 CVM 问卷设计提出了著名的 15 条原则，其中对研究结果可能产生极大影响的主要原则包括问卷的格式、预调查和环境信息的提供等。NOAA 提出的原则虽然是针对环境价值损失评估，但大部分原则对于不同领域的 CVM 研究均有较强的指导意义。15 条原则具体内容如下（赵军，2005）：①环境质量损失评估研究中应采用概率抽样方式（probability sampling）；②尽量降低问卷调查的无响应率（non-response rate），至少要有目标样本的 70% 的回复率；③采用面访调查形式（personal interview），而不是邮寄问卷或电话调查形式；④调查员偏差（interviewer effect）采用预调查的形式克服；⑤对样本整体、抽样框架、抽样无响应率应有明确的定义；⑥问卷应经过预调查（pretesting）；⑦对受访居民的不确定回答应估计其保守数值（conservative value）；⑧采用支付意愿而不是接受意愿作为价值尺度；⑨使用单边界二分选择法（referendum format）的询价方法，而非开放式问卷（open-ended）；⑩向受访居民提供计划项目或政策的详细相关信息（information）；⑪描述计划项目情景的照片或图片（photographs）应经过预调查；⑫提醒受访居民关于受损环境物品可能的替代品及状态（status）；⑬给调查员充分的考虑时间（adequate time），对计划项目是否可行做出判断；⑭要求受访居民在回答或表决问题之后，表明回答"是"或"否"的具体原因；⑮问卷应包括受访居民的社会经济信息变量（socio-economic variables）。

2.1.2 问卷内容

根据 NOAA 关于 CVM 问卷设计及调查的基本原则，本研究针对农地保护受益群体与农地生活联系的紧密程度，CVM 调查问卷分为农民和市民两套。其中，农民作为农地的直接生产者或使用者，以土地作为基本的生活来源和社会保障，是农地保护的直接执行者。而农地外部效益、公共物品的属性也决定了城市居民作为农地保护的间接受益者，可以无偿地享受到农地保护带来的许多无形及有形的益处。农地减少必将导致农地附属的生产功能、生态功能和社会效益的消失或减少，相应的对农村居民和城市居民的生活环境和生活质量带来不同程度的影响。

调查问卷包括五部分内容。

第一部分内容是了解受访居民对农地保护重要性的认识程度的调查。由经专门培训过的专业人员针对问卷研究问题的背景作相关介绍，并对于农地所提供的各项生态功能及社会效益通过与受访居民面对面交流的方式加以说明，了解受访居民对于农地资源除了生产粮食、农副产品外，还可提供的许多有形及无形效益（如环境品质改善、维护生物多样性、养老保障、粮食安全保障、社会稳定等生态及社会功能）的评价。以及了解受访居民对目前加强农地保护工作的必要性、意义及当地农地保护工作存在的严重问题的理解，了解受访居民对农地减少对家庭当前、未来 30 年及子孙后代生活的影响的预期。

第二部分内容是对受访居民参与农地保护的响应意愿调查（WTP）。假设以建立农地保护基金会（非政府行为）的方式倡导居民支援农地保护工作，以达到保存农地和维护农地环境的目的。受访居民可以根据家庭情况自愿选择参加义务劳动或捐钱的方式参与农地保护，所得资金将用于修建当地的农田水利设施、建立农地保护补偿机制、加强环境治理等公益事业，询问受访居民家庭对农地保护的参与意愿。

第三部分内容是调查受访居民对农地非市场价值的最低受偿意愿（WTA）。此部分内容是根据预调查支付意愿（WTP）的统计结果新增设的一项内容，目的在于调查受访居民对农地损失或减少（市民）或参与农地保护、作为保护的执行主体（农民）所愿意接受的补偿价值，并将调查结果作为参考依据。受偿意愿调查根据农民和市民两类受益群体的生活环境差别、特征差异，构建两种完全不同的假想市场。其中，考虑目前政府对种粮实施直贴政策、取消农业税费，农地保护外部效益客观存在，因此对于农民 WTA 的调查结合农业补贴的形式，假设农民作为农地环境及质量的保护执行主体，每年除农业生产外，需要额外投入一定的时间和劳动对农地进行维护，政府相应给予一定的经济补偿，并按照家庭耕种农地的面积、类型和保护的程度直接将补贴发放到农民手里。询问农户认为保护单位水田、旱地、园地及村里公共林地和水域资源每年最低需要补贴多少钱，才能达到较为理想的保护效果。对于农地环境受损的补偿意愿调查的另一个假想市场，是针对市民与农民生活环境的差异，市民作为农地环境及社会效益的受益者，他们接受的仅是单纯的环境效益和社会效益。为此，调查城市居民对农地非市场价值的受偿意愿，在让受访市民了解农地的各项生态、社会功能后，我们建立这样一种假想的市场环境：假如目前因城市经济建设加快，城市用地紧张，政府需要将城市周边农地在一定时期内全部征为建设用地，为此导致的农田消失或减少，带来一系列的环境损失，诸如增加空气污染、噪声、气候变恶劣等。在这个假设前提下，询问受访者家庭每年最低愿意接受多少补偿，才能接受城市政府征用周边农地的计划。

第四部分是受访者的个人特征、农业生产情况及家庭情况调查。通过搜集受访者个人的基本资料，分析受访者及其家庭的社会经济特征对其参与农地保护响应意愿的影响。

第五部分内容增设了问卷的有效性检验。通过调查人员的观察及受访者的问答，了解受访者的回答意愿是否真实，调查过程是否旁人受到干扰，进一步分析和检验问卷的有效程度。

2.1.3 支付工具

CVM 需要依赖于一种"工具"或"途径"以获取参与者陈述的假想金钱数量（张志强等，2002）。为此，支付工具的选择是问卷设计的一个重要部分，选择用什么样的工具收取人们支付的货币，或以什么样的方式向人们发放环境受损的补偿，直接影响到被调查者的支付意愿和受偿意愿。Randall，Hoehn 和 Brookshire（1983）认为要选择受访居民习惯且容易接受的支付工具，不喜欢某种"工具"的参与者可能会低报自己的意愿。并且，这种因为假设收取人们支付的货币的方式不合理也会导致相应的偏差。对于支付工具的选择，考虑到人们普遍不喜欢被以税收、使用费等强制方式收钱，为此诱导受访者以自愿捐赠的方式参与农地保护活动。同时，考虑当前农村居民经济收入有限，劳动力相对富余，为尽可能地避免零支付样本，低估受访者真实的支付意愿，预调查问卷设计对于 WTP 的支付工具，根据居民家庭经济状况，自愿选择向农地保护基金会捐谷物、捐钱、义务劳动三种方式参与农地保护，诱导受访居民揭示出支付意愿。预调查结果表明，受访者对三种支付方式均能接受，但选择义务劳动和捐钱两种方式占样本的99%。为此，正式调查时采用参加义务劳动和捐钱两种方式。

2.1.4 询价方式

条件价值评估法的询价方式，目前已经发展出较常用的开放式出价法、封闭式出价法、支付价值卡、反复式出价法（或逐步出价法）及准逐步竞价法五种方法，各种方法各有优缺点，在 CVM 方法中已作介绍。其中，开放式询价方式受访者可能会因为缺乏评价标准而拒绝回答或出现抗议性样本过多的问题；封闭式询价方式需要使用复杂的统计模型分析，并且实证模型不具有理性行为的理论根据；反复式出价方式受访居民需要有足够的耐心，调查时间长，容易产生起始点偏差；准逐步竞价法是对双界二分选择法的改进，二次对受访居民询价后，由受访居民填写最大的 WTP，是双界二分选择法和开放式出价法的融合。此四种方法，诸如封闭式出价法中的双界二分选择法、反复式出价法和准逐步竞价法在西方国家是作为 CVM 的主要方法，但此次调查结合实际情况我们主要采用支付价值卡的询价方法。从时间上分析，CVM 问卷调查涉及的信息量较大，需要向受访者提供足够的信息，花费的时间较长。以支付价值卡这种询价过程相对简化的方法为例，一份完整的调查样本做完所费的时间在 25~30 分钟，甚至部分样本需要反复、详细解释或出现调查员和受访者之间争论的现象，高达 50 分钟。一些相关学者认为，CVM 调查要避免停留时间长度（length of stay）对调查结果的影响，为减少被调查者的不方便和避免造成厌烦感觉，从介绍情况到参与者完成一份问卷通常不应该超过 30 分钟（Loomis and Walsh，1997）。可见，如果采用逐步出价法的方式受访者的耐心将受到极大的挑战，会影响到调查的结果和可靠性。其次，受访居民尤其是农村居民对于 CVM 问卷调查仍处在初步接触的状态，开放式出价法、反复式出价法（或逐步出价法）及准逐步竞价法的叫价方式显然对受访居民来说是陌生的。而相比较而言，随着农村调查的增多，支付价值卡的方式受访者接触相对较多，且这种方法提供一系列参考价格，容易理解，为此在缺乏 CVM 评估经验的发展中国家应用较多。

综上所述，考虑支付价值卡法既能够改善抗拒样本过多的缺点，又解决逐步竞价法的起始偏差，在预调查的基础上能够克服支付价值的排序和区间设置的不足，同时计算相对简单，是一种具有较高的调查和分析效率的引导技术。为此，本研究中采用支付价值卡询价方法。支付价值模式的设计有多种不同方式，Mitchell 和 Carson（1984）首次提出的形式是依据受访者收入不同设置不同的询价卡。根据预调查的询价分析结果，考虑受访者能够承受的上限值和下限值，将所有受访者可能愿支付的价格罗列出来。在询问时，先由调查人员提供相关背景资料直接询问一个较为接近的参考价，然后再让受访者参考支付价值卡选择最终愿意支付的价值，类似于将开放式和封闭式出价两种方法结合，既避免了起始点偏差式，又能够调查出最接近受访者真实意愿的支付价格。

2.1.5 价值区间设置

　　支付价值卡的询价方式会产生起始点偏差。对起始点偏差的处理多通过预调查进一步确定投标卡的数值间隔和范围，以减小偏差。为此，正式开展调查研究前，调查组进行了两次试调查。问卷设计初步完成后，于 2004 年 2 月在武汉市进行第一次预调查，调查受访居民对耕地资源非市场价值的支付意愿，同时对支付工具、询价方式、语言表述等相关问题进行检验，并依据调查结果改进问卷，重新设置支付卡的价值区间。样本分为普通市民和农户两类群体，随机选取了武汉市的武昌、汉口、汉阳三镇（主城区）100 位普通市民和黄陂、新洲、东西湖三个近郊区 11 个村的 100 位农民，以面访形式入户调查。调查问卷委托受过培训且具有专业知识的调查员进行访查，在总样本 200 份问卷中，经过整理可作为分析使用的有效问卷有 167 份，其中市民问卷 92 份（占 55.09%），农户问卷 75 份（占 44.91%）。

　　所有受访居民对耕地资源非市场价值的支付意愿如下：0～50 元 23 份（占 13.77%），51～100 元 43 份（占 25.75%），101～150 元 48 份（占 28.74%），151～200 元 20 份（占 11.98%），201～250 元 32 份（占 19.16%），还有一份愿意支付 270 元，大部分落在 51～150 元（占 54.49%）。其中市民家庭对耕地资源非市场价值的支付意愿：0～50 元 12 份，51～100 元 18 份，101～150 元 25 份，151～200 元 13 份，201～250 元 23 份，还有一份愿意支付 270 元，大部分落在 51～250 元（占 87%）。农户的支付意愿：0～50 元 11 份，51～100 元 25 份，101～150 元 23 份，151～200 元 7 份，201～250 元 9 份，大部分落在 51～150 元（占 64%）。从调查结果看（表 2-1），市民支付意愿普遍大于农户，市民调查问卷的回收率也高于农户，调查过程可以明显感受到市民对耕地非市场价值的认识要比农户深刻。

表 2-1　受访居民对耕地资源非市场价值年户均支付意愿预调查结果

单位：元/年

	样本数/份	平均值	标准差	最小值	最大值
总价值	167	125.63	65.79	30	270
存在价值		42.10	24.23	10	90
选择价值		42.37	24.52	10	100
馈赠价值		41.16	23.93	10	95
市　民	92	140.22	96.33	30	270
存在价值		47.96	24.97	10	90
选择价值		46.82	25.34	10	95
馈赠价值		45.44	24.29	10	95

	样本数/份	平均值	标准差	最小值	最大值
农　户		111.03	11.33	30	240
存在价值	75	36.22	22.13	10	80
选择价值		37.92	22.96	10	100
馈赠价值		36.89	23.06	10	90

预调查数据表明，武汉市居民对耕地资源非市场价值的年户均支付意愿为125.63 元，其中市民 140.22 元/年，农户 111.03 元/年。

依据预调查获取的受访居民对耕地资源存在价值、选择价值和馈赠价值的支付意愿标准差和均值，参考苏明达在《愿意支付价值最佳效率指标之建构和验证》（2004）一文里 AIEM 支付金额的价值区间设计公式，可分别估算出 WTP 支付数额分布的七个价值区间，如表 2-2 所示。

考虑到支付价值卡的价值区间仅有七个区间是不足的，并且对存在价值、选择价值、馈赠价值的支付意愿仅以 70 元作为上限值是有限的，为此在上述价值区间界定的基础上，价值区间内部再进一步细化。实际调查的价值区间设定为：A、1~5 元，B、6~10 元，C、11~16 元，D、17~20 元，E、21~23 元，F、24~27 元，G、28~32 元，H、33~37 元，I、38~45 元，J、46~50 元，K、51~60 元，L、61~70 元，M、71~80 元，N、81~100 元，O、101~200 元，P、201~300 元，Q、301~500 元，R、501 元以上。

表 2-2　农地资源非市场价值正式调查的受访金额设计

受访额度	设计公式	最适受访额度	实际调查金额
A^{LL}	$\mu - \dfrac{\sqrt{3}\ln 7}{\pi} \times \sigma$	16	16
A^{L}	$\mu - \dfrac{\sqrt{3}\ln 3}{\pi} \times \sigma$	27	27
A^{LU}	$\mu - \dfrac{\sqrt{3}\ (\ln 5 - \ln 3)}{\pi} \times \sigma$	37	37
A	μ	42	45
A^{UL}	$\mu + \dfrac{\sqrt{3}\ (\ln 5 - \ln 3)}{\pi} \times \sigma$	48	50
A^{U}	$\mu + \dfrac{\sqrt{3}\ln 3}{\pi} \times \sigma$	56	60
A^{UU}	$\mu + \dfrac{\sqrt{3}\ln 7}{\pi} \times \sigma$	67	70

依据第一次预调查的反馈意见及统计结果，2004 年 12 月调查人员在武汉市蔡甸区、江夏区进行 100 份农户问卷的再调查，对改进后问卷的质量进行进一步的测试及检验。测试结果表明，改进后的问卷较第一次预调查相比较，得到了较好的反应，抗议性样本数量明显减少，受访者对调查人员的表述也能够更加容易、准确地理解，受访者提供的支付意愿也较为真实。同时，调查过程也发现部分受访居民担心调查与政府政策制定相关，存在支付意愿偏离实际支付能力的情况。为此，为进一步避免策略性偏差，在问卷后增设有效性检验的内容，对受访者的实际支付意愿、调查过程的干扰程度做进一步的检验，便于数据分析时对这部分样本进行进一步的处理。

2.1.6　偏差处理

CVM 是一种简单、灵活的非市场价值评估技术，被广泛运用于成本效益分析和环境价值评估等相关领域。然而，这种方法基于假设条件的问题安排，调查结果直接取决于受访者偏好和评价的特性，也使其自产生以来就招致颇多争议。多年来，对 CVM 的批评主要涉及调查结果的可靠性和有效性、各种各样的偏差和偏差的处理效果两个方面（Smith，1993；Freeman，1993；Venkatachalam，2004）。为此，在问卷设计和调查过程尽可能地规避和降低偏差，提高调查问卷的质量，增强调查结果的可靠性和有效性，是十分重要的前期工作。除了上述通过假想市场、支付工具、询价方式、价值区间确定等尽可能避免或减少部分偏差外，对嵌入效果、抗议反映偏差也做相应的处理。

（1）嵌入效果（embedding effect）处理

不同学者对嵌入效果（embedding effect）的解释并不一样，通常认为是因调查标的物涵盖范围而产生的问题（Carson and Mitchell，1995）。也有的学者认为嵌入效果是指评估物被低估的现象，如 Kahneman 和 Knetsch（1992）认为评价标的物的范围会影响评估结果，当评估标的物与其他物品混在一起评估，会导致被评估物品的真实价值被低估。例如，当对相同物品进行价值评估时，被评估标的物的数量由 1 个增加到 2 个或 3 个，受访者的愿付价值均相同，则存在同嵌入效果。Mitchell 和 Carson（1989）则指出嵌入效果可能因为受访者对于环境品质改善的想象与研究人员所要表达的品质变动有所不同，从而产生的偏差。有时也会因为受访者无法准确区分价值构成成分，例如无法区分选择价值和存在价值，也会产生嵌入效果（Mitchell and Carson，1989）。台湾学者郑惠燕（1998）等对台湾十个野生动物保护区的保育效益评估时，证实了条件价值法进行保育效益分析时可能会存在两种嵌入效果：一是保育效益的各组成成分价值加总与保育总价值之间存在偏差。据他们的研究结果表明，对野生动物保护区的存在价值、选择价值和馈赠价值评估结果的汇总是仅对整体非市场价值的评价结果的 2.58 倍左右（即郑惠燕分项测算的非市场价值结果相当于只询问一个总非市场价值的近三倍），说明在分项对非市场价值成分进行评估时，可能会重叠各价值组成间的愿付价值，甚至出现受访者对非市场价值中的存在价值、选择价值和馈赠价值区分不开的情况。二是，单独的和多个野生动物保护区之间的评估结果有差异，即评估标的物的范围不同也会导致价值出现偏差。为此，结合国内外学者的经验，结合预调查的分析结果，估算农地非市场价值时为避免出现人为高估的现象，对嵌入效果的预防或规避围绕非市场价值设置和评估农地范围的界定两方面展开。

价值问卷初次设计时按非市场价值的构成，从受访居民对耕地存在价值、选择价值和馈赠价值的愿付数额进行评价，然而分别测算后进行汇总得到总的非市场价值支付意愿。第一次试调查及其统计分析结果表明，受访居民对存在价值、选择价值和馈赠价值难以准确区分出来，三部分价值之间与郑惠燕的验证结果相似，存在价值交叉和重叠的现象，并且居民在存在价值、选择价值和馈赠价值三部分价值的支付意愿上所统计出的均值几乎相近，偏离范围不超过 5%。而实际调查过程受访者对此三项价值分开评价的愿付数额，绝大多数受访者回答"一样"或"区别不大"。为此可见，反映出的单项价值的实际支付意愿实质是受访者对总的非市场价值的支付意愿。换句话说，受访居民对农地保护的支付数额或对农地非市场价值的实际支付意愿只有一个。理论上，一些学者也认为对存在价值、选择价值和馈赠价值分开估算是困难的。他们认为，总价值在实际操作中尚存在问题和争论，现有的评价技术可以区别使用价值和非使用价值，但是企图将选择价值、存在价值和馈赠价值分开仍有问题，它们之间在意义上存在一定程度的重叠（Pearce et al. ，1994）。第一次预调查调查员反馈意见及统计结果表明的问题与 Pearce 的观点一致。为此，问卷设计按居民对农地总的非市场价值的支付意愿进行设置。

其次，要界定向受访公众所描述的农地资源范围。嵌入效果曾被命名为象征偏差（Symbolic），即因受访居民对标的物的认定偏离了研究人员所描述的特殊范围所产生偏差。例如，受访者对于所探讨的特殊物品（如环境财物的保护）缺乏印象，反而将注意力摆在象征性质的财物（如整体地球的保护）。Carson 和 Mitchell（1995）、Cummings 等（1994）、Samples 和 Hollyer（1990）及 Carson 等（1992）均证实，CVM 调查中受访者的愿付价值确实会随评估物品的定义范围而发生变动。此次设计，按与农地生活联系的紧密程度不同，受访群体分为市民和农民两类，两类受益群体对农地保护的支付意愿会随之生活与土地的依赖性、受访者的偏好及社会经济特征的差异，在支付意愿和认识上存在较大的差别。为此，考虑农民作为农地的耕作者，以土地为生，家庭经营的农地类型也不同，为此其对各类型农地的支付意愿不同。同时，各类型农地生态特征存在明显差异，因此对耕地、园地、林地、牧草地和水域用地有必要进行单独区分。但湖北省牧草地面积稀少，仅占全省农地面积的 0.5%，故不将牧草地列入农地的调查范围内。水域用地的界定范围与我国现行的土地分类标准有所出入，在现行的土地分类标准中仅有坑塘水面和养殖水面被纳入到农用地范围，而考虑到所调查的农地是一个相对广义的农地概念，将村属的一些公共水域用地，如河流、湖泊等也纳入到农地调查范围。

（2）抗议性偏差（protest response bias）处理

抗议性偏差是由于被调查者反对假想市场或支付工具所引起的偏差。问卷设计时考虑经济条件限制是导致零支付样本产生的主要原因，增设了义务劳动的支付方式，并且对劳动的强度不作任何要求，可由活动方根据个人意愿和条件做相应的安排。为此，事实上所有的被调查者只要是支持计划的，存在零支付意愿的可能性极小。因此，数据处理时将所有零支付样本视为抗议性样本。绝大多数的 CVM 研究在数据分析时通常将抗议性样本剔除，导致得出明显高的 WTP 估计值（徐中明等，2002）。鉴于前人的研究，为尽量避免因抗议反映偏差而导致高估农地非市场价值，同时能够更加真实地评估出当前居民对农地保护真实的支付意愿，在数据处理时增加考虑了参与率。估计农地非市场价值时，除考虑受益范围及其平均最高支付意愿外，还考虑了当前受访居民保护农地的平均支付率，剔除了当前受益群体中可能存在的抗议性群体的比例，避免了高估的可能。

（3）假想偏差（hypothetical bias）处理

为使假想市场尽可能被受访居民接受，逼近现实，问卷以假设建立农地保护基金会（非政府行为）的方式，倡导居民自愿支援农地保护，以达到保存农地和维护农地环境的作用。并说明所得款项将用于修建当地的农田水利设施、建立农地保护补偿机制、加强环境治理等公益事业，询问受访居民家庭对农地保护的参与意愿。除通过预调查、采用匿名调查等方式增加受访居民对假想市场的了解的同时，还在问卷内容中增设了有效性检验的相关内容，进一步询问受访者对假想市场的理解及其实际支付能力。

2.1.7 适宜样本容量

通常对同一事件进行重复观测和对相关事件进行观测能获取增加的信息，减少事件结果出现的不确定性程度，但增加观测次数所获得的信息在满足一定样本数量的前提下是边际递减的，而且增加观测样本数量和观测内容通常有较大的成本，因此在条件价值评估的问卷研究中有一个最适宜样本容量的问题（徐中明等，2003）。同样，Arrow 和 Solow 领导的"蓝带小组"建议 CVM 评估自然资源非使用价值或存在价值时，对简单二分式问题（"是－否"型）格式，至少需要 1000 位回答者的总样本数量（徐中明等，2002）。为此，适宜样本容量的确定以 1000 份作为下限，按 Scheaffer 等的（1979）抽样公式确定样本的上限数。

Scheaffer 等的（1979）抽样公式为：

$$N^* = \frac{N}{(N-1)\ \delta^2 + 1}$$

式中：N^* 为抽样样本数，N 为母体数，δ 为抽样误差。各典型调查区内抽样样本数按各区家庭户数占调查区域总户数的比例分配样本容量，公式表示为：

$$n^* = N^* q / Q$$

其中，n^* 为抽样样本数，N^* 为全省居民问卷总抽样数，q 为各县市居民数，Q 为各调查区域居民总数。设定抽样误差为 0.03，湖北省居民家庭现有 17 036 900 户，经过计算湖北省的抽样份数在 1150～1200 份。其中，湖北省现有农村居民家庭 9 978 500 户，城镇居民家庭 7 058 400 户，分别占到 58.57% 和 41.43%。考虑到农村居民文化程度相对较低，调查难度较大，为避免抗拒样本过多的现象发生，农村居民抽样调查份数在按户籍比例确定的基础上增加 150～200 份样本，确定农村居民的调查样本数在 800～900 份，城市居民调查份数在 450～500 份。武汉、仙桃、汉川、荆门、宜昌五个典型调查区域适宜抽样样本容量的分配如表 2-3。但在实际调查过程中，因调查人员安排、时间安排、经费预算、农村居民点分布等实际情况，各区实际的抽样调查份数与适宜样本份数略有出入，做了适度的调整。此次正式调查分成三个时间段进行，武汉市民的抽样调查和汉川调查在 7 月 23 日～29 日分两个小组同时进行，每小组的调查员 5 名，人均一天调查样本 5～6 份，考虑到成本及工作时间，为此将汉川农村居民和城市居民的调查份数分别增加到 130 份和 50 份。仙桃、荆门、宜昌的调查是在第二阶段（8 月 2 日～10 日）全部完成，到一处地方调查的份数要求达到 150 份以上，其中宜昌安排农村和城镇居民的抽样样本份数分别为 200 份和 100 份，但在实际调查过程中宜昌地区因地处山区农村居民点极其分散，调查难度过大，为此实际只完成 180 份样本。而宜昌城镇居民的样本份数因特殊原因，有 30 份遗失，实际抽样样本数 70 份。武汉市农民的抽样调查时间安排在 8 月 7 日～12 日，仙桃及荆门调查小组继续完成后集中人员对武汉市受访农民进行抽样调查。

表 2-3　湖北省各典型调查区抽样样本的确定

地　区	农村居民/户	比例/%	适宜抽样样本数	实际抽样样本数	城镇居民/户	比例/%	适宜抽样样本数	实际抽样样本数
武　汉	1 026 855	0.34	294	210	1 272 274	0.59	263	210
仙　桃	278 275	0.10	80	180	104 519	0.05	22	45
汉　川	256 064	0.09	73	130	50 643	0.02	10	50
荆　门	605 953	0.20	173	160	241 763	0.11	50	70
宜　昌	838 900	0.27	240	180	485 154	0.23	100	70
合　计	3 006 047	1.00	860	860	2 154 353	1.00	445	445

2.2 抽样调查

2.2.1 研究区域确定的原则

（1）综合分析和主导因素相结合原则

由于各种自然要素在研究区域内各地段的组合关系不同，使得土地综合体有着显著的地域性差异。遵循综合分析和主导因素相结合的原则，我们根据地区的地貌特征和农地生态特征的差异性选择不同类型的研究区域和样本点，进一步综合分析农地生态与农地价值的关系。其中，综合分析原则强调在进行研究区域和样本点选取时，必须全面考虑构成地区农地生态环境的各组成成分和其本身综合特征的相似和差别，确保所选择的研究区域或样本点是一个个具有自身特点的综合体。主导因素原则强调选取反映区域分异的主导因素的某一主导标志作为确定研究区界的主要根据，研究中主要以地貌特征作为划分研究区域的主要分界线，分别选择平原、丘陵、山地等典型研究区域进行研究农地生态和农地价值的关系，显现不同类型区域农地生态和农地价值之间的关系。

（2）突出地域土地自然生态条件差异性原则

自然生态条件是决定农地利用方式的主要因素。地貌是自然生态条件的主导因子，地貌的不同，也必然引起区域间在气候、水文、土壤等方面上的差异。典型区域生态特征的差异首先可以从地貌上，将区域选择范围分为平原、丘陵、山地，及特大城市这一特殊地带，而后在这些范围内选择有代表性的生态典型样点。

（3）区域经济发展差异性原则

土地价值与其所在区域的经济发展水平有显著关系，农地价值也是如此。经济发展水平直接影响农地市场价值的实现，也影响人们对公共资源价值的支付。选择研究区域也应考虑地方经济发展水平的地域差异。

（4）研究对象整体性原则

研究课题作为一个成果体系，应重视研究对象的确立要有利于建立相对完善的对象体系，以地貌特征为主要依据划分研究区域，应尽可能对各种地貌类型都建立一个可比较研究的样点。

2.2.2 抽样调查阶段

农地资源的质量、数量状况变动直接关系社会全体成员的生活。为此，将农地资源非市场价值的调查对象界定为辖区内的全体社会公众，以家庭作为基本单位进行随机抽样调查。抽样调查通常分成三个阶段：第一阶段是判断抽样（judgment sampling），即对地区农地保护的受益群体按基本特征及其与农地生活联系的紧密程度分为市民和农民两类。第二阶段是比例配置法（proportional allocation），先确定湖北省需要调查的问卷总份数，然而按全省各典型调查区域的人口比例分配问卷份数，最后在各调查区域内确定具体的调查村庄或地点。第三阶段是方便抽样法（convenience sampling），进入调查村庄或居委会后，由调查员根据调查情况抽样调查受访对象。具体步骤如下：①确定调查城市。按经济发展水平及农地生态类型的差异，选择湖北省的武汉、仙桃、汉川、荆门、宜昌作为调查区域，比较特大城市、江汉平原、鄂中丘陵、鄂西山地等不同生态类型地区农地资源的价值差异。②确定调查村庄或居委会。按各调查区内经济条件的差异性，按不同经济水平来确定各城市内的调查乡镇或区，每个乡镇调查 2~3 个村庄。③确定受访家庭。按村庄或居委会人口规模按 10% 的比例随机抽取调查户。④确定受访居民。将受访居民家庭中具有经济能力，年龄 18 周岁以上的正在家中的成员作为最终的受访者，如入户随机抽样调查时，居民家庭中正好有两位以上适合调查的成员在家，则以家庭中"管事"或有"决策"权的户主作为最终受访者。

第3章
城市区域农地生态与农地价值关系
研究——以武汉市为例

城市区域农地生态与农地价值关系研究是以湖北省武汉市为例。武汉市位于江汉平原东部，长江中游与长江、汉水交汇处，东经 113°41′~115°05′，北纬 29°58′~31°22′；全市土地面积 854 908 公顷，占湖北省土地面积的 4.6%。

3.1 武汉市农地生态特征及景观变化

3.1.1 武汉市农地资源概况

据 2003 年土地利用详查数据，武汉市现有农地面积 580 167.96 公顷，占湖北省农用地总量的 3.96%。武汉市属鄂东南丘陵经江汉平原东缘向大别山南麓低山丘陵过渡地区，境内中间低平，南北垄岗、丘陵环抱，北部低山耸立，形成以耕地、水域和林地资源为主的农地利用格局，如图 3-1 所示。

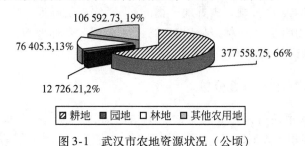

图 3-1 武汉市农地资源状况（公顷）

3.1.1.1 耕地资源现状及分布

2003 年武汉市耕地面积 377 558.75 公顷，占农用地总面积的 65.08%。其中，灌溉水田和旱地占耕地面积的 85.12%，望天田、水浇地和菜地仅占耕地面积的 14.88%。全市人均耕地面积 0.048 公顷，仅有全国平均水平 0.095 3 公顷的 50%，人均耕地面积低于联合国粮农组织确定的人均耕地占有量 0.053 3 公顷的警戒线。耕地集中分布在黄陂区、江夏区、新洲区和蔡甸区，占全市耕地总量的94.73%；主城区的洪山区（4.33%）、汉阳区（0.56%）也有少量分布，如图3-2所示。从耕地类型分析，水田集中分布在蔡甸、江夏、黄陂和新洲四个城郊区，这些区域一般都属于垄岗平原或湖积平原区，土壤微酸至酸性或偏碱性，质地中壤至重壤，田间渠系配套，适于稻作。旱地多分布在河湖平原分布集中的地区，土壤偏碱，质地轻壤至中壤。

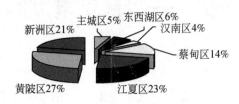

图3-2　武汉市耕地资源分布情况

3.1.1.2　园地资源现状及分布

2003年武汉市有园地12 726.21公顷，占农用地总面积的2.19%，主要分布在东西湖区（25.33%）、江夏区（30.78%）、黄陂区（15.90%）、洪山区（8.8%）。在二级地类中，果园面积最大、分布最广，占全市园地面积的75.87%。

3.1.1.3　林地资源现状及分布

2003年武汉市有林地面积76 405.30公顷，占农用地总面积的13.17%。其中，有林地51 840.62公顷，占林地面积的67.85%；疏林地10 772.95公顷，占林地面积的14.10%；未成林造林地10 731.71公顷，占林地面积的14.05%。林地主要分布在黄陂区和江夏区，其他区分布较少。

3.1.1.4　其他农用地现状及分布

2003年武汉市还有包括养殖水面、坑塘水面、田坎、农田水利用地等在内的其他农用地面积106 592.73公顷，其中养殖水面和坑塘水面面积53 612.95公顷，占其他农地总量的60.60%。

3.1.2　武汉市农地自然生态特征

3.1.2.1　地貌类型复杂多样，以平原、垄岗为主

武汉市属鄂东南丘陵经江汉平原东缘向大别山南麓低山丘陵过渡地区，地貌

复杂多样，形成以平原为主，兼有少量低山、丘陵的地貌类型，大体上是四分平原、四分垄岗、半分丘陵、半分低山。

低山分布在黄陂区西北部和新洲区东北部，属大别山向阳斜面的前缘。山间深沟窄谷，沟谷成"V"形，河谷阶地发育着水稻土。山面覆盖层较薄，以残坡积物为主。加上降雨量集中，季节性的暴雨常造成洪水冲刷，水土流失严重，植被覆盖面积小。

丘陵分布成三列，北列在黄陂五岭、蔡家榨至新洲区凤凰、和平一线及以北地区；中列分布在蔡甸区新农镇至洪山区永丰、九峰、花山一带；南列分布在蔡甸区索河、永安、多山、黄陵至江夏区郑店、乌龙泉一带地区。北列为宽谷缓丘，呈"U"形沟谷。谷底为洪积或坡积物，多辟为稻田；丘坡为林果和荒地。中南二列海拔高程为 100 ～ 270 米，相对高度 50 ～ 100 米。

垄岗平原作为武汉市的主要地貌类型，分布在黄陂、新洲区北部和蔡甸、江夏区中南部，湖岗相映，盛产稻、鱼。垄岗以长江、汉水为特征分界线，长江、汉水以北岗地，地势北高南低，河岗相间；长江、汉水以南岗地，地势南高北低，湖岗错落，冲沟发育，多垂直于湖岸或长江、汉水，呈树枝状向四方放射伸展，在准台面则由中心向四周倾斜。

平原位于武汉市中部，沿长江、汉水和通顺河、金水、府河、滠水、倒水、举水、沙河诸支流两岸以及湖泊周围，是棉花、蔬菜的集中产区。

3.1.2.2 雨热同季，气候差异显著

武汉市属中亚热带向北亚热带过渡地带，具有热量丰富、雨量充沛、雨热同季、光热同季、无霜期长的特点，受境内湖区的湖泊水体效应、城区的热岛效应、丘陵的坡地补偿效应和山地逆温效应以及低洼地区的冷湖效应的影响，气候有显著的差异性。

武汉市年降水量 1150 ～ 1450 毫米，降雨季节的分配存在不平衡性，≥10℃期间降雨量为 942.4 ～ 1133.4 毫米，占年降雨量的 78% ～ 80%，具有明显的雨热同季的气候特点。降雨季节的分配存在一条明显的南北分界线，北纬 32°24′分界线以南，春雨多于夏雨，以北则夏雨多于春雨。在四季降雨变率中，以冬春的变率较小，夏季变率较大，具有冬季降水少而均匀，春季多连阴雨，夏季旱涝频繁，秋季多干旱的特点。年平均日照总时数为 1810 ～ 2100 小时，日平均气温≥10℃期间日照时数为 1320 ～ 1560 小时，为全年总日照时数的 70%，年太阳总辐射为 104 ～ 113 千卡/平方厘米，热量分布自东西湖向梁子湖畔递增，东西湖是全市农业区的冷区，梁子湖为暖区。武汉全市水平范围内每年平均气温为 15.8 ～ 17℃，分布上是南高北低，纬向递减，高低值相差仅 1.2℃。而气温的垂直差异较大，北部低山区各高度的年平均气温的垂直差异达 3.7℃，每升高 100 米，年

平均气温下降 0.48℃，相当于向北推移近一个纬度。全市无霜期最长为 272 天，最短 211 天，≥10℃积温为 5200～5300℃，具有明显的冬季严寒低温、夏季酷暑高温，而且持续时间均较长的气候特征。

3.1.2.3 江河纵横、湖泊密布，水资源丰富

水分是农作物生长的基本条件，是影响农地利用方式、农地利用程度的重要限制性因素。武汉市境内江河纵横、湖泊密布，水资源丰富。全市大部分为平原湖区，局部属于低山丘陵，长江、汉水交汇于市境中央，三河（金水河、通顺河、府河），三水（滠水、举水、倒水）由长江两岸汇于长江。市内多年平均径流量为 38.7 亿立方米，多年平均过境径流量为 7106.55 亿立方米。

3.1.2.4 土壤类型多样，以水稻土为主

武汉市农地土壤类型多样、适宜性广，利用程度高。全市境内分属于江汉平原区和大别山低山与丘陵区，地形类别有构造剥蚀地形、剥蚀堆积地形、堆积地形三种。境内地形总的格局是：北部低山环绕，中间低平，南北岗地、丘陵层次分明，地表物质各异，呈规律分布于不同地貌区内，形成了具有层次特征的不同土壤组合。土壤成土母质多样，土壤种类繁多，共有 8 个土类，17 个亚类、56 个土属，303 个土种，其中以水稻土面积最大，占土地总面积的 45.0%；其次为黄棕壤、潮土、红壤；其他为石灰土、紫色土、草甸土、沼泽土。前四类土壤是构成武汉市土壤的主体，后四类土壤多呈斑块状，零星散落于前四大土类之中。按土壤与地貌的地域组合分布规律，武汉市土壤类型大致可以分为平原湖区、垄岗平原、残蚀低丘和低山丘陵 4 个土壤类别。

3.1.2.5 "鱼米之乡"，农作物资源丰富

武汉市物产资源丰富，有鱼米之乡美誉。种植的粮食作物有水稻、小麦、大麦、玉米、高粱、荞麦、薯类、大豆、绿豆、蚕豌豆等十几种，共有 240 多个品种；经济作物有棉花、油料、麻类、糖料和烟叶等 50 多个品种；鱼类资源，共有 11 目 11 科 88 种；水生动物，共有 8 目 14 科 45 种。武汉市土地利用呈现较明显的圈层分布特征：中心城近郊以蔬菜生产为主；市郊以粮棉油生产为主，兼有部分经济作物和畜牧业等；远郊低山丘陵地区以林果业为主，兼有部分种植业。农用地以耕地和养殖水面为主，园地、林地、牧草地所占比例较低，具有以粮、油、蔬菜生产和水产养殖为主的平原农业生产典型特征。

3.1.2.6 农耕历史悠久，一年二、三熟制为主

武汉市农作物以一年二熟制、三熟制为主，主要的耕作制度有油稻稻、油瓜

稻、麦稻、油稻、瓜稻等。据《湖北省农村统计年鉴2005》，2004年武汉市农作物种植安排一年三熟制占耕地面积的49.08%，一年二熟制占耕地面积的40.61%，一年一熟的占10.31%。

3.1.3 武汉市农地生态系统能值分析

农地生态系统介于自然系统和人工系统之间，既受自然条件的制约，更受人类活动的强烈干扰和控制。传统的生态学和经济学的分析方法无法揭示生态系统中自然环境与人类活动的相互关系，忽略了自然环境在生产中的贡献。而能值分析能够克服上述不足，是对各类系统的结构功能及运行状况进行定量分析的一种方法，为分析农地生态经济系统的环境负荷、生产优势度、稳定性等特征状况提供途径。

3.1.3.1 武汉市农地生态系统能值投入结构分析

能值投入结构分析有助于从整体上评价农地生态系统的开放与发展程度（董孝斌等，2004）。从表3-1可见，武汉市农地生态系统2003年的能值总投入为93.5×10^{20}sej，其中太阳光、雨水、土壤环境资源投入占总能值投入的10%，低于广东省1993年的14%（苏国麟等，1999）和意大利1998年的11%（Ulgiati et al.，1993），说明无偿的环境资源在总能值投入中的比例相对较低。2003年武汉市购买能值投入占农地生态系统总能值投入的90%，其中化肥、农药、机械等不可更新的工业辅助能占购买能值的34.27%，劳动力、畜力等可更新的有机能占65.73%。分析结果表明，武汉市农地生态系统主要依赖于经济系统的购买能值，既是一个开放的商品型系统，高度依赖化肥、机械等工业辅助物质的投入，又是以畜力和人力投入为主的传统封闭式农业。

依据表3-1、表3-2的相关数据，进一步地分析，武汉市农地生态系统能值投入结构还具有以下特点：①土壤养分流失等不可更新的环境资源投入占环境资源能值的40.98%，占生态系统总能值流量的4.28%，说明受自然及人为的作用，武汉市农地生态系统对不可更新环境资源的无效损失率仍较高。据统计，2003年武汉市农地水土流失面积9930公顷。②化肥、机械等不可更新的工业辅助能占能值总投入的30.69%，在农业投入中占据重要的地位。其中，化肥的能值投入占工业辅助能投入总量的36.55%，是土壤肥力损耗的2.60倍，是农业增产的主要因素。③武汉市农地生态系统可更新的有机能投入占总能值投入的58.87%，但有机肥及种子的投入仅占有机能值的0.44%，远低于化肥的能值投入，说明有机肥的投入远远不足，成为农业生产的限制因素。④人力及畜力的能值投入占总能值投入的58.60%，是机械能值投入的4.6倍。一方面，说明受资源禀赋及地块破碎度的影响，农业机械的使用受到一定程度的限制；另一方面，说明武汉市农业仍是以劳动密集型为主，大量的人力、畜力的能值投入形成较低的劳动生产率，尚未脱离传统农业的格局。

表 3-1　武汉市农地生态经济系统能值投入（2003 年）

项　目		原始数据/焦耳	能值转换率/（太阳能焦耳/焦耳或太阳能焦耳/克）	太阳能值/10²⁰ 太阳能焦耳
可更新能源	太阳能	2.74×10^{19}	1	0.274
	雨水势能	2.22×10^{16}	8 888	1.97
	雨水化学能	3.73×10^{16}	15 444	5.76
	小　计			5.76
区内不可更新资源	表土流失	6.40×10^{15}	6.25×10^4	4.00
	小　计			4.00
不可更新工业辅助能	电　力	3.88×10^{15}	1.59×10^5	6.17
	柴　油	1.68×10^{14}	6.60×10^4	0.11
	氮　肥	$7.36 \times 10^{10} g$	4.62×10^9	3.40
	磷　肥	$3.01 \times 10^{10} g$	1.78×10^{10}	5.36
	钾　肥	$1.76 \times 10^{10} g$	2.96×10^9	0.52
	复合肥	$3.93 \times 10^{10} g$	2.80×10^9	1.10
	农　药	$0.7113 \times 10^{10} g$	1.60×10^9	0.11
	塑　料	$0.68 \times 10^{10} g$	3.80×10^8	0.026
	机械动力	1.59×10^{13}	7.50×10^7	11.9
	小　计			28.70
可更新有机能	人　力	2.80×10^{15}	3.80×10^5	10.60
	畜　力	3.03×10^{16}	1.46×10^5	44.20
	有机肥	$5.80 \times 10^{11} g$	2.70×10^4	0.000 157
	种　子	3.64×10^{14}	6.60×10^4	0.24
	小　计			55.04
系统总能量投入				93.50

注：可更新环境资源是同一气候、地球物理作用引起的不同现象，为避免能值的重复计算，只取其中能值投入量最大的雨水化学能（Odum，1987，1996）；资料是根据《武汉市统计年鉴2004》的数据计算得到，其中能值转换率参考相关文献（蓝盛芳等，2002）

表 3-2　武汉市农地能值投入产出结构（2003 年）

	项　目	代　号	太阳能值/10^{20}太阳能焦耳
能值投入	可更新环境资源	E_{mR}	5.76
	不可更新环境资源	E_{mN}	4.00
	环境资源总投入	$E_{mI} = E_{mR} + E_{mN}$	9.76
	不可更新工业辅助能	E_{mF}	28.70
	可更新有机能	E_{mR1}	55.04
	总辅助能投入	$E_{mU} = E_{mF} + E_{mR1}$	83.74
	总能值投入	$E_{mT} = E_{mI} + E_{mU}$	93.50
能值产出	种植业	E_{mY1}	314.32
	林业	E_{mY2}	10.01
	畜牧业	E_{mY3}	787.46
	渔业	E_{mY4}	414.02
	总能值产出	$E_{mY} = E_{mY1} + E_{mY2} + E_{mY3} + E_{mY4}$	1 525.81

3.1.3.2　武汉市各类型农地的能值产出评价

　　武汉市农业生态经济系统的产出能值由农林牧畜渔五部分构成（表 3-3），2003 年全市农地产出总能值为 1517.12 × 10^{20} 太阳能焦耳。其中，耕地资源虽然占武汉市农地总面积的 65.08%，但其能值产出仅有 3.25 × 10^{20} 太阳能焦耳，仅占总能值产出的 0.21%，说明以粮、棉、油、菜为主的农田系统的能值产出较低，不具备比较优势。从农田内部结构比较分析，不同作物的能值贡献大小不同，武汉市以谷物和蔬菜为主，分别占农田产出能值的 35.38% 和 39.54%。武汉市园地面积虽然仅占农地面积的 2.19%，但其能值产出却占种植业能值产出的 98.97%，占农地总能值产出的 20.50%，能值分析结果与园地经济产出价值高、近期大量耕地转为果园地用地的趋势是一致的，说明园地在农地生态系统中具有比较优势。武汉市林地面积丰富，占农地总面积的 13.17%，但林产品的能值产出仅占总能值产出的 0.66%，主要原因在于当前林业商品化开发的利用程度低，森林资源提供的更多的是非实物型的生态产品及环境效益，因此能值分析从实物的能量转换角度所作的评估无法涵括这部分效益在内。武汉市水域资源丰富，水产养殖业是优势产业之一，水域的能值产出占总能值产出的 27.13%，占据重要的地位。畜牧业的能值产出占全市农地能值产出的 51.60%，占据绝对的主导地位。综上所述，从能值产出的角度分析，武汉市畜牧业、水产业、水果业具有产业优势。

表 3-3　武汉市农地能值产出评价（2003 年）

项　目		产　量/吨	能值转换率/（×10⁴ 太阳能焦耳/焦耳）	能量折算标准/（×10⁷ 焦耳/千克）	太阳能值/10²⁰ 太阳能焦耳
农作物	谷　物	916 147	8.3	1.256	1.150 7
	小　麦	43 154	6.8	1.381	0.059 6
	玉　米	50 558	2.7	1.465	0.074 1
	薯　类	38 855	8.3	0.230 2	0.008 9
	豆　类	37 140	8.3	1.842	0.068 4
	棉　花	20 907	86	1.884	0.039 4
	油　料	170 981	6.9	2.553	0.436 5
	麻　类	3 345	8.5	0.293	0.001 0
	糖　料	82 598	8.4	0.23	0.019 0
	烟　叶	58	2.4	0.23	0.000 0
	蔬　菜	5 592 169	2.7	0.23	1.286 2
	瓜　类	473 572	5.3	0.23	0.108 9
	小　计	—	—	—	3.252 7
园产品	水　果	563 632	5.3	550	309.997 6
	茶　叶	1 940	5.3	550	1.067 0
	小　计				311.060 4
林产品	油桐籽	33	5.3	550	0.018 2
	油茶籽	414	5.3	550	0.227 7
	乌桕籽	82	5.3	550	0.045 1
	五倍籽	1	5.3	550	0.000 6
	板　栗	1 853	5.3	550	1.019 2
	木　材	24 300	4.4	3 600	8.7
	小　计	—	—	—	10.010 8
水产品		376 386	200	1 100	414.024 6
畜产品	猪　肉	201 245	170	1 100	221.369 5
	牛　肉	11 148	400	1 100	12.262 8
	羊　肉	778	200	1 100	0.855 8
	家　禽	59 914	170	1 100	65.905 4
	牛　奶	81 438	170	4 500	366.471 0
	鲜　蛋	166 336	170	700	116.435 2
	蜂　蜜	924.99	170	4 500	4.162 5
	小　计	—	—	—	787.4622

　　注：产量数据来源《武汉市统计年鉴 2004》，能值转换率参考相关文献（蓝盛芳等，2002），能量折算标准参考文献（严茂超等，2001）

3.1.3.3 武汉市农地生态系统主要能值指标分析

能值投入率、环境负荷力、系统优势度、系统稳定性等能值评价指标是衡量农地生态系统运行状况的重要工具，武汉市农地生态系统的主要能值指标如表 3-4。

表 3-4 武汉市农地生态系统能值指标体系

能值评价指标	表达式	数 值
环境资源比率	E_{mI} / E_{mT}	0.10
工业辅助能比率	E_{mF} / E_{mT}	0.31
有机辅助能比率	E_{mR1} / E_{mT}	0.59
购买能值比率	E_{mU} / E_{mT}	0.90
净能值产出率	E_{mY} / E_{mU}	18.22
能值投入率	E_{mU} / E_{mI}	8.58
环境负荷力	$(E_{mU} + E_{mN}) / E_{mR}$	16.32
系统优势度	$\sum (E_{mYi}/E_{mY})^2$	0.382 5
系统稳定性	$\sum [(E_{mYi}/E_{mY}) \ LN \ (E_{mYi}/E_{mY})]$	1.053 8

（1）净能值产出率

净能值产出率反映农地系统获得经济产出能值的能力，较高的净能值产出率获得经济发展的机会和数额相对较高，一定程度上反映系统的工业化程度和持续发展状况（张洁暇等，2005）。武汉市农地生态系统的净能值产出率较高，达 18.12%，表明武汉市农业的生产成本较低，农业系统的整体功能较好，运转效率高，能值回报率高，农产品具有价格竞争力。

（2）能值投入率

武汉市农地生态系统的总体能值投入率为 8.58，高于意大利相应系统的 7.55，说明武汉市农地生态系统投入的能值中，购买能值所占的比重较大，自然资源在农地生产投入中的贡献较低。

（3）环境负荷力

2003 年全市农地系统的环境负荷力达 16.32，甚至高于意大利（1989 年的 10.43）和日本（1990 年的 14.49），说明系统的利用程度增强，同时由于资源稀缺，人口及消费需求的不断增大，农地承受巨大的环境压力。

（4）系统优势度

系统优势度反映结构总体的生产单元均衡性，武汉市农地系统的优势度相对较低，低于三水市 1998 年的 0.442（蓝盛芳等，2002），主要原因是耕地和林地系统的能值产出太低。为提高系统优势度，应发展林业生产，提高林产品的商品化率，同时优化农业种植结构，发展深加工业，延长产业链，提高初级农产品的附加值。

（5）系统稳定性

系统稳定性表示系统生产稳定性的大小，系统稳定性指数高，说明系统的物质流、能量流连接网络发达，系统自控、调节、反馈作用强，有更大的自稳定性。武汉市农地生态系统的稳定性指数较高，高于三水市的系统稳定性指数0.918，说明武汉市农地生态系统自稳定性程度较高，系统自控、调节、反馈能力强。

3.1.4　武汉市农地景观变化

景观变化是景观各要素内部矛盾与外部作用力相互作用的共同结果，是景观从一种状态到另一种状态的转变过程。从某种角度上来说，我们所看到的任何一种景观都是景观自身变化过程之中的一个片断（王宪礼，1996）。景观的这种动态过程决定于景观的内部结构和作用于景观之上的各种外力，研究景观的变化就是要研究景观在时间和空间结构的变化和趋势（Olsen et al.，1993）。武汉市作为我国的大都市，中部地区的经济中心，农地景观变化的最大驱动源于经济发展的用地需求。据统计，1988~2002年武汉市非农建设用地扩张占用耕地面积16 394.57公顷，占耕地资源减少面积的48.75%，耕地非农化成为耕地资源减少的重要原因。为此，分析武汉市农地景观变化，重点在于分析武汉市农地城市流转的基本规律。

3.1.4.1　武汉市农地城市流转的基本态势

农地城市流转（rural – urban land conversion）是指在城市发展过程中，随着城市规模的扩大，城市土地需求量增大，城市土地需求者通过经济的手段或者行政的手段将城市附近农村土地转变为城市土地，以满足城市土地需求的过程（张安录，2000）。随着经济建设及城市化进程的加快，对土地资源的需求日益殷切，城市用地不断向外蔓延、扩张，周边农地不断被转化为建设用地，农地保护形势不容乐观。精确研究武汉市农地城市流转规律及特征，对于进一步揭示农地保护与经济发展间的协调状况，剖析时空演化过程，预测未来演化趋势具有重要意义。武汉市近年来农地城市流转的态势具有以下几个特征：

（1）耕地是武汉市农地城市流转的主要流出类型

表3-5各项变动反映出武汉市近年来土地利用变化的基本过程，即城市建设用地迅速增加，农用地总量减少，尤其表现为耕地的显著流失。1990～2002年武汉市农用地总量净减少18 374.11公顷。各类农用地中，耕地是农用地减少的

直接来源，1990～2002 年年平均减少速度在 0.61%，其他农用地除牧草地有少量减少外，园地、林地和其他农业设施用地均呈增加趋势。同期，建设用地面积增加 21 235.11 公顷，增长率达到 20.5%。随着城市化进程的加快，建设用地扩张与农地减少的矛盾表现剧烈，城市建设用地扩展致使耕地减少的影响突出。以 1990～1996 年、1996～2002 年两个时段分析，我们可以清楚地看到这点变化。后一个时段耕地减少的年变化率虽然较前一时段有所减缓，但结合表 3-6，我们不难分析出，并不是因为近年来城市建设用地扩张占用耕地的数量减少导致耕地流失的速度放慢，主要原因在于后一时段武汉市农业内部结构调整占用耕地的数量较前一时段有所减少而使耕地减少年变化率有所降低，城市用地扩张侵占耕地的速度并没有减缓。1988～1996 年武汉市建设用地扩张占用耕地占耕地净减少面积的 48.62%，而 1997～2002 年该比例则上升到 61.15%。

表 3-5　1990～2002 年武汉市农用地及建设用地面积增减变化情况　　　　单位：公顷

指标 用地类型	1990～1996 年		1996～2002 年		1990～2002 年	
	变化面积	年变化率/%	变化面积	年变化率/%	变化面积	年变化率/%
耕　地	−16 736.27	−0.66	−13 893.47	−0.57	−30 629.74	−0.61
园　地	+3 436.46	+9.41	+730.22	+1.28	+4 166.68	+5.7
林　地	−867.74	−0.21	+2 194.57	+0.54	+1 326.83	+0.16
牧草地	−15.71	−0.04	−9.34	−0.02	−25.05	−0.03
其他农地	+3 754.25	+0.62	+2 846.34	+0.46	+6 600.59	+0.55
农用地总量	−16 752.38	−0.46	−1 621.73	−0.05	−18 374.11	−0.25
居民点及工矿用地	+8 279.73	+1.66	+8 696.46	+1.59	+16 976.19	+1.71
交通用地	+1 662.73	+5.66	+2 537.62	+6.45	+4 200.35	+7.15
水利设施用地	−85.61	−0.09	+144.18	+0.15	+58.57	+0.03
建设用地总量	+9 856.85	+1.59	+11 378.26	+1.67	+21 235.11	+1.71

资料来源：根据武汉市土地利用详查数据整理得到

表 3-6　1988～2002 年武汉市农地城市流转情况　　　　单位：公顷

年　度		1988～1996 年	年占用量	1996～2002 年	年占用量
建设占用 耕地情况	小　计	8 136.44	1 017.06	8 496.5	1 416.08
	农田水利建设占用	156.87	19.61	96.63	16.11
	居民点及工矿用地	6 343.79	792.97	6 305.18	1 050.86
	交通用地占用	1 498.93	187.37	2 094.6	349.1
净减少耕地面积		16 736.25	2 092.03	13 893.47	2 315.58
占耕地净减少面积比重/%		48.62	—	61.15	—

注：资料来源是根据武汉市土地利用详查数据整理得到

（2）城市建设用地扩张与耕地资源的流失在时间及数量上相伴生

1996～2002年武汉市新增建设用地11 378.28公顷，其中建设用地扩张占用耕地、林地、园地分别为8 496.5、633.73、203.47公顷，占新增建设用地面积的74.67%、5.57%、1.79%。从总体变化中不难看出，耕地是武汉市建设用地扩张的主要来源，建设用地每增加一公顷用地，大约要占用0.7467公顷的耕地。如图3-3所示，近年来武汉市建设占用耕地的数量曲线与建设用地扩张的数量变化曲线的变化趋势及走向是趋于一致的。城市用地扩张必然导致农地流失，城市建设用地扩张与耕地资源的流失在时间及数量上是相伴生的。

（3）城市建设用地规模的发展和扩大，征用大量质量较好的耕地

从1996～2002年耕地的内部结构动态变化分析流失农地的类型及质量（表3-7），结果表明，在近年来耕地资源内部结构动态变化中，水田和菜地减少的比重尤为突出，分别达到49.57%、12.55%，两项合计占耕地净减少面积的62.17%。其中，主城区减少的耕地以菜地和灌溉水田为主，城郊区以灌溉水田和旱地为主。灌溉水田和菜地是耕地中的优质农田，说明了近年来城市规模的发展和扩大，基本上是征用质量较好的耕地。

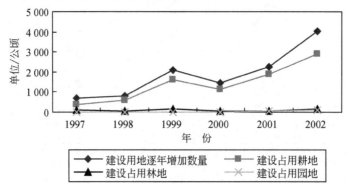

图3-3　1997～2002年武汉市建设用地扩张占用农地情况

表3-7　1996～2002年武汉市各区耕地内部结构动态变化数值　　　　单位：公顷

各区名称	耕地面积变化	灌溉水田变化	望天田变化	水浇地变化	旱地变化	菜地变化
江岸区	− 198.23	− 75.7	—	—	− 4.21	− 118.32
江汉区	− 46.28	—				− 46.28
桥口区	− 72.25	− 3.3				− 68.96
汉阳区	− 311.29	− 38.1			− 4.03	− 269.17
洪山区	− 2 440.1	− 1 010.71		− 14.78	− 445.52	− 969.09
主城区	− 3 068.14	− 1 127.81	—	− 14.78	− 453.76	− 1 471.82
东西湖区	− 2 393.11	− 992.41	—	− 879.67	− 37.64	− 402.86
汉南区	− 380.35	− 292.53	+ 0.22	− 185.69	− 81.37	+ 179.02

各区名称	耕地面积变化	灌溉水田变化	望天田变化	水浇地变化	旱地变化	菜地变化
蔡甸区	− 1 867. 11	− 1 228. 19	− 1. 06	+ 9	− 629. 48	− 17. 39
江夏区	− 3 099. 52	− 1 540. 45	− 0. 25	——	− 1 490. 3	− 68. 52
黄陂区	− 1 724. 9	− 1 032. 4	——	− 22. 61	− 691. 61	− 55. 3
新洲区	− 1 360. 33	− 563. 64	− 0. 02	− 711	− 73. 93	− 11. 74
城郊小计	− 10 825. 3	− 5 759. 67	− 1. 11	− 1 797. 32	− 2 995. 71	− 271. 49
武汉市	− 13 893. 5	− 6 887. 5	− 1. 11	− 1 812. 1	− 3 449. 5	− 1 743. 31

注：资料是根据武汉市土地利用详查数据整理得到

（4）随着城市化进程的加快，农地城市流转的速度在加快

武汉市耕地面积变化基本经历两个阶段，1949 ~ 1966 年耕地面积呈增加趋势，1966 年起至今耕地数量呈逐年减少趋势，尤其 20 世纪 80 年代以来，随着城市化进程的加快，耕地面积减少的幅度加大。武汉市土地利用变化最早的详查资料是从 1988 年开始的，因而从纵向分析武汉市农地城市流转速度时，我们采用 1988 ~ 1996 年、1997 ~ 2002 年两个时段进行比较分析，见表3-8。1988 ~ 1996 年武汉市建设占用耕地面积占耕地净减少面积的 48.62%，1996 ~ 2002 年该比例增加到 61.15%。后一个时段，建设用地扩张年平均占用耕地面积 1416.08 公顷，耕地向建设用地流转的速度年平均增加 399.02 公顷，增长速率达 39.23%。其中表现为居民点及工矿用地、交通用地面积近年来有较大的增加，居民点及工矿用地、交通用地后一时段比前一时段年均占用耕地数量分别增加了 257.89、161.73 公顷。总体说明了随着城市化进程的加快，农地城市流转的速度在加快。

表3-8　武汉市各区耕地非农化情况及相关指标分析

区　县	1997 ~ 2002 年耕地非农化情况		耕地非农化强度/%	耕地非农化相对变化率/%
	面积/公顷	比重/%		
江岸区	140. 81	1. 66	− 0. 15	− 0. 02
江汉区	70. 68	0. 83	− 0. 91	− 0. 13
硚口区	72. 25	0. 85	− 0. 14	− 0. 02
汉阳区	252. 85	2. 98	5. 79	0. 84
洪山区	1 398. 65	16. 46	34. 73	5. 03
主城区小计	1 935. 24	22. 78	7. 56	1. 09
东西湖区	934. 94	11. 00	14. 18	2. 05
汉南区	62. 42	0. 74	− 0. 94	− 0. 14
蔡甸区	1 712. 39	20. 16	36. 22	5. 25
江夏区	2 446. 86	28. 8	3. 32	0. 48
黄陂区	514. 89	6. 06	1. 28	0. 19

区县	1997～2002 年耕地非农化情况		耕地非农化强度/%	耕地非农化相对变化率/%
	面积/公顷	比重/%		
新洲区	889.57	10.47	16.04	2.32
城郊小计	6 561.07	77.22	6.56	0.95
武汉市合计	8 496.31	100	6.9	1

注：表内数据是根据武汉市土地利用详查数据整理得到

3.1.4.2 武汉市农地城市流转的区域差异

从各区近年来向建设用地流转的农地面积及所引入的指标分析，武汉市农地城市流转的区域差异表现明显，主要体现在以下几个方面：

（1）农地城市流转主要集中分布在城郊区及主城区的新区

1997～2002 年，武汉市全市除武昌区、青山区两区不存在农地流转现象（因为这两个城区已经没有耕地）外，其他十一个区均存在不同程度的农地城市流转现象，农地城市流转区域变化趋势明显。1997～2002 年流转为城市建设用地的耕地、林地、园地面积分别为 8496.5 公顷、633.73 公顷、203.47 公顷。其中，城郊区流转为建设用地的耕地面积和林地面积分别占全市建设用地扩张占用的耕地及林地面积的 77.23%、65.31%，主要分布在江夏区、蔡甸区、东西湖区、新洲区。主城区的农地城市流转现象集中在洪山区、汉阳区及江岸区。其中洪山区流转为建设用地的耕地有 1398.65 公顷，占全市耕地流转面积的 16.46%，流转为建设用地的林地面积 148.31 公顷，占全市林地流转面积的 23.40%。

（2）农地城市流转区域变化明显

耕地是农地城市流转的主要流出类型，在此，我们引入耕地非农流转强度及耕地非农流转相对变化率两个指标重点分析各区 1997～2002 年农地城市流转的强度及区域变化。耕地非农流转强度指数是指某一区域 i 内，研究期内流转为建设用地的耕地面积的变化强度，即研究期末某区域新增的非农流转耕地面积与基期非农流转耕地面积之比。耕地非农流转强度指数的意义在于能够直观地反映各区耕地非农流转的变化幅度与速度。耕地非农流转相对变化率则是建立在耕地非农流转强度指数的基础上，将各区耕地非农流转的变化率与全市耕地非农流转变化率相比较，用以分析研究区范围内耕地非农流转变化的区域差异及热点区域。其公式表示为：

$$K = \frac{|K_b - K_a| * C_a}{|C_b - C_a| * K_a}$$

式中：K_b、K_a 分别为某区域研究期末和期初非农流转的耕地面积，C_b、C_a 分别代表全市研究期末和期初非农流转的耕地面积。研究结果表明武汉市农地城市流转的区域差异明显，见表 3-8。主城区的非农流转强度要大于城郊区，说明从相对速率来看，主城区近年来耕地非农流转的变化幅度仍要稍大于城郊区。其中主要集中在洪山和汉阳两区，洪山区的耕地非农流转强度指数达到34.73%，仅次于城郊的蔡甸区。主城区中的江汉区、桥口区及江岸区三个老城区建设用地规模达到一定程度后，基本趋于稳定状态，耕地非农流转速度呈下降趋势。城郊区2002年较1997年流转为建设用地的耕地面积增加幅度大于全市农地流转速率的区有蔡甸区、新洲区和东西湖区。原因在于这几个区近年来随着经济发展速度的加快，基础设施及工业建设的速度有所加快。江夏区虽然耕地非农流转的面积在全市各区中最多，但是从流转强度指数来分析，1997～2002年该区耕地非农流转的变化幅度不是太大，一直以来都保持在一个较高的水平。以耕地非农流转相对变化率指数分析，近年来蔡甸区、洪山区、东西湖区、新洲区的相对变化率较高。

（3）农地城市流转的区域指向性变化明显

从表3-9可见，居民点用地（城市、建制镇、村庄）、工矿用地及公路用地是近年来武汉市建设用地类型中扩展速度最快的用地。主城区新增的建设用地主要是居民点用地及工矿用地，而城郊区扩展的建设用地主要有居民点用地、工矿用地及公路用地。从建设用地扩展类型分析，不难发现城市中心城区居民点用地指向性明显，而农地城市流转的集中区域——城市郊区工矿用地及交通用地指向性明显，是近年来武汉市新增交通用地及老工业搬迁和新工业选址的集中地。其中公路用地是武汉市近年来增加较快的建设用地类型，主要分布在江夏区、蔡甸区、东西湖区等城郊，城郊区新增的公路用地占全市近年新增公路用地的91.52%。

表3-9　1996～2002年武汉市建设用地增加情况分析　　单位：公顷

项目	武汉市	主城区	比例/%	城郊区	比例/%
建设用地增加	11 378.3	3 403.31	29.910 6	7 974.96	70.089 5
居民点及工矿用地	8 696.46	3 150.31	36.225 2	5 546.16	63.774 9
城市	1 439.6	1 023.58	71.101 7	416.04	28.899 7
建制镇	805.93	0.4	0.049 63	805.53	99.950 4
村庄	1 155.55	601.68	52.068 7	553.87	47.9 313
独立工矿	5 061.43	1 453.38	28.714 8	3 608.06	71.285 4
特殊用地	233.95	71.29	30.472 3	162.67	69.532
交通用地	2 537.62	204.94	8.076 07	2 332.68	91.923 9
铁路	5.87	−6.68	—	12.56	—
公路	2 497.73	211.62	8.472 49	2 286.1	91.527 1
民用机场	34.02	—	—	34.02	100
港口码头	—	—	—	—	—
水利设施用地	144.18	48.06	33.333 3	96.12	66.666 7
水库水面	10.01	—	—	10	99.900 1
水工建筑物	134.18	48.06	35.817 6	86.12	64.182 4

注：表内数据是根据武汉市土地利用详查数据整理得到

3.1.4.3 基本规律

1）耕地是武汉市农地城市流转的主要用地，1997～2002 年城市建设用地扩张占用耕地面积占城市新增建设用地面积的 74.67%。

2）流出的耕地在质量等级上多为优质耕地。近年来减少的耕地资源中，灌溉水田和菜地的比重尤为突出，分别达到了 49.57%、12.55%，两项合计占耕地净减少面积的 62.17%。其中主城区减少的耕地以菜地和灌溉水田为主，城郊区以灌溉水田和旱地为主。

3）农地城市流转的区域差异明显，主要集中分布在城市主城区的新区及城郊区。主城区中洪山、汉阳二区是农地城市流转的重点区域，城郊区的蔡甸区、东西湖区、新洲区的近年来农地城市流转的相对变化率较高。

4）农地城市流转的区域指向性变化明显。主城区扩展的建设用地主要以城市、建制镇、村庄等居民点用地为主，城郊区以交通用地及工矿用地为主。

3.2 武汉市农地生态与农地市场价值研究

3.2.1 武汉市农地资源市场价值估算

3.2.1.1 研究方法

鉴于数据的可取性及农地收益稳定的特性，采用收益还原法评估农地的经济产出价值。

3.2.1.2 农地经济数据的获取

（1）调查范围

武汉市耕地资源集中分布在黄陂、江夏、蔡甸、新洲、东西湖和汉南 6 个城郊区。考虑汉南区农地面积最少，并与蔡甸区相邻，农业地貌上属垄岗平原，在种植结构方面与蔡甸区相似，因此没有将其纳入到调查范围。新洲区与黄陂区相邻，农地资源在地貌、人均资源禀赋、种植结构等生态特征与黄陂区基本相似，最终选取黄陂区作为调查区域。江夏（郑店、流芳、纸坊）、黄陂（横店镇、滠口镇）、蔡甸（玉贤镇、多山镇）、东西湖（径河农场、新沟农场）4 个调查区域里，分别走访郑店、流芳、纸坊、横店、滠口、玉贤、多山、径河农场、新沟农场等 9 个乡镇或农场 18 个村庄及生产单位的 202 户农户，详细了解受访农户家庭人口、土地面积、种植结构、生产投入、农业税费、产值、补贴等经济资料，为分析农地的经济产出、经济价值提供了翔实可靠的数据源，具体设计内容见附录农地非市场价值调查问卷第四部分。

（2）样本特征

1）受访农户土地资源禀赋。武汉市 202 户受访农民家庭户均拥有农地面积 0.4393 公顷，土地资源禀赋如表 3-10。其中，经营水田的样本农户 176 家，户均面积 0.2127 公顷；旱地的样本农户 90 家，户均经营旱地面积 0.1293 公顷；菜农 10 户，户均经营菜地 0.1587 公顷；经营果园（葡萄园）的样本农户有 13 户，户均经营面积 0.2933 公顷；水产养殖户 33 家，户均经营鱼塘 0.9453 公顷。

表 3-10　武汉受访农户土地资源禀赋

土地资源禀赋	面　积	样本/户	比例/%
土地面积 X1 （0.0667 公顷）	X1≤1	13	6.44
	1＜X1≤2	21	10.40
	2＜X1≤3	28	13.86
	3＜X1≤4	29	14.36
	4＜X1≤5	24	11.88
	5＜X1≤6	18	8.91
	6＜X1≤7	19	9.41
	7＜X1≤8	5	2.48
	8＜X1≤9	10	4.95
	X1≥10	35	17.33
	小　计	202	100
水田面积 X2 （0.0667 公顷）	X2≤1	12	6.82
	1＜X2≤2	36	20.45
	2＜X2≤3	40	22.73
	3＜X2≤4	48	27.27
	4＜X2≤5	12	6.82
	5＜X2≤6	16	9.09
	6＜X2≤7	8	4.55
	7＜X2≤9	4	2.27
	小　计	176	100
旱地面积(含菜地) X3（0.0667 公顷）	X3≤1	47	47
	1＜X3≤2	27	27
	2＜X3≤3	11	11
	3＜X3≤5	9	9
	X3＞5	6	6
	小　计	100	100

土地资源禀赋	面　积	样本/户	比例/%
养殖水面 X4 （0.0667 公顷）	2 < X4 ≤ 5	8	24.24
	5 < X4 ≤ 10	6	18.18
	10 < X4 ≤ 15	8	24.24
	15 < X4 ≤ 20	7	21.21
	X4 > 20	4	12.12
	小　计	33	100
园地 X5 （0.0667 公顷）	2 < X5 ≤ 5	10	76.92
	X5 > 5	3	23.08
	小　计	13	100

2）受访农户的种植结构。据实地调查，176 户水田经营样本的主要耕作制度有中稻、双季稻、早稻或晚稻单季稻、麦稻、油稻及花生稻等。其中，水田以经营中稻为主，占受访样本的 69.62%；有 15.19% 经营双季稻，5.06% 的农民经营麦稻或油稻。旱地多种植棉花、油菜、花生、芝麻、大豆等经济作物。

3）受访农户家庭农业收入情况。202 户受访农民家庭中除从事农业种植外，农闲时间外出打工、从事运输或经商等兼业活动的有 113 户，占调查总数的 55.94%；非兼业农民有 89 户，占调查总数的 44.06%。受访农户家庭收入结构的调查情况如图 3-4。农业收入占家庭年收入 50% 以下的占调查户数的 69%，其中农业收入占家庭收入 10% 以下的占调查总户数的 27%；农业收入占家庭收入 50% 以上有 63 户，占调查户数的 31%，其中农业收入占家庭收入 100% 的有 35 户，占调查总数的 17.33%。

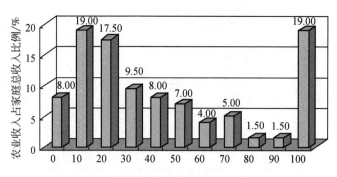

图 3-4　武汉市受访农户家庭农业收入情况

3.2.1.3 武汉市农地市场价值的估算*

运用收益还原法计算农地经济价值的程序如下：①搜集武汉市不同类型农地的单位产量、收益、成本和费用等相关资料；②计算不同类型农地单位年纯收益；③确定还原率；④计算农地市场价值。

（1）农地年纯收益计算①

武汉市受访农户 2004 年农业生产经营情况如表 3-11 所示。其中，单位公顷农地生产成本（包括农药、化肥、种子等直接生产资料的投入）、产值、补贴和纯收入数据为调查数据。人工成本参照《湖北省农村统计年鉴 2005》种植业产品单位用工数据求取。武汉市从 2004 年开始取消农业税费，为此税费一项为零。受访农户水田多以种植中稻为主，政府对中稻的粮食直接补贴每公顷 225 元。

表 3-11 武汉市 2004 年农地年纯收益情况 单位：元/公顷

农地类型		生产成本	人工成本	税费	产值	补贴	纯收入
水田	均值	3 737.25	2 719.65	0	10 860.00	225	4 628.10
	标准差	2 131.50	—	0	3 362.55	0	2 756.70
旱地	均值	1 935.90	2 631.22	0	8 112.60	0	3 545.48
	标准差	1 479.29	—	0	4 380.58	0	3 295.40
菜地	均值	10 320	5 839.74	0	39 150	0	22 990.26
	标准差	4 984.38	—	0	19 163.12	0	15 300.07
园地	均值	9 281.25	4 857.00	0	34 125.00	0	19 986.75
	标准差	4 725.45	—	0	11 073.60	0	12 359.10
水域	均值	16 306.05	4 560.00	0	32 954.55	0	12 088.50
	标准差	7 923.75	—	0	13 578.15	0	7 063.50

（2）土地还原率确定

土地还原率是将农地纯收益还原成农地经济价值的比率。确定适当的还原率，是应用收益还原法准确评估农地经济价值的关键。通常认为，农用地投资具有安全性、长期性与流动性的特点，农用地还原率应为低率（唐焱等，2003），并采用安全利率加上风险调整值的方法求取土地还原率比较合适（全国土地估价师资格考试委员会，2004）。其中，安全利率是指无风险的资本投资利润率，可以选用同一时期的一年期国债年利率或一年期的银行定期存款利率。风险调整值根据地区的社会经济发展和物价指数的波动确定。考虑我国的社会经济发展较

---

① 农地市场价值估算时，为简化过程，计算的是无限年期的农地市场价值，并假定农地年纯收益和还原率固定不变，文中其他地方均同。

快，GDP 年均增长率在 7%~8%，而物价变动相对稳定，为此根据物价指数的波动情况确定风险调整值。从定义可见，安全利率加风险调整值确定土地还原率的基本思路与台湾林英彦教授提出的实质利率的确定公式一致。林英彦教授提出土地还原率由纯粹的利息率（银行存款利率）、风险补贴率、货币贬值率三部分构成，计算公式为：

$$土地还原率 = \frac{1 年期银行存款利率}{同期物价指数}（1 - 1 成的所得税率）$$

公式在具体运用时，考虑到内地并未向农业经营户单独征收所得税，农业经营户向国家上交的农业税实质是一种土地收益税，因此国内学者通常将公式中的所得税率修正为农业税率，则修正后的公式为：

$$土地还原率 = \frac{1 年期银行存款利率}{同期物价指数}（1 - 农业税率）$$

2005 年我国商业银行一年期存款利率为 2.25%，湖北省 2000~2004 年农产品及农业生产资料物价指数年平均增长率为 1.67%。目前国家实行农业税费改革，取消农业税费、实施种粮补贴，农业税忽略不计。因此，按上述风险修正公式所计算出的土地还原率低于一年期银行存款利率 2.25%。而按照相关学者的证明，使用权年限大于一年的土地还原率必须严格大于或等于一年期存款利率（李国安，1996）。修正公式确定的土地还原率实质上是扣除农业风险后的土地收益率，在当前农业税费改革的背景下，将农业风险调整值较小，研究时忽略不计，土地还原率按我国 2005 年一年期银行定期存款利率 2.25% 计算。

（3）农地市场价值的估算

根据 2005 年 8 月对武汉市 200 多户农民农业种植收入的统计表明，单位农地的纯收入通常呈正态分布的基本态势，如图 3-5 所示。图 3-5 显示的是武汉市 150 多户农民耕作水田扣除生产成本、人工成本后的单位纯收益分布频数图。每 0.0667 公顷水田纯收入在 200~400 元区间的频数分布最多，200 元以下和 400 元以上的较少，呈明显的正态分布。类似地，其他农地的收益情况也有相似规律。根据正态分布区间估计，当 δ^2 已知时，均值 μ 的双侧 $1-\alpha$ 置信区间为（余家林，1993）：

$$\overline{X} - t_{1-0.5\alpha}\frac{S^*}{\sqrt{n}}, \ \overline{X} + t_{1-0.5\alpha}\frac{S^*}{\sqrt{n}}$$

式中：$\overline{X}$ 为农地纯收益均值，S^* 为样本标准差，n 为样本数量

按收益还原法的基本公式及上述分析结果，武汉市不同类型农地的经济价值估算公式如下，估算结果如表 3-12 所示。

$$农地市场价值 = \frac{农地纯收益均值 \pm t_{1-0.5\alpha}\frac{S^*}{\sqrt{n}}}{还原率}$$

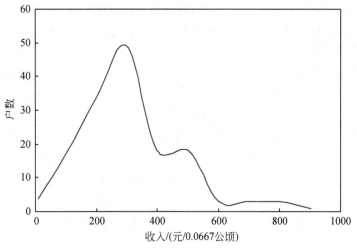

图 3-5　武汉市受访农民单位水田纯收入的分布情况

表 3-12　武汉市农地市场价值估算结果　　　　单位：元/公顷

项　目		水　田	旱　地	菜　地	园　地	水　域
平均纯收益		4 628.10	3 545.48	22 990.26	19 986.75	12 088.50
$t_{1-0.5\alpha}\dfrac{S^*}{\sqrt{n}}$		407.27	680.84	9 483.08	6 718.48	2 410.01
还原率/%		—	—	2.25	—	—
农地市场价值	最低价	187 592	127 317	600 319	589 701	430 155
	平均价	205 693	157 577	1 021 789	888 300	537 267
	最高价	223 794	187 836	1 443 260	1 186 899	644 378

3.2.2　武汉市农地生态与农地市场价值关系分析

3.2.2.1　不同耕作制度下农地产出差异明显

调查表明，武汉市现行的耕作制度主要有单作、间种、套种等，如表 3-13、表 3-14 所示。耕作制度是在一定的自然经济条件下长期形成的，一定程度反映出地区的资源条件和环境状况。为此，分别对不同耕作制度下样本农户的生产经营资料进行比较，以期分析农地经济产出差异的原因。比较结果表明，不同种植结构下同一类型农地的经济产出存在明显的差异，现行的耕作制度能够较好地反映出武汉市农田的产出效率及资源状况。以水田为例，油稻、双季稻二熟制的单位净收益明显高于早稻及中稻的种植收益，说明提高复种指数能够明显地增加经济收益。从经营规模可以看出，选择经营麦稻、油稻、双季稻的农户平均耕种面积在

0.25 公顷以上，超出受访农户的平均经营面积。结合样本特征，也明显可以看出选择水田二熟制经营的农户，主要以农业种植为主。为此，说明在资源稀缺、劳动力充足的情况下，科学的耕作制度可以有效地利用土地资源，获得较高的经济效益。由此，也可以解释 15.19% 的受访农民选择经营双季稻的原因，说明家庭经营农地面积较多、单纯依赖土地生活的农户多通过提高复种指数来增加经济收益。但同时对水田在不同种植结构下的投入和产出的比较，也发现在武汉市现行的几种主要的种植方式里，中稻经营的产投效率要高于双季稻及麦稻二熟的经营方式。从产投效率可以解释武汉市 176 户水田经营农户中有 69.62% 选择种植中稻的原因。武汉市受访农户有 56% 从事兼业经营，种植业不是家庭收入的主要来源，从经营目的分析，选择种植单季稻主要是为了满足家庭口粮需求；从经营效率分析，选择中稻经营的产投效率较高，且能够为兼业生产提供充足的时间。

表 3-13　武汉市水田主要几种种植结构的产投效率比较

种植结构	经营规模/公顷	比例/%	单位投入/(元/公顷)	单位产出/(元/公顷)	单位净收益/(元/公顷)	产投效率
麦稻	0.341 3	2.53	5 397	12 940	7 543	2.39
油稻	0.260 7	2.53	3 150	12 347	9 197	3.92
双季稻	0.256 0	15.19	5 700	14 042	8 342	2.46
晚稻	0.145 3	3.16	3 840	12 300	8 460	3.20
早稻	0.106 7	3.16	2 790	7 545	4 755	2.70
中稻	0.201 3	69.62	3 202	10 244	7 041	3.20
莲藕	0.366 7	1.27	3 917	18 750	14 833	4.78
平均	0.212 7	—	3 650	11 033	7 383	3.02

注：表内数据根据调查数据整理，其中种植结构为一年的种植安排

表 3-14　武汉市旱地主要几种种植结构的产投效率比较

种植结构	经营规模/公顷	比例/%	单位投入/(元/公顷)	单位产出/(元/公顷)	单位净收益/(元/公顷)	产投效率
花生	0.078 7	24.44	1 353	6 477	5 110	4.79
大豆	0.058 7	6.67	1 575	6 375	4 800	4.05
棉花	0.224 0	17.78	3 675	13 688	10 013	3.72
油菜	0.080 0	5.56	870	4 710	3 840	5.47
芝麻	0.142 0	34.44	1 326	6 298	4 997	4.75
油棉（油菜＋棉花）	0.186 7	2.22	4 500	15 150	10 650	3.37
油芝（油菜＋芝麻）	0.133 3	4.44	4 238	13 313	9 075	3.14
平均	0.129 3	100	1 936	8 113	6 182	4.19

武汉市旱地相对稀缺，户均耕种面积仅有 0.1293 公顷。比较旱地在不同种植结构下的经济投入和产出情况可见，武汉市农户主要选择种植单位净收益较高的棉花和经济投入较少、产投效率高的芝麻、花生。此外，旱地面积相对较多的农户，主要经营产出效益较高的棉花，占调查样本的 17.78%；旱地面积较少的农户，多种植芝麻、花生等生产投入少、产投效率高的油料作物，满足自家的生活需求。

3.2.2.2 不同经营规模下农地经济产出差异分析

武汉市 69.62% 的水田经营户只种植一季中稻，为此以中稻为基准作物，分析经营规模与经济产出的关系，结果如表 3-15。从表 3-15 可见，随着水田经营规模的增大，单位用地的生产投入也在增加，但是单位土地的产投效率却呈逐步下降的趋势。说明经营规模较小的样本农户对土地的投入以自家劳动力投入和农家肥投入为主，为此产投效率相对较高。尤其是经营规模在 0.066 7～0.133 4 公顷的农户，经营规模基本能满足自家口粮需求为主，为此其产投效率最高。而经营规模较大的农户为增加经济收益，对土地的农资投入相应增加，但是产出水平基本稳定，为此出现产投效率随规模增加而不断下降的基本趋势。

表 3-15 武汉市不同经营规模的中稻投入产出的变化

经营规模/公顷	平均面积/公顷	单位投入/(元/公顷)	单位产出/(元/公顷)	单位净收益/(元/公顷)	产投效率
0.0667≤L	0.056 3	3 000	9 712.50	6 712.50	3.24
0.0667 < L≤0.1334	0.119 3	3 053.40	10 435.05	7 381.65	3.37
0.1334 < L≤0.2001	0.190 0	3 117.75	10 097.85	6 980.10	3.24
0.2001 < L≤0.2668	0.253 3	3 210.75	10 185.75	6 975.00	3.17
0.2668 < L≤0.3335	0.309 3	3 499.95	10 500.00	7 000.05	3.00
0.3335 < L	0.456 7	3 965.70	10 537.50	6 571.95	2.66

注：单位投入仅包括生产资料的投入，不包括劳动力投入

3.2.2.3 受地貌特征影响，农地经济产出地区差异明显

武汉市地貌类型复杂多样，受地貌特征的影响，全市各区农地产出也存在较为明显的差异，如表 3-16 所示。其中，江夏的郑店、流芳、纸坊三个调查区域及蔡甸的玉贤、奓山属丘陵，尤其江夏区农田灌溉条件较差，易受干旱气候的影响；黄陂的横店、滠口属垄岗平原，地势平坦，灌溉条件较好。因而，从水田的产投效率分析，黄陂明显高于蔡甸和江夏，并且单位产出上黄陂＞蔡甸＞江夏。从经营规模分析，黄陂及江夏的受访农户户均经营规模较小，仅相当于全市农业人口人

均耕地面积 0.118 公顷的 1.4 倍左右，说明这两个区受访农户经营水田主要是满足自家口粮需求，并且实际调查也表明当地从事农业经营的多为留守在家的中年妇女或老人，农业投入以劳力及有机肥为主，因此产投效率相对高于蔡甸区。

表 3-16　武汉市不同地区中稻投入产出的比较

地区	平均面积/公顷	单位投入/（元/公顷）	单位产出/（元/公顷）	单位净收益/（元/公顷）	产投效率
蔡　甸	0.257 3	4 033.50	10 302.45	6 268.95	2.55
黄　陂	0.176 0	2 493.90	10 637.40	8 143.65	4.27
江　夏	0.161 3	2 942.40	9 740.25	6 797.85	3.31

3.3　武汉市农地生态与农地非市场价值研究

3.3.1　抽样调查

根据武汉地区农地分布及其特征，对于农地非市场价值的调查，城郊区选择农地分布较多且类型不同的江夏区、蔡甸区、黄陂区，以及园地面积集中的东西湖区进行调查，样本数量及分布根据各区的农村居民家庭户数按比例确定，总样本 210 份；主城区根据汉口、汉阳、武昌三镇的城市居民家庭户数，结合调查群体的年龄、文化程度、职业类型等个人特征进行随机抽样，样本 210 份，样本分布如表 3-17 所示。

由于采用的是面对面的调查方式，调查问卷的回收率很高，排除个别有明显错误的问卷（如前后矛盾、胡乱回答、信息严重残缺等），回收有效问卷 408 份，占调查问卷的 97.14%。其中，农村居民的调查问卷回收有效问卷 202 份，占样本的 96.19%；城市居民的调查回收有效问卷 206 份，占样本的 98.10%。

在这些有效问卷中，表示愿意为保护农地捐钱、出力的有 336 户家庭，占82.3%；不愿意为保护农地捐钱、出力的家庭有 72 份，占 17.65%。其中，农民家庭里表示愿意保护农地、为农地保护基金会捐钱或出力的有 175 户，占调查样本的86.63%；认为活动起不到作用或家庭贫困等原因不愿意为保护农地支付的家庭有27 户，占 13.37%。城市居民家庭表示愿意为保护农地支付的有 161 份，占调查样本量的 78.16%；不愿意为保护农地出钱、出力的有 45 份，占 11.84%，主要原因有的认为农地保护是政府的责任或没有多余的钱和时间参与保护，有的担心捐款可能会因贪污等问题而不能用到实处，还有的认为政府低效率执政所带来的交易成本增加不应该转移给公民或纳税人，应该完全由政府负责。

表 3-17　武汉市调查样本点分布情况

抽样区域		样本区家庭户数/户	样本数量/户	所占比例/10⁻⁴
主城区	汉 口	551 355	65	1.18
	汉 阳	160 061	53	3.31
	武 昌	560 858	92	1.64
	小 计	1 272 274	210	1.65
城郊区	江 夏	210 793	55	2.61
	蔡 甸	145 991	55	3.77
	黄 陂	300 417	50	1.66
	东西湖	80 486	50	6.21
	城郊农户	1 026 855	210	2.05

注：家庭户数资料来源《武汉市统计年鉴（2004）》

对 WTA 的调查中，城市居民家庭表示对因城市建设加快可能导致研究地区农田消失而带来的诸如空气污染、噪声增加、气候变恶劣等环境损失可以用金钱接受补偿的有 193 户，占调查样本的 93.69%；13 户家庭（6.31%）表示城市建设加快致使农地消失所带来的环境损失无法用金钱来补偿或无法估计。农村居民中有 180 户家庭为参与农田保护希望接受政府的补贴填写了受偿意愿，占样本的 89.06%；有 22 户家庭没有填写受偿意愿，主要原因在于有的农民认为"只要不增加农业负担，不需要补贴都可以"或认为"田少了，补贴解决不了问题"，甚至有极少数农民认为"政府虽然补贴了，但粮食价格下跌和农资价格上涨所导致的农业收入减少远比补贴多得多"。

3.3.2　受访居民的基本特征

1）受访农村居民的基本情况：①性别：受访农村居民中女性有 52 人，占样本总量的 25.74%；男性 150 人，占受访农村居民的 74.26%。②年龄：受访农民中 20~35 岁的有 28 人，占样本总量的 13.86%；36~50 岁的有 98 人，占样本总量的 48.51%；51~60 岁的有 55 人，占样本总量 27.23%；61 岁以上的受访农民有 21 人，占样本总量的 10.40%。③文化程度：受访农村居民中小学文化程度及以下的有 60 人，占 29.70%；初中文化程度的受访者有 120 人，占 59.41%；高中及以上文化程度的有 22 人，占 10.89%。④家庭人口构成：受访农村居民家庭户均人口 4.17 人，其中家庭人口构成中 60 岁以上人口户均 0.39 人，无经济收入的未成年人户均 0.9 人，参加工作有经济收入的有 2.91。⑤农地资源禀赋：受访农村居民户均拥有土地面积 0.4393 公顷，其中水田面积 0.192 公顷，旱地面积 0.041 公顷，园地和养殖水面等农地面积 0.21 公顷。⑥家庭收入情况：202 位受访农民中有 55.94%

的受访者除务农外，还利用农闲时间外出打工或从事其他的兼业活动；44.06%的受访农民纯粹靠种田为生，没有从事兼业活动或外出打工。受访农户家庭户均年毛收入15 583.68元，其中种田收入4836.70元，占家庭年收入的31.04%；兼业及外出打工户均年收入10 746.98元，占家庭年收入的68.96%。从受访农民的基本特征可见，农户样本兼顾到不同特征的群体，具有代表性。同时，由于受访者多为家庭中具有"决策"权的户主，为此男性的比例相对偏高。

2）受访城市居民的基本情况：①性别：受访市民中女性有94人，占样本总数的45.63%；男性有112人，占54.37%。②年龄：18~30岁的受访市民有100人，占48.54%；31~40岁的受访市民有29人，占14.07%；41~50岁的有43人，占20.87%；51~60岁的有19人，占9.22%；61岁以上的受访市民有15人，占7.28%。③政治面貌：受访市民中党员有74人，占样本总量的35.92%；民主党党员1名；共青团员44人，占样本的21.36%；普通群众87人，占样本的42.23%。④文化程度：受访市民中初中及以下文化程度的有23人，占样本的11.17%；高中文化程度的受访市民有55人，占样本的26.70%；专科文化程度的受访市民有30人，占样本的14.56%；本科学历的受访者有77人，占样本的37.38%；硕士及以上学历的受访者有21人，占样本的10.19%。⑤职业：受访市民中公司领导及公务员有9人，占样本的4.37%；公司经理人员及中高层管理人员有13人，占样本的6.31%；教师及医务人员有18人，占8.74%；雇工8人以上的私营企业家有4人，占样本的1.94%；专业技术人员有31人，占样本的15.05%；政府或企业的一般办事人员有43人，占20.87%；工人、服务员或业务人员有57人，占样本的27.67%；个体工商户有7人，占3.40%；离岗、下岗及失业人员有18人，占样本的8.74%；离退休人员6人，占样本的2.91%。⑥家庭人口构成：受访市民的户均人口3.97人，户均劳动力2.45人，户均未成年人0.72人，户均赡养无劳动能力的老人0.8人。⑦家庭收入情况：受访市民家庭月收入在1000元以下的有17人，占样本的8.25%；家庭月收入在1001~2000元的受访居民有63人，占样本的30.58%；家庭月收入在2001~3000元的受访者有54人，占样本的26.21%；家庭月收入在3001~4000元的受访者有40人，占样本的19.42%；家庭月收入在4001~5000元的有18人，占样本的8.74%；家庭月收入在5000元以上的受访者有14人，占样本的6.80%。

3.3.3 受访居民对农地资源非市场价值的认知程度

3.3.3.1 对农地外部效益及功能的认知调查

1997年Constanza等学者将全球生态系统划分为海洋、森林、草原、湿地、水面、荒漠、农田、城市等16大类26小类；将生态系统服务功能划分为气候调节、水分调控、控制水土流失、物质循环、污染净化、娱乐及文化价值等 17 种功能（Constanza，1997），这是目前最有影响的对生态系统服务类型的研究结果。中国学者谢高地等（2003）应用 Constanza 的估算方法，对全国、海河上游地区以及黑河流域生态系统的服务价值进行了评估，从气体调节、气候调节、水源涵养、土壤形成与保护、废物处理、生物多样性保护、食物生产、原材料、娱乐文化十大生态服务类型制定了中国陆地生态系统单位面积生态服务价值表。在调查受访居民理解农地各项功能及效益的重要程度时，参考前人的研究，将农地的生态功能及外部效益归结净化空气、调节气候、涵养水源、调节洪水、保育土壤、维护生物多样性、保障国家粮食安全等十类。武汉市受访居民对农地各项生态服务功能的评价如表 3-18 所示。

表 3-18　武汉市受访居民对农地各项生态系统服务功能认知程度的调查　　　　单位：%

农地功能	调查对象	重要程度调查					
		非常重要	比较重要	一般	不重要	不清楚	合计
净化空气	市民	39.32	40.78	16.99	0.97	1.94	100.00
	农民	32.67	41.09	16.83	3.96	5.45	100.00
调节气候	市民	33.50	40.78	18.45	2.91	4.37	100.00
	农民	30.20	39.11	16.83	4.95	8.91	100.00
涵养水源	市民	38.35	29.13	23.79	3.40	5.34	100.00
	农民	17.33	25.25	24.26	16.83	16.34	100.00
调节洪水	市民	35.92	34.95	20.39	5.34	3.40	100.00
	农民	14.36	23.27	26.73	19.31	16.34	100.00
保育土壤	市民	51.46	24.27	17.48	5.83	0.97	100.00
	农民	24.26	33.17	21.29	8.42	12.87	100.00
维护生物多样性	市民	36.89	38.35	15.53	5.83	3.40	100.00
	农民	19.31	28.22	24.26	15.35	12.87	100.00
消化生活垃圾	市民	12.62	30.10	31.55	17.48	8.25	100.00
	农民	17.82	29.21	25.74	19.31	7.92	100.00
养老保障功能	市民	43.20	29.61	18.93	5.83	2.43	100.00
	农民	61.88	11.88	12.87	10.89	2.48	100.00
保证社会稳定	市民	50.00	31.55	14.08	2.43	1.94	100.00
	农民	60.89	18.81	13.37	3.47	3.47	100.00
保障粮食安全	市民	71.84	24.27	2.91	0.49	0.49	100.00
	农民	68.81	17.33	9.90	0.99	2.97	100.00

根据受访居民对农地十大功能及效益的评价，将农地资源上述功能按重要程度依次排名为：保障国家粮食安全、保证社会稳定、净化空气、农民养老保障、调节气候、防止水土流失和保护土壤、维护生物多样性、涵养水源、调节洪水和安定河流、消化生活垃圾。其中，城市居民中有96.11%的受访者认同农地外部效益中保障国家粮食安全功能是重要的，农村居民中有86.14%的受访者认为农地保障国家粮食安全功能重要；无论农村居民还是城市居民，几乎接近90%的受访者均认为农地保证社会稳定的功能是重要的；有七成左右的受访者认为农地作为农民养老保障的功能重要。结果表明，无论是市民还是农民，受访公众均对农地资源各项生态功能及社会效益的重要性均有较强的认识。调查过程还发现，农民普遍认为如今农药、化肥的过度施放，加大对农地、水源的污染，造成一定程度的生态环境影响。

3.3.3.2 对农地保护目的的认知调查

根据试调查的反馈结果，将农地保护的目的归结为"保证农业生产的顺利进行"、"保护农民的权益"、"保护环境"、"为子孙后代保留生存空间"和"保障国家的粮食安全"五项。武汉居民对此五个选项的调查结果如图3-6所示。其中，农村居民中有近七成（69.6%）的受访者认为"农田是农民生活的一切来源和保证，保护农地的目的是为了保护农民的权益"，城市居民有接近四成（39.5%）的受访者认同此观点；其次，相似之处在于农民和市民有接近16.80%的受访者不约而同地认为保护农地的目的是"为子孙后代保留生存空间"；农村居民和城市居民对农地保护的目的差异较大的地方在于，市民中分别有15.97%和24.37%的受访者认为保护农地的目的是为了"保证农业生产的顺利进行"和"保障国家的粮食安全"，而农村居民中仅有3.96%和7.93%的受访者认同上述观点。

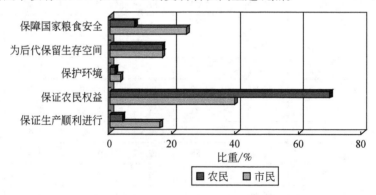

图3-6　武汉市居民对农地保护目的的调查

3.3.3.3 对农地保护存在问题的认知调查

我们根据试调查的反馈结果，把当前武汉市农地保护存在的严重问题归结为五项：当地政府对农业投入不足、农民种田收入低、农地受污染严重、农地面积逐年减少、当地政府乱征占农田。调查表明（图3-7），城市居民对此五个问题排名依次为：40.85%的城市受访者认为当前武汉市保护农地面临最严重的问题是"农民种田收入低"，23.94%的城市居民认为"当地政府乱征占农地、征地补偿低"是最严重的问题，13.15%的受访者选择"政府对农业投入不足"是最严重的问题，12.21%和9.86%的受访者分别选择"农地受污染严重"和"农地面积逐年减少"作为最严重的问题。农村居民对此的看法与城市居民有所差异，农民受访者中有48.10%认为"政府乱征占农地，征地补偿低"是当前武汉市农地保护面临的最严重问题，24.29%的受访者认为"农民种田收入低"是最严重的问题，17.62%的受访者认为政府对农业投资不足，仅有0.95%的农民受访者认为农地受到污染严重。其次，农民受访者中有2.86%认为上述五个问题目前在所属村庄都不存在，原因在于目前政府实施种粮补贴，取消农业税费，农民种田的积极性高涨。他们认为目前存在的问题是水利设施差、村集体没有发挥作用及农资涨价过快、粮价下跌等其他问题。

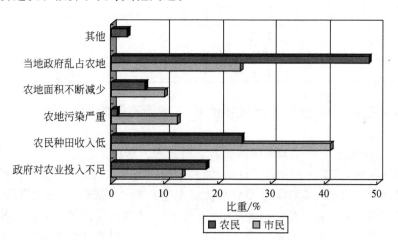

图3-7 武汉市居民对农地保护面临的最严重问题的认识

3.3.3.4 对农地减少的影响预期

农地减少是否会影响到自己家庭当前的生活？是否会影响到家庭今后的生活？是否会影响到子孙后代的生活？设计这三个问题的实质是为了揭示受访者对农地存在价值、选择价值和馈赠价值的认识，调查结果如表3-19。由于农民和市民与农地生活联系的紧密程度不同，因此调查结果有所差异，结果富有意思。城市居民中有91.75%的受访者认为农地减少会影响到子孙后代的生活，80.10%的受访者认为农地减少会影响到家庭今后30年左右的生活，70.87%的受访者认为农地减少会影响家庭当前的生活。受访城市居民认为农地减少会对自己家庭当前生活、未来生活及子孙后代生活产生影响的人数比例依次增大。而农村居民中认为农地减少会影响到自己家庭生活的有87.62%，认为会影响到今后30年内生活的占77.23%，76.24%的受访农民认为农地减少会影响到子孙后代的生活，即受访农民认为农地减少会对自己当前、未来生活和子孙后代的生活带来影响的人数比例依次减少。调查表明，农民更看重实际，认为长远或未来的许多事情他们无法掌握或预料。接近9.41%的受访农民认为农地减少不会影响到自己当前及今后的生活，原因在于"种田收入低，可以靠打工或副业维持生活"，或者认为"农田面积太少，影响不大"；有的认为农地减少影响不到后代的生活，是因为"种田收入低，年轻人可以到外面打工"或"年轻人不愿意种田"。而市民普遍认为农地保护的形势会越来越严峻，农地减少的影响会逐渐增强。

表3-19　武汉市居民对农地减少的影响分析　　　　　　单位:%

项　目	受访者	会	不会	不清楚	合　计
农地减少是否影响家庭当前的生活	市　民	70.87	28.64	0.49	100
	农　民	87.62	9.41	2.97	100
农地减少是否影响家庭今后30年内的生活	市　民	80.10	19.90	0	100
	农　民	77.23	8.42	14.36	100
农地减少是否影响后代的生活	市　民	91.75	6.80	1.46	100
	农　民	76.24	7.43	16.34	100

3.3.4　受访居民参与农地保护的响应意愿及影响因素分析

408份有效样本中，对农地保护有支付意愿的居民家庭336户，占82.35%；不愿意支付的有72户，占17.65%，如表3-20。理论上认为，受访居民对农地保护的最高支付意愿（WTP）受受访居民对农地保护的认知程度、受访居民的个人特征、家庭特征及相关的社会经济特性所影响。诸如，受访居民对农地各项生态及社会功能重要程度的理解，受访居民认为农地减少对其家庭生活及子孙后代的影响，受访居民的性别、年龄、职业、教育程度、支付方式，以及受访居民家庭人口数、收入水平、受访居民所属地区等因素都直接影响居民保护农地的参与和响应意愿。同时，农民与城市居民在对农地的外部效益认识、个人特征和家庭特征方面存在一定的差异，为此文中分别对两类群体参与农地保护意愿的影响因素进行分析。拟以Logistic模型处理所得数据，估计武汉居民对农地保护参与或响应意愿的模型。将愿意为农地保护支付的赋值为1，不愿意支付的赋值为0。因此受访居民对农地保护的参与意愿可用函数表示：

$$prob\ (evevt) = \frac{e^z}{1 + e^z}$$

$$Z = f\ (Cog_i,\ Ant_i,\ Per_i,\ Fam_i)$$

式中：Cog_i 表示居民对农地外部效益重要性的理解程度及评价；Ant_i 表示受访居民对农地减少对家庭当前、未来、后代生活的影响预期；Per_i 表示受访居民的个人特征，如性别、年龄、教育程度等；Fam_i 表示受访居民的家庭特征，如家庭人口数、60 岁以上老年人人口、未成年人人口、参加工作人口等。

表 3-20　武汉居民对农地保护的支付意愿调查结果

项 目 受访对象	愿意支付的		不愿意支付的		合 计	
	户 数	比例/%	户 数	比例/%	户 数	比例/%
农 民	175	86.63	27	13.37	202	100
市 民	161	78.16	45	21.84	206	100
合 计	336	82.35	72	17.65	408	100

3.3.4.1　受访农民参与农地保护的意愿及影响因素

以农民受访者对农地保护的认知程度和个人特征、家庭特征等 26 个因素为自变量（表 3-21），运用 SAS 统计软件进行处理，按上述 Logistic 模型筛选影响农民决定是否参与农地保护意愿的影响因素。

表 3-21　决定受访农户是否参与农地保护的解释变量描述

变 量	各变量解释
Cog_1	受访农民对农地净化空气功能的认识，非常重要 =5，比较重要 =4，一般 =3，不重要 =2，不清楚 =1
Cog_2	受访农民对农地调节气候功能的认识，非常重要 =5，比较重要 =4，一般 =3，不重要 =2，不清楚 =1
Cog_3	受访农民对农地涵养水源功能的认识，非常重要 =5，比较重要 =4，一般 =3，不重要 =2，不清楚 =1
Cog_4	受访农民对农地调节洪水功能的认识，非常重要 =5，比较重要 =4，一般 =3，不重要 =2，不清楚 =1
Cog_5	受访农民对农地保育土壤功能的认识，非常重要 =5，比较重要 =4，一般 =3，不重要 =2，不清楚 =1
Cog_6	受访农民对农地维护生物多样性功能的认识，非常重要 =5，比较重要 =4，一般 =3，不重要 =2，不清楚 =1
Cog_7	受访农民对农地废物降解功能的认识，非常重要 =5，比较重要 =4，一般 =3，不重要 =2，不清楚 =1
Cog_8	受访农民对农地生活保障功能的认识，非常重要 =5，比较重要 =4，一般 =3，不重要 =2，不清楚 =1

变 量	各变量解释
Cog_9	受访农民对农地社会稳定功能的认识,非常重要 =5,比较重要 =4,一般 =3,不重要 =2,不清楚 =1
Cog_{10}	受访农民对农地粮食安全功能的认识,非常重要 =5,比较重要 =4,一般 =3,不重要 =2,不清楚 =1
Ant_1	农地减少是否影响当前家庭生活的认识,会 =3,不会 =2,不清楚 =1
Ant_2	农地减少是否影响家庭未来 30 年生活的认识,会 =3,不会 =2,不清楚 =1
Ant_3	农地减少是否影响子孙后代的生活的认识,会 =3,不会 =2,不清楚 =1
Age	受访农民的年龄,按实际年龄输入
Sex	受访农民的性别,男 =1,女 =0
Edu	受访农民的教育程度,小学及以下 =1,初中 =2,高中及以上 =3
Cad	受访农民是否村干部,是 =1,否 =0
Com	受访农民是否党员,是 =1,否 =0
Plu	受访农民是否兼业经营,是 =1,否 =0
$Land$	受访农民家庭耕作的土地面积,按实际面积输入
Pop	受访农民的家庭人口数,按实际人数输入
Eld	受访农民家庭成员中 60 岁以上的老年人口数,按实际人数输入
Chi	受访农民家庭成员中未成年人口数,按实际人数输入
Lab	受访农民家庭有劳动能力的人口数,按实际人数输入
Inc	受访农民家庭 2004 年的家庭收入,按实际金额输入
Pro	受访农民家庭 2004 年农业收入占家庭年收入的比例

Logistic 模型的回归结果如表 3-22 所示。回归结果表明,受访农民是否有意愿参与农地保护,主要与其对农地保育土壤、粮食安全功能的评价相关,与其对农地减少给家庭当前和未来生活产生影响的预期及受访农民的性别、年龄特征相关。其中,受访农户是否参与农地保护与其对农地保育土壤功能的评价呈正相关关系,表明农户认为农地的外部效益及功能愈重要,就愈有可能参与农地保护;反之,则相反。然而,回归分析也表明,受访农民是否参与农地保护与其对农地作为保障国家粮食安全的功能呈负相关关系,这与预期方向不吻合,原因在于96.11% 的受访者均认为农地保障国家粮食安全的功能重要,甚至不愿意支付的受访农户也认为农地保障国家粮食安全功能重要,但认为农地外溢的这部分功能应由政府来保护,自己家庭不愿意参与保护。回归结果还显示,受访农户是否存在支付意愿与其对农地减少是否影响家庭当前生活的预期呈负相关,这与我们的预期也是相反的。初步分析,认为原因同前,即不愿意支付的农户仍然认为农地

减少会影响到家庭当前的生活，但是支付能力限制等原因他们不愿意承担农地减少本应由政府来承担的责任。受访农户是否愿意参与农地保护还与受访农户对农地减少是否会影响家庭未来 30 年生活的预期呈正相关关系，表明愿意参与农地保护的农民大都认同农地减少会直接影响到他们家庭未来的生活，愿意为保存农地的选择价值而预先支付。受访者参与农地保护的意愿还与农户的性别呈负相关关系，表明受访农民中女性比男性更愿意参与农地保护。受访者的年龄对支付意愿有正向的影响，表明年龄越大的农民对土地的情节越深，保存农地的意愿越强烈。这与我们在实际调查中发现的情况相同，如今农村里从事农业生产的多数为老人和妇女，青壮年劳力尤其男性多外出打工，为此农村居民中女性及年长者对土地的依赖程度较重，保护意愿也较强。

表 3-22 武汉农户参与农地保护意愿的因素估计

Parameter	Estimate	Standard Error	Chi-Square	Pr > ChiSP
Intercept	− 0.602 6	3.050 7	0.039 0	0.843 4
Cog_1	0.379 0	0.475 1	0.636 4	0.425 0
Cog_2	− 0.164 3	0.383 9	0.183 1	0.668 7
Cog_3	− 0.089 8	0.256 8	0.122 2	0.726 6
Cog_4	− 0.109 1	0.321 0	0.115 4	0.734 1
Cog_5	0.589 1	0.345 1	2.913 2	0.087 9 *
Cog_6	− 0.091 9	0.321 9	0.081 5	0.775 2
Cog_7	0.154 0	0.297 5	0.268 1	0.604 6
Cog_8	− 0.389 2	0.279 8	1.935 1	0.164 2
Cog_9	0.029 4	0.388 6	0.005 7	0.939 7
Cog_{10}	− 0.786 1	0.455 4	2.979 7	0.0843 *
Ant_1	− 1.677 0	0.720 9	5.412 2	0.020 0 **
Ant_2	1.374 7	0.635 1	4.685 4	0.030 4 **
Ant_3	− 0.305 3	0.494 4	0.381 3	0.536 9
Age	0.067 0	0.031 3	4.588 1	0.032 2 **
Sex	− 1.527 9	0.667 2	5.243 6	0.022 0 **
Edu	0.099 2	0.462 7	0.046 0	0.830 2
Cad	1.489 6	1.006 6	2.189 6	0.138 9
Com	0.093 4	1.527 9	0.003 7	0.951 3
Plu	0.436 5	0.726 3	0.361 2	0.547 8
Land	− 0.046 8	0.057 5	0.660 4	0.416 4
Pop	0.226 6	0.218 3	1.077 4	0.299 3

Parameter	Estimate	Standard Error	Chi-Square	Pr > ChiSP
Elder	0.010 6	0.007 14	2.224 5	0.135 8
Chi	− 0.115 5	0.395 3	0.085 4	0.770 2
Lab	− 0.166 8	0.212 5	0.616 3	0.432 4
Inp	0.000 013	0.000 032	0.172 1	0.678 2
Pro	− 0.044 9	0.792 4	0.003 2	0.954 8

Testing Global Null Hypothesis：BETA = 0

Test	Chi-Square	DF	Pr > ChiSq
Likelihood Ratio	35.953 0	26	0.092 5
Score	35.308 5	26	0.105 1
Wald	24.132 4	26	0.568 4

注：***、** 和 * 分别代表显著性水平为 1%、5% 和 10%

3.3.4.2　受访市民参与农地保护的意愿及影响因素

在武汉汉口、汉阳、武昌三镇调查的 206 份市民的有效问卷，表示愿意参与农地保护活动的有 161 份，占调查样本的 78.16%；不愿意为保护农地出钱、出力的有 45 份，占 11.84%。从受访市民的个人特征、家庭特征、受访市民对农地非市场价值的认知程度等可能影响支付意愿的 24 个指标中筛选决定性因素，将愿意参与农地保护的赋值为 1，不愿意参与农地保护的赋值为 0。运用 SAS 统计软件分析处理后，通过显著性检验的仅有受访市民对农地调节洪水功能、保育土壤功能、生物多样性功能及社会稳定功能的评价四个指标，如表 3-23。结果表明，受访市民是否参与农地保护的意愿主要取决于其对农地外溢效益及功能的认识及评价。其中，参与意愿与受访市民对农地调节洪水及生物多样性功能的评价呈正相关关系，表明受访者认为农地调节洪水及生物多样性功能越重要的，则参与农地保护响应意愿更强，反之则相反；然而，受访市民参与农地保护意愿却与其对农地保育土壤和社会稳定功能的认识呈负相关关系，与预期不吻合，原因可能在于不愿意参与农地保护的多数受访市民仍认为农地保护促进社会稳定功能及保育土壤的功能是重要，甚至认识程度略高于愿意参与市民的平均水平。

表 3-23　武汉市民参与农地保护支付意愿的影响因素分析

Parameter	Estimate	Standard Error	Chi-Square	Pr > ChiSP
Intercept	− 2.568 4	3.822 2	0.451 5	0.501 6
Exi	0.386 8	0.451 5	0.733 9	0.391 6
*Cog*₁	− 0.057 0	0.423 1	0.018 1	0.892 9

Parameter	Estimate	Standard Error	Chi-Square	Pr > ChiSP
Cog_2	0.625 9	0.455 8	1.885 9	0.169 7
Cog_3	0.243 8	0.487 0	0.250 6	0.616 6
Cog_4	1.164 8	0.542 7	4.607 1	0.031 8 **
Cog_5	−1.462 2	0.518 9	7.941 2	0.004 8 ***
Cog_6	0.573 2	0.3370	2.892 9	0.089 0 *
Cog_7	−0.283 3	0.310 3	0.833 5	0.361 3
Cog_8	−0.083 0	0.336 8	0.060 8	0.805 3
Cog_9	−0.577 9	0.343 5	2.830 6	0.092 5 *
Cog_{10}	−0.605 7	0.569 8	1.129 9	0.287 8
Pro	0.016 9	0.587 0	0.000 8	0.977 0
Cog_1	−0.271 1	0.687 6	0.155 5	0.693 4
Cog_2	−0.237 3	0.835 7	0.080 7	0.776 4
Cog_3	1.139 0	1.242 6	0.840 2	0.359 3
Sex	0.495 0	0.592 6	0.697 7	0.403 6
Age	−0.017 7	0.151 0	0.013 7	0.906 7
Pop	0.211 1	0.165 9	1.618 5	0.203 3
Lab	−0.000 25	0.001 20	0.044 6	0.832 7
Exp	−0.000 42	0.000 451	0.881 6	0.347 8
Edu	0.218 2	0.361 7	0.363 7	0.546 5
Occ	0.056 2	0.176 8	0.101 0	0.750 6
Inc	0.235 0	0.186 2	1.592 1	0.207 0
Emo	−0.352 9	0.387 1	0.830 8	0.362 0

Testing Global Null Hypothesis：BETA = 0

Test	Chi-Square	DF	Pr > ChiSq
Likelihood Ratio	30.630 3	24	0.164 7
Score	26.234 9	24	0.341 4
Wald	19.565 7	24	0.721 2

各变量解释

Exi	受访市民对农地非市场价值是否存在的认识，存在 = 3，不存在 = 2，不清楚 = 0
Cog_1	受访市民对农地净化空气功能的认识，非常重要 = 5，比较重要 = 4，一般 = 3，不重要 = 2，不清楚 = 1

各变量解释

Cog_2	受访市民对农地调节气候功能的认识,非常重要 = 5,比较重要 = 4,一般 = 3,不重要 = 2,不清楚 = 1
Cog_3	受访市民对农地涵养水源功能的认识,非常重要 = 5,比较重要 = 4,一般 = 3,不重要 = 2,不清楚 = 1
Cog_4	受访市民对农地调节洪水功能的认识,非常重要 = 5,比较重要 = 4,一般 = 3,不重要 = 2,不清楚 = 1
Cog_5	受访市民对农地保育土壤功能的认识,非常重要 = 5,比较重要 = 4,一般 = 3,不重要 = 2,不清楚 = 1
Cog_6	受访市民对农地维护生物多样性功能的认识,非常重要 = 5,比较重要 = 4,一般 = 3,不重要 = 2,不清楚 = 1
Cog_7	受访市民对农地废物降解功能的认识,非常重要 = 5,比较重要 = 4,一般 = 3,不重要 = 2,不清楚 = 1
Cog_8	受访市民对农地生活保障功能的认识,非常重要 = 5,比较重要 = 4,一般 = 3,不重要 = 2,不清楚 = 1
Cog_9	受访市民对农地社会稳定功能的认识,非常重要 = 5,比较重要 = 4,一般 = 3,不重要 = 2,不清楚 = 1
Cog_{10}	受访农民对农地粮食安全功能的认识,非常重要 = 5,比较重要 = 4,一般 = 3,不重要 = 2,不清楚 = 1
Pro	受访市民认为当前是否需要加强农地保护,需要 = 3,不需要 = 2,不清楚 = 1
Ant_1	受访市民对农地减少是否影响当前家庭生活的认识,会 = 3,不会 = 2,不清楚 = 1
Ant_2	受访市民对农地减少是否影响家庭未来 30 年生活的认识,会 = 3,不会 = 2,不清楚 = 1
Ant_3	受访市民对农地减少是否影响子孙后代生活的认识,会 = 3,不会 = 2,不清楚 = 1
Sex	受访农民的性别,男 = 1,女 = 0
Age	受访市民的年龄,按年龄段赋值,18 ~ 25 岁 = 1,26 ~ 30 岁 = 2,31 ~ 35 岁 = 3,36 ~ 40 岁 = 4,41 ~ 45 岁 = 5,46 ~ 50 岁 = 6,51 ~ 55 岁 = 7,56 ~ 60 岁 = 8,61 ~ 65 岁 = 9,66 ~ 70 岁 = 10,70 岁以上 = 11
Pop	受访市民的家庭人口数,按实际人数输入
Lab	受访市民家庭参加工作的人口数,按实际人口数输入
Exp	受访市民家庭的月平均生活开支情况,按实际金额输入
Edu	受访市民的教育程度,文盲 = 1,小学 = 2,初中 = 3,高中 = 4,专科 = 5,本科 = 6,硕士 = 7,博士 = 8

各变量解释	
Occ	受访市民的职业，公务员/公司领导 =1，经理人员/中高层管理人员 =2，教师/医务人员 = 3，私营企业家 =4，专业技术人员 =5，办事人员 =6，工人/服务员/业务员 =7，个体工商户 =8，离岗/下岗/失业人员 =9，退休人员 =10
Inc	受访市民的家庭月收入状况，按收入段赋值，1000 元以下为 1，1001 ~2000 元为 2，2001 ~ 3000 元为 3，3001 ~4000 元为 4，4001 ~5000 元为 5，5001 ~6000 元为 6，6001 ~7000 元为 7，7001 ~8000 元为 8，8001 ~9000 元为 9，9001 ~10000 为 10，10000 元以上为 11
Emo	受访市民的农地情节，非常深厚 =4，有一些感情 =3，没有很深感情 =2，没有感情 =1

注：＊＊＊、＊＊和＊分别代表显著性水平为1%、5%和10%

3.3.5　受访居民参与农地保护的最高支付意愿

3.3.5.1　数据处理标准

支付工具的设计结合当地居民收入及劳动力的实际情况，选择居民乐意接受的出价方式。受访居民可以选择捐赠货币的形式参与农地保护，也可以选择参加义务劳动的方式保护农地。武汉市受访居民选择捐钱或参加义务劳动参与农地保护的人数及比例情况如表 3-24 所示。选择以义务劳动方式参与活动的有 221 户，占 65.77%；选择为农地保护基金会捐钱的有 116 户，占支付样本的 34.23%。其中，农村劳动力富余、经济收入相对较低，为此农户更乐意以义务劳动的方式参与农地保护。有 85.14% 的农户选择以义务劳动方式保护农地，14.86% 的农户选择捐钱。

表 3-24　武汉市受访居民参与农地保护的支付方式及人数

受访居民	愿意支付人数	义务劳动	捐　钱
农　民	175	149	26
市　民	161	72	89
小　计	336	221	115

为此，在进行价值处理时，需要将选择义务劳动方式参与农地保护的受访居民的支付意愿按其同期从事其他劳动的机会工资折算成货币价值。问卷调查时，询问了受访居民当前的日均工资标准，统计结果如表 3-25。

表 3-25　武汉市受访居民日平均工资水平　　　　单位：元/天

受访居民	平均日工资	标准差	最低值	最高值
农　民	31.53	8.02	10	50
市　民	40.83	27.23	5	150

另根据支付意愿不得大于个人收入的原则（张帆，1999），即消费者愿意支付的价值不能大于其收入，为保证数据的真实、可靠性，降低策略性偏差，在数据处理过程中剔除边缘投标，将居民家庭年均支付意愿大于家庭年收入 10% 以上的作异常样本剔除。

3.3.5.2　受访居民参与农地保护的最高支付意愿

（1）受访居民参与各类型农地保护的情况分析

武汉市受访农户对耕地、园地、林地、水域等不同类型农地资源保护的参与情况如表 3-26 所示。因农地对于农民来说，既是直接的生活来源，又是公共物品，为此绝大多数受访农户仅愿意对自家耕作的农田和部分村属的林地、水域等公共用地有保护意愿。统计分析结果表明，202 户受访农民家庭愿意为保护水田而有支付意愿的有 145 户，占 71.78%；对旱地、林地、水域和园地的支付率分别为 48.51%、29.21%、45.05% 和 9.9%。206 户受访市民家庭愿意参与对耕地、园地、林地、水域用地保护的人数分别为 157 人、157 人、160 人、158 人，支付情况见表 3-27。

表 3-26　武汉市受访农户参与各类型农地保护的情况分析

农地类型	水　田	旱　地	园　地	林　地	水　域
有支付意愿人数	145	98	20	59	91
支付率/%	71.78	48.51	9.90	29.21	45.05

表 3-27　武汉市受访市民家庭参与各类型农地保护情况分析

农地类型	耕　地	园　地	林　地	水　域
支付人数	157	157	160	158
支付率/%	76.21	76.21	77.67	76.70

（2）受访居民参与各类型农地保护的最高支付意愿分析

按上述数据处理标准，对调查数据进行了统计整理，武汉市受访农村居民和城市居民家庭对不同类型农地的最高支付意愿如表 3-28、表 3-29 所示。

表 3-28　武汉市受访农户对农地保护支付意愿统计结果　单位：元/户·年

农地类型		平均支付意愿	标准差	最小值	最大值
耕地	水　田	199.48	128.15	3	409.61
	旱　地	187.28	136.11	3	409.61
园　地		330.70	188.31	78.12	1 000
林　地		222.15	147.83	8	409.61
水　域		238.72	155.43	3	1 000

表3-29 武汉市受访市民家庭对农地保护支付意愿统计结果　单位：元/户·年

农地类型	平均支付意愿	标准差	最小值	最大值
耕　地	228.31	210.52	3	1 000
园　地	211.94	196.89	3	530.14
林　地	216.55	193.48	3	530.14
水　域	211.78	199.40	3	530.14

以上述受访居民家庭对农地资源非市场价值的支付率和户均最高支付意愿为参考，乘以武汉市当前居民家庭户数，便可估算出全市居民对不同类型农地非市场价值的保护意愿。按《武汉统计年鉴2004》，武汉市现有农村居民 1 026 855 户，城市居民 1 272 274 户。农地资源非市场价值估算公式为：

$$农地非市场价值 = \frac{农地支付意愿总价值}{农地资源数量 \times 还原率}$$

其中：

农地支付意愿总价值 = 农户支付意愿总价值 + 城市居民支付意愿总价值

农户支付意愿总价值 = 农户平均年支付意愿 × 研究区域农户户数 × 农户平均支付率

市民支付意愿总价值 = 市民平均年支付意愿 × 研究区域市民户数 × 市民平均支付率

按上述公式及数值，武汉市农地的非市场价值估算结果如表3-30所示。

表3-30 武汉市居民对各类农地非市场价值的支付意愿（WTP）

农地类型	受访群体	平均支付意愿/（元/户·年）	支付率/%	户数/户	支付意愿价值/万元	支付意愿总价值/万元	面积/公顷	单位支付意愿价值/（元/公顷）	非市场价值/（元/公顷）
耕地	农民	199.48	71.78	1 026 855	14 703.20	46 169.07	377 558.75	1 222.83	54 348
	农民	187.28	48.51		9 328.93				
	市民	228.31	76.21	1 272 274	22 136.94				
园地	农民	330.7	9.90	1 026 855	3 361.85	23 911.55	12 726.21	18 789.22	835 076
	市民	211.94	76.21	1 272 274	20 549.70				
林地	农民	222.15	29.21	1 026 855	6 663.26	28 062.20	76 405.3	3 672.81	163 236
	市民	216.55	77.67	1 272 274	21 398.93				
水域	农民	238.72	45.05	1 026 855	11 043.14	31 709.36	158 023.18	2 006.63	89 183
	市民	211.78	76.70	1 272 274	20 666.22				
农地合计	农民	505.62	—	1 026 855	45 100.39	129 852.18	624 713.44	2 078.59	92 382
	市民	852.34	—	1 272 274	84 751.79				

估算结果表明，从受访居民参与农地保护的支付意愿出发，各类型农地中园地的非市场价值最高，其次是林地和水域用地，耕地最低。单位公顷农地非市场价值的高低与地区资源禀赋相关，资源越丰富的农地，非市场价值越低。其中，武汉市居民对农地资源的年支付意愿达 129 852.18 万元，相当于 2003 年全市农业产业增加值的 13.65%。

（3）受访居民对农地非市场价值愿付数额的影响因素分析

武汉城区三镇及四个城郊区的受访居民对农地非市场价值的支付意愿受调查区经济发展水平、农地生态类型等多方面影响，有明显的区域差异，如图 3-8、图 3-9 所示。主城区三镇汉阳受访市民对农地的支付意愿最高的，户均支付意愿在 240 元左右；汉口其次，户均年支付意愿在 210 元左右；武昌区在武汉三镇中支付意愿是最低的，户均年支付意愿 120 元左右。主要原因在于各区受访者参与保护的支付方式和经济条件有所差异，其中武昌有 59.46% 的受访家庭以向农地保护基金会捐钱参与农地保护，选择捐钱的受访者比例最高。从农地类型分析，主城区三镇受访市民对四种不同类型农地的支付意愿较为接近，其中对耕地的偏好及支付意愿最强，但略有区别。表现为，汉口居民对水域和耕地保护的偏好意愿较林地和园地稍强，汉阳市民对耕地的支付意愿稍高于其他三种农地，武昌市民家庭对耕地和林地的支付意愿稍高于对园地和水域的支付意愿。四个城郊区里，东西湖区农民对各类型农地的支付意愿均是最高的，原因在于东西湖区的受访农民 90% 以上是待征地农民，他们对农地稀缺性的认识要较江夏、蔡甸、黄陂三个区的受访农户强烈，甚至害怕失去农地，为此他们对农地的年平均支付意愿最高。各区受访农户对水田、旱地、园地、林地和水域用地的支付样本和支付意愿均值见表 3-31 ~ 表 3-33。

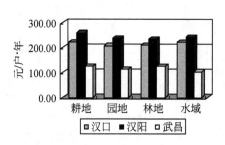

图 3-8　武汉市受访市民对各类型农地的
支付意愿比较

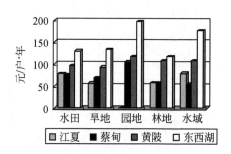

图 3-9　武汉市城郊受访农户对各类型
农地的支付意愿

表 3-31　武汉各调查区受访农户参与农地保护情况

区域	调查户数	愿意参与的		义务劳动		捐　钱	
		户　数	比例/%	户　数	比例/%	户　数	比例/%
汉　口	60	45	75.00	30	66.67	15	33.33
汉　阳	51	42	82.35	29	69.05	13	30.95
武　昌	95	74	77.89	30	40.54	44	59.46
小　计	206	161	78.16	89	55.28	72	44.72
江　夏	58	57	98.28	48	84.21	9	15.79
蔡　甸	50	38	76.00	35	92.11	3	7.89
黄　陂	44	38	86.36	31	81.58	7	18.42
东西湖	50	43	86.00	36	83.72	7	16.28
小　计	202	175	86.63	149	85.14	26	14.86
合　计	408	336	82.35	238	70.83	98	29.17

表 3-32　武汉受访市民家庭对各类型农地保护最高支付意愿的均值

单位：元/户·年

区　域	耕　地	园　地	林　地	水　域
汉　口	221.91	207.96	211.04	223.24
汉　阳	260.14	239.43	233.74	241.18
武　昌	126.59	113.35	124.90	104.15

表 3-33　武汉城郊受访农户对各类型农地保护最高支付意愿均值

单位：元/户·年

区　域	指标	水　田	旱　地	园　地	林　地	水　域
江　夏	均值	78.03	56.07	0	57.09	79.01
	样本数	55	40	0	12	20
蔡　甸	均值	76.27	69.54	104.16	57.87	54.55
	样本数	38	17	1	9	17
黄　陂	均值	96.41	93.34	117.07	107.89	108.21
	样本数	38	23	6	17	27
东西湖	均值	129.94	132.83	197.41	117.27	177.13
	样本数	14	18	13	21	26

受访居民对农地非市场价值的愿付数额（WTP）受其对农地非市场价值的认知程度及相关的社会经济特征影响。实际应用时常选择支付意愿的对数正态分布作为被解释变量（张志强等，2002），以受访居民的社会经济特征为自变量，因

此居民对农地非市场价值的愿付数额可用函数表示：

$$\ln WTP = f\,(Cog_i,\ Ant_i,\ Per_i,\ Fam_i,\ Mod_i)$$

式中：WTP 表示为农地保护的最高支付意愿；Cog_i 表示居民对农地非市场价值的理解程度；Ant_i 表示受访居民对农地减少对家庭生活的影响分析；Per_i 表示受访居民的个人特征，如性别、年龄、教育程度等；Fam_i 表示受访居民的家庭特征，如家庭人口数、60 岁以上老年人口、未成年人人口、参加工作人数等；Mod_i 表示受访者选择支付的方式，如捐钱的表示为 1，参加义务劳动的表示为 2。较前文受访居民参与意愿分析的因素比较，考虑支付工具偏差，分析受访者支付数额高低的影响因素增设支付方式作为影响因素。

同前，因考虑农村居民和城市居民在家庭特征、受访者个人特征以及对农地非市场价值的理解方面有诸多的差异，为此分别对决定农民和市民愿付数额大小的因素进行单独分析。根据调查问卷设计的内容，将农民受访者对农地非市场价值认知程度里受访农民对农地各项生态及社会功能重要程度理解的 10 个问题，受访者认为农地减少对其家庭生活当前、未来 30 年、子孙后代的影响程度，受访者的性别、年龄、教育程度、支付方式，以及受访者家庭的人口数等 28 个指标列入筛选范围。运用 SAS 统计软件进行逐步回归，最终通过显著性检验的指标有 6 个，回归结果如表 3-34 所示。

表 3-34　武汉受访农民参与农地保护支付意愿数额大小的影响因素回归分析

Variable	Parameter Estimate	Std. Error	F Value	Pr > F
Intercept	4.634 2	0.533 3	75.51	<0.000 1 * * *
Cog_1	0.252 6	0.113 4	4.96	0.027 3 * *
Cog_2	0.171 8	0.099 8	2.96	0.087 1 *
Age	−0.012 8	0.008 4	2.34	0.128 4
Land	0.018 5	0.010 6	3.05	0.082 7 *
Eld	−0.333 7	0.145 9	5.23	0.023 5 * *

Analysis of Variance				
		Sum of		Mean
Source	DF	Squares	Square	F Value	Pr > F
Model	5	50.510 3	10.102 1	10.45	<0.000 1
Error	158	152.712 4	0.966 5		
Corrected Total	163	203.222 7			

指标含义及解释	
Cog_1	受访农民对农地净化空气功能的认识，非常重要 =5，比较重要 =4，一般 =3，不重要 =2，不清楚 =1

指标含义及解释	
Cog_2	受访农民对农地调节气候功能的认识，非常重要 =5，比较重要 =4，一般 =3，不重要 =2，不清楚 =1
Age	受访农民的年龄，按实际年龄输入
$Land$	受访农民家庭耕作的土地面积，按实际面积输入
Eld	受访农民家庭成员中 60 岁以上的老年人口数，按实际人口数输入

注：***、** 和 * 分别代表显著性水平为 1%、5% 和 10%

多元回归分析表明，影响农户对农地非市场价值支付数额高低的影响因素主要有受访农民对农地保育环境功能的认识、受访者的年龄、家庭劳力状况及土地资源禀赋。其中，受访农民对农地非市场价值支付数额的高低与其对农地净化空气、调节气候功能评价呈正相关的关系，说明受访居民认为农地保育环境（如净化空气、调节气候）的功能越重要，会更愿意参与农地保护，预先花费更多的支出去换取农地资源的存在；支付数额与受访农户的土地面积呈正相关关系，说明受访者家庭耕作的土地面积越多，家庭生活对农地的依赖程度越高，为此受访农户参与农地保护的积极性越高，愿意支付一定费用保护农地。但受访农民参与农地保护支付数额的与受访者的年龄及家庭 60 岁以上老年人口呈负相关关系，表明受访农民参与农地保护的支付数额与受访农民家庭劳动力状况及经济状况相关。在我国农村目前缺乏养老保障体系的前提下，家庭中 60 岁以上老年人口越多，表明受访者家庭劳动力不充裕、经济负担相对过重，同理受访者年龄越大其劳动能力有限，因此支付数额也较低。

同理，分析影响城市居民对非市场价值支付数额高低的决定性因素，选择支付方式（出钱、出力）、受访市民对农地非市场价值的认知程度、受访市民个人特征、家庭特征等 25 个指标进行筛选。最后通过 SAS 统计软件进行多元线性回归分析，将显著性水平较高（10%）的影响因素筛选出来，结果如表 3-35 所示。

表 3-35　武汉受访市民农地保护支付意愿数额大小的影响因素回归分析

Variable	Parameter Estimate	Std. Error	F Value	Pr > F
$Intercept$	2.632 4	0.519 7	25.65	< 0.000 1 ***
Mod	2.272 1	0.148 9	232.80	< 0.000 1 ***
Cog_1	0.193 2	0.093 3	4.29	0.040 0 **
Cog_2	-0.199 7	0.078 6	6.46	0.012 1 **
Ant_1	0.481 5	0.176 0	7.48	0.007 0 ***
Sex	0.252 7	0.147 1	2.95	0.087 8 *
Age	-0.065 1	0.029 3	4.94	0.027 8 **

Variable	Parameter Estimate	Std. Error	F Value	Pr > F
Lab	− 0. 154 3	0. 066 3	5. 42	0. 021 2 **

Analysis of Variance

Source	DF	Sum of Squares	Mean Square	F Value	Pr > F
Model	7	210. 662 6	30. 094 7	36. 18	< 0. 000 1
Error	149	123. 938 9	0. 831 8		
Corrected Total	156	334. 601 5			

指标含义及解释

Mod	受访市民参与农地保护采用的支付方式,捐钱表示为 1,参加义务劳动为 2
Cog₁	受访市民对农地净化空气功能的评价,不清楚 = 1,不重要 = 2,一般 = 3,比较重要 = 4,非常重要 = 5
Cog₂	受访市民对农地调节气候功能的认识,不清楚 = 1,不重要 = 2,一般 = 3,比较重要 = 4,非常重要 = 5
Ant₁	受访市民对农地减少是否影响家庭当前生活的认识,会 = 3,不会 = 2,不清楚 = 1
Sex	受访市民的性别,男 = 1,女 = 0
Age	受访市民的年龄,按年龄段赋值,18 ~ 25 岁 = 1,26 ~ 30 岁 = 2,31 ~ 35 岁 = 3,36 ~ 40 岁 = 4,41 ~ 45 岁 = 5,46 ~ 50 岁 = 6,51 ~ 55 岁 = 7,56 ~ 60 岁 = 8,61 ~ 65 岁 = 9,66 ~ 70 岁 = 10,70 岁以上 = 11
Lab	受访市民家庭参加工作人数,按实际人口数输入

注: *** 、 ** 和 * 分别代表显著性水平为 1%、5% 和 10%

从回归分析结果可见,受访市民家庭对农地保护支付数额的高低与支付方式、受访市民对农地净化空气功能的评价及其性别呈正相关关系,表明:①受访市民以劳动方式参与农地保护的支付意愿高于以货币方式支付的意愿,这与劳动方式按平均机会工资的折算标准及我国目前劳动力相对富余的状况有关。②受访市民对农地净化空气功能的评价越高,表明其对农地生态系统服务功能的认识相对较深刻,为此保存农地资源的意愿和偏好也越强烈。③武汉市城市居民男性保护农地的支付意愿优于女性。同时,支付数额还与城市居民对农地调节气候功能的评价、受访者的年龄及其家庭参加工作人数呈负相关的关系。表明受访者参与农地保护的支付数额高低与其家庭的劳动力状态及经济状态有关,例如受访者年龄越大,经济收入来源有限,为此支付能力较低,参与农地保护的数额也越低;而家庭参加工作人数越多,说明家庭剩余劳动力有限,为此影响到受访者参与农地保护的意愿;与受访者对农地调节气候功能的认识呈负相关关系，这与预期不一致，原因可能在于参与保护的城市居民对农地调节气候功能的评价较高的多采用捐钱的方式参与保护，为此受支付方式价值折算的影响支付数额相对较低。

3.3.6 受访居民参与农地保护的最低接受意愿

3.3.6.1 受访农户对农地保护的最低接受意愿

1992 年 NOAA 提出的 CVM 应用于环境资源非市场价值评估时的 15 条指导性原则里，建议采用 WTP 格式，而不是以 WTA 作为价值测度尺度。主要原因在于，许多实证研究显示 WTA 明显要较 WTP（Mitchell et al.，1989）偏高，WTA和 WTP 的比率一般为 2~10 倍（Venkatachalam，2004）。为此，在环境资源价值评估中往往采用较为保守的 WTP 测度尺度，以获取支付意愿 WTP 作为核心内容。然而，Randall 和 Stoll（1980）曾经证明，理论上在正常的收入效应前提条件下，无论是以 WTP 或是 WTA 计算得出的非市场价值应该相同或者至少相近。Hanemann（1991）更进一步分析，认为 WTP 和 WTA 的差异取决于评估环境物品与市场商品之间的替代性和环境物品的收入弹性。因此，设计时同时采用了WTP 和 WTA 两种尺度，并试图通过实证调查来揭示两者的差异性。

农民和市民与农地资源的生活联系紧密程度完全不同，因此当农地资源环境状态变动时，两类群体的反应也会不同。农地是农民的主要生活来源和保证。农民作为农地的直接生产者或使用者，是农地保护的直接执行者。为此，问卷设计参考目前国家种粮补贴按农地面积发放的形式，对农户受偿意愿的假想前提是假如政府为了促进农民保护农地的积极性，每年发放一定数量的补贴作为回报农民保护农田对社会稳定、对保障国家粮食安全和环境保护带来的好处。有这样一项计划：农地的生产者（种田的家庭）除了辛勤劳作获得应有的收入外，每年需要对农地投入一定的精力进行保护和保养，政府对农民保护农地给予一定的经济补偿，按照家庭种植农地的面积、类型和保护的程度直接将补贴发放到农民手里。询问农户认为每单位水田、旱地、园地及村里公共农地如林地和水域每年最低需要补贴多少钱，才能达到较为理想的保护效果。调查表明，受访农户认为保护每公顷水田每年的平均受偿意愿是 787.05 元，旱地需要 668.85 元，果园848.85 元，林地 755.10 元，水域 657.30 元。其中，果园的受偿意愿最高，其次是水田和旱地，水域的受偿意愿最低。按农地的受偿意愿折合成无限年期的非市场价值，农地非市场价值的计算公式如下：

$$农地非市场价值 = \frac{单位农地年平均受偿意愿}{还原率}$$

其中，还原率取值与市场价值的还原率相同，为 2.25%，按样本农户的平均受偿意愿计算出来的武汉市不同类型农地非市场价值（WTA）如表3-36所示。

表3-36　武汉不同类型农地非市场价值（WTA）　单位：元/公顷

农地类型	平均受偿意愿	还原率/%	非市场价值
水　田	787.05		34 980
旱　地	668.85		29 726.67
果　园	848.85	2.25	37 726.67
林　地	755.10		33 560
水　域	657.30		29 213.33

估算结果表明，从农民作为农地保护执行主体参与农地保护接受政府补偿的角度出发，水田、旱地、园地、林地和水域用地每年每公顷用地的保护补贴相差不多，在700~800元，折合单位公顷农地非市场价值（WTA）22 000~28 000元。其中，每公顷水田的非市场价值34 980元，是目前国家鼓励农民种植粮食作物发放的粮食补贴（1公顷中稻225元，折合无限年期价值4978元）7倍。

3.3.6.2　受访市民家庭对农地环境损失的最低接受意愿

城市周边农地如同城市的外花园，具有净化空气、调节气候、保育土壤、维护生物多样性、提供休闲娱乐等重要的生态功能，其公共物品的属性决定了城市居民作为农地保护的间接受益者，可以无偿地享受到农地保护带来的许多无形及间接的益处。农地减少必将导致农地附属的生态功能和社会效益的消失或减少，相应的，影响到人们包括城市居民的生活环境和生活质量，带来诸多不可逆转的生态问题。调查城市居民对农地非市场价值的受偿意愿，在让受访市民了解农地的各项生态、社会功能后，我们建立这样一种假想的市场环境：假如目前因城市经济建设加快，城市用地紧张，政府需要将城市周边农地在一定时期内全部征为建设用地，为此导致的农田消失或减少，带来一系列的环境损失，诸如增加空气污染、噪声、气候变恶劣等。在这个假设前提下，询问受访者家庭每年最低愿意接受多少补偿，才能接受城市政府征收周边农地的计划。受偿价值选项以支付卡结合开放式的形式设置，由受访者根据内心真实想法直接填写，并强调政府的支付能力有限，填写的受偿价值是最低的受偿意愿。城市居民的受偿意愿调查结果差异较大，最低的受偿意愿是3元，最大的1 000 000元，有部分居民甚至认为农地减少带来的损失无法补偿。在数据处理方面，将填写无法补偿及根据散点图分布偏差较大的100 000元以上的作为异常数据剔除，经处理后样本市民的平均受偿意愿如表3-37所示。

表 3-37　武汉城市居民对农地非市场价值的受偿意愿　　单位：元/户·年

农地类型	平均受偿意愿	标准差	最小值	最大值
耕　地	2 045.60	5 000.51	3	50 000
果　园	2 239.77	5 818.41	3	50 000
林　地	2 418.94	7 433.14	3	50 000
水　域	1 907.71	5 527.40	3	50 000

　　由于城市居民仅仅是作为农地外部效益的受益者或者说是农地保护效益的间接受益者，与农地没有直接的关系，为此城市居民对农地受偿意愿的落实不能够像农户一样以单位土地为计算单位，仅能是按家庭为单位每年接受农地损失所带来的赔偿。因此，从城市居民受偿的角度所考虑的农地非市场价值（WTA）需要根据城市居民户均的受偿意愿按家庭户数求出一个总的受偿价值，再折算到单位农地面积上。用公式表示为：

$$农地非市场价值（WTA）= \frac{农地的单位平均受偿价值}{还原率}$$

其中：

$$农地的单位受偿价值 = \frac{城市居民户均年受偿意愿 \times 研究区城市居民户数}{农地面积}$$

　　按上述公式计算出从城市居民受偿意愿考虑的农地非市场价值如表3-38。

表 3-38　武汉市农地非市场价值的估算结果

农地类型	平均受偿意愿/元	家庭户数/户	受偿总价值/万元	农地面积/公顷	农地受偿价值/（万元/公顷）	农地非市场价值/（万元/公顷）
耕　地	2 045.60		260 256.37	361 632.3	0.72	32.00
园　地	2 239.77	1 272 274	284 960.11	11 987.43	23.77	1 056.44
林　地	2 418.94		307 755.45	80 469.62	3.82	169.78
水　域	1 907.71		242 712.98	117 389.4	2.07	92.00

　　注：还原率同前，采用2.25%

　　调查及统计结果表明，受访城市居民认为全市耕地流转为城市建设用地所带来环境及福利损失，平均每户每年需要接受政府补偿2 045.60 元，按当前城市居民户数计算，全市城市居民每年的受偿金额为260 256.37 万元，折合每公顷耕地年均7200 元，单位耕地无限年期的 WTA 价值为32 万元；受访居民对不同类型的户均受偿价值有一些差别，林地的受偿价值在四种农地中是最高的，户均年受偿价值是2418.94 元，折合单位公顷林地无限年期的非市场价值为169.78 万元；园地户均的年受偿价值仅次于林地，但因园地面积较少，折合单位公顷园地的非市场价值为1056.44 万元；武汉市水域资源丰富，按受访城市居民的受偿意愿折合出来的单位公顷水域非市场价值（WTA）在92 万元。

3.3.7　WTP 和 WTA 的比较

分别从不同的价值衡量尺度（支付意愿 WTP 和受偿意愿 WTA）、假设前提（参与农地保护、保护农地得到补偿、农地损失接受补偿）、农地的不同受益群体（农民、市民）等不同角度分析各种类型农地的非市场价值。最终，因为方法、假设前提、农地类型及受益群体不同，所得到的农地非市场价值（WTA）存在较大的差异，结果见表 3-39。

表 3-39　武汉市农地非市场价值估算结果的比较　　单位：元/公顷

农地类型	WTP (1)	农民 WTA (2)	市民 WTA (3)	(2) / (1)	比　较	
					(3) / (1)	(3) / (2)
耕　地	33 660.31	32 353.34	320 000	0.96	9.51	9.89
园　地	644 974.8	37 726.67	10 564 400	0.06	16.38	280.02
林　园	118 417.9	33 560	1 697 800	0.28	14.34	50.59
水　域	61 829.83	29 213.33	920 000	0.47	14.88	31.49

分析结果表明，从城市居民受偿意愿考虑的农地非市场价值最高。以耕地为例，从城市居民接受补偿所折算出来的单位公顷耕地非市场价值 320 000 元，是从农民认为农地环境要较目前改善政府应当增加投入所计算出的耕地非市场价值的 9.89 倍，是从全市居民保护耕地支付意愿出发计算的非市场价值的 9.51 倍；而从农民保护耕地接受补偿的角度所计算的农地非市场价值比从全市居民保护农地支付意愿折算出的耕地非市场价值基本接近。其他类型农地分别从不同方法、不同受益角度所计算出来的非市场价值差异更加明显。从方法上分析，根据前人的经验做法，WTA 的结果通常要比 WTP 大得多。例如，大量的实证研究表明，WTP 和 WTA 评估结果相距甚远，大大地超出了误差允许的范围。在 CVM 早期应用研究中，Hammack 和 Brown（1974）以 WTP 和 WTA 两种问卷数据计算了水禽的外部效益，结果两者相差三倍之多。随后，有更多学者得出类似结论。如何解释 WTP 与 WTA 计算结果的巨大偏差就成为 CVM 应用研究中首先要解决的问题。研究结果表明，从城市居民对农地消失的受偿意愿所分析的非市场价值是最大的，而从农民保护农地接受补贴所计算的 WTA 价值却是最小的，与全市居民保护农地的支付意愿价值 WTP 相差不多。因此可见，影响 WTP 和 WTA 结果偏差的原因，主要在于假设的前提即与农地环境状况变动的程度直接相关。从受访农户参与农地保护接受政府补偿和从城市居民因农地环境损失接受补偿两个假设前提所计算出的农地资源非市场价值差异较大。从农地环境质量和数量的变动状况来分析，前者是从要达到农地环境状况较目前有所改善，政府需要付出的一定货币支持出发，可视同农地资源

非市场价值的下限值；而从城市居民因农地环境受损或消失所接受的补偿，是居民内心里认同的环境恶化的最大替代值，因此该值较大，可视为农地资源非市场价值的上限值。而从全市居民参与农地保护所计算的农地资源非市场价值，与受访居民的经济条件、认识程度等社会经济特征直接相关，反映的是在目前的条件下居民对农地环境资源稀缺性的认识和偏好，调查结果更接近人们的真实意愿，因此以受访居民对农地保护支付意愿估算的农地非市场价值作为估算尺度。

3.3.8 农地生态与农地非市场价值的关系分析

武汉市耕地以水田为主，从受访农民对农地非市场价值的支付情况表明，受访农户普遍愿意对与自家生活联系紧密的水田支付率最高，达到受访样本的71.78%（图3-10，图3-11）。旱地其次，受访农户中有48.51%的家庭愿意为保护旱地而支付；公共水域和村属再次之；园地较少，支付率也是最低的。从愿付数额比较，受访农民对保护园地和水域用地的支付意愿高于其他类型农地的支付意愿，主要有两方面的原因：一方面，园地、水域的经济产出较高，为此受访农户对其偏好和愿付数额较高；另一方面，所调查的果农和养殖户多数分布在东西湖区，其所属辖区已经列入待征地范围，为此受访农民对土地的珍惜感极强，害怕失去土地，对保存农地的愿付数额也较高。而受访市民作为农地间接效益的使用者，为此其对各类农地的愿付数额与个人的环境意识、教育素质、经济状况等社会经济特征相关。分析结果表明，受访市民对四种类型农地的愿付率差异不大，对不同类型农地的偏好主要体现在愿付数额的高低上。其中，耕地资源近年来在各类型农地中流失速度最快，对国家的粮食安全、经济安全联系性也是最强的，为此受访市民对耕地资源非市场价值的评价最高；其次是林地，森林资源是地球生态系统功能最强大的载体；水域和园地要次之。

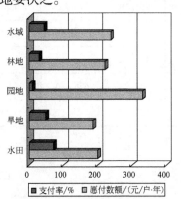

图3-10 武汉市受访农民参与各类型
农地保护的情况分析

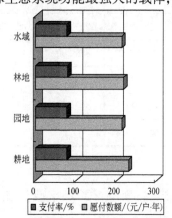

图3-11 武汉市受访市民对各类农地
非市场价值的愿付情况分析

3.4 武汉市农地资源价值估算

3.4.1 农地资源总价值估算

综合武汉市农地资源市场价值和非市场价值的估算单价，可以评估出武汉市不同类型农地的总价值，结果见表 3-40。武汉市包括农田、森林、果园及水域在内的农地资源的非市场价值现值达 577.12 亿元，是农地资源价值构成中无法忽略的重要组成。其中，全市现有耕地总价值达 1056.98 亿元，相当于全市 2004 年生产总值 1956 亿元的 54%；目前无法通过市场价格体现的非市场价值有 205.19 亿元，占耕地资源价值构成中的 19.41%。园地、水域用地的非市场价值在资源价值的比例份额分别为 48.45% 和 14.23%。林地资源的非市场价值现值有 124.72 亿元，折合单位公顷林地非市场价值约 163 236 元。

表 3-40 武汉市不同类型农地价值估算结果

农地类型	面积/公顷	市场价值		非市场价值		总价值	
		单价/（元/公顷）	总价值/亿元	单价/（元/公顷）	总价值/亿元	单价/（元/公顷）	总价值/亿元
水 田	220 199.43	205 693	452.93	54 348	119.67	260 041	572.61
旱 地	139 900.21	157 577	220.45	54 348	76.03	211 925	296.48
菜 地	17 459.11	1 021 789	178.40	54 348	9.49	1 076 137	187.88
小 计	377 558.75	225 601	851.78	54 348	205.19	279 950	1 056.98
园 地	12 726.21	888 300	113.05	835 076	106.27	1 723 376	219.32
林 地	76 405.3			163 236	124.72		
水 域	158 023.18	537 267	849.01	89 183	140.93	626 450	989.94
合 计	624 713.44			92 382	577.12		

3.4.2 1996~2002 年武汉市农地价值变化

1996~2002 年武汉市农地资源景观变化所引起的价值变动如表 3-41。武汉全市共减少农地面积 8664.52 公顷，其中耕地资源减少 13 893.50 公顷，损失价

农地生态与农地价值关系

值 47.83 亿元。近期受到农业结构调整及生态退耕政策的影响，园地、林地和水域用地不断增加，为此全市农地非市场价值净增 4.18 亿元。

表 3-41　武汉市 1996～2002 年农地价值变动估算

农地类型	变化面积/公顷	市场价值损失		非市场价值损失		总价值损失	
		单价/(元/公顷)	总价值/亿元	单价/(元/公顷)	总价值/亿元	单价/(元/公顷)	总价值/亿元
水　田	-6 887.50	205 693	-14.17	54 348	-3.74	260 041	-17.91
旱　地	-7 006.00	157 577	-8.29	54 348	-3.81	183 562	-12.86
菜　地	-1 743.31	1 021 789	-17.81	54 348	-0.95	1 076 137	-18.76
小　计	-13 893.50	—	-40.28	54 348	-7.55	—	-47.83
园　地	730.22	888 300	6.49	835 076	6.10	1 723 376	12.58
林　地	2 194.57	—	—	163 236	3.58	—	—
水　域	2 304.19	537 267	12.38	89 183	2.05	626 450	14.43
合　计	-8 664.52	—	—		4.18	—	—

第 4 章
江汉平原农地生态与农地
价值关系研究

4.1 江汉平原农地生态特征及景观变化

江汉平原地处长江中游，北纬 29°26′~31°13′和东经 111°30′~114°32′，位于湖北省中南部，素有"鱼米之乡"的美誉，是湖北省的经济区域中心所在地。它地处华南地台的下扬子台褶带、鄂湘黔台褶带和江南地轴的交汇处，行政区划包括沙市、江陵、松滋、公安、石首、监利、仙桃、洪湖、汉川、云梦、应城、当阳、枝江、潜江、天门、武汉，总面积 36 000 平方千米，是长江中下游平原的主体部分。

4.1.1 江汉平原农地资源概况

江汉平原地势低平，光照、热量、水分充足，土地富饶，水分、热量等自然要素区域差异小，易成片耕作。区内长江、汉水贯穿而过，河湖众多，可养水面较多，形成以耕地、水域和林地资源为主的土地利用格局。据 2003 年土地利用详查数据，江汉平原现有农用地面积 2 535 170 公顷，其中耕地面积 1 669 269 公顷，占农地面积的 65.84%；林地面积 263 274 公顷，占农地面积的 10.38%；养殖水面、坑塘水面、田坎、农村道路等其他农用地面积 546 465 公顷，占 21.56%；园地和牧草地面积较少，仅分别占农地面积的 1.93% 和 0.28%。

4.1.1.1 耕地资源现状及分布

江汉平原由长江、汉水及湖泊冲积淤积而成，地势低平坦荡，海拔一般低于 100 米。区域内湖泊密布，河网交织，堤垸纵横。平原外围是由红色黏土组成的垄岗地形，地势相对稍高，土质疏松，排水条件较好，多为旱地。各河流之间及山前岗地边缘，地势相对低洼，为积水汇集的湖沼洼地带，是水田最集中之处，也是洪涝渍害最严重的区域（李仁东，2003）。江汉平原的耕地资源质量较好，以灌溉水田为主，占 55.87%；旱地面积 600 195 公顷，占 35.96%；菜地面积

86 815.88 公顷，占 5.20%；水浇地和望天田仅有少量，分别占耕地面积的 2.67% 和 0.30%。耕地资源分布如图 4-1，耕地数量占江汉平原耕地面积 5%以上的市县有武汉（22.62%）、监利（10.24%）、天门（9.35%）、仙桃（7.99%）、潜江（6.66%）、洪湖（6.56%）、公安（6.30%）和松滋（5.29%）。

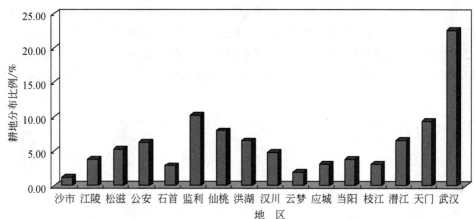

图 4-1　江汉平原耕地资源分布情况

4.1.1.2　园地资源现状及分布

江汉平原园地面积较少，2003 年园地面积 48 950.27 公顷，仅占农地面积的 0.28%。现有园地以果园为主，占 82.04%；茶园面积 5834.89 公顷，占 11.92%；桑园 427.32 公顷，占 0.87%；其他园地面积 2528.99 公顷，占 5.17%。江汉平原园地资源分布如图 4-2 所示，其中武汉（26%）、枝江（23.88%）、松滋（11.32%）和当阳（10.80%）四市县园地占江汉平原园地总面积的 70%。

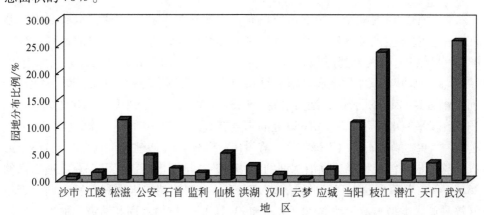

图 4-2　江汉平原园地资源分布情况

4.1.1.3 林地资源现状及分布

林地是江汉平原重要的农地类型，2003 年江汉平原拥有有林地、灌木林地、疏林地、未成林造林地等林地面积 263 273.93 公顷。其中，有林地面积 204 897.92 公顷，占林地的 77.83 %；未成林造林地面积 31 689.01 公顷，占 12.04%；疏林地 17 770.70 公顷，占林地面积的 6.75 %。林地主要集中分布在当阳（29.94 %）、武汉（29.02 %）、松滋（14.96 %），其中当阳的有林地占江汉平原有林地面积的 34.36 %，武汉市的未成林造林面积占江汉平原未成林造林面积的 33.87 %（图 4-3）。

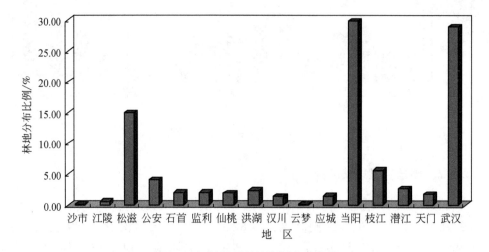

图 4-3　江汉平原林地资源分布情况

4.1.1.4 水域资源现状及分布

江汉平原河网稠密，湖泊星罗棋布，水源充足。湖泊众多，水域面积广是江汉平原农业生产的独特优势。江汉平原是全国淡水湖泊最密集的地区，现有 6.67 公顷以上的大小湖泊 500 多个，正常蓄水位总面积 1605 平方千米（朱俊林，1997）。2003 年江汉平原拥有坑塘水面 180 073.76 公顷，养殖水面 82 393.94 公顷，河流水面 149 213.53 公顷，湖泊水面 169 134.43 公顷。江汉平原行政区划内水域面积占江汉平原水域资源总量 5% 以上的市县有武汉（29.10%）、洪湖（13.38 %）、公安（7.66 %）、石首（7.62 %）、监利（7.52 %）和仙桃（5.65 %）。其中，武汉的湖泊水面占江汉平原湖泊水面的 46.18 %，坑塘水面占江汉平原坑塘水面的 25.46 %，养殖水面占江汉平原的 22.76 %；洪湖的湖泊水面和养殖水面分别占江汉平原同类型水域用地的 22.95 % 和 21.15 %，坑塘水面和河流水面所占比例则偏低，分别只有 4.95 % 和 8.40%；仙桃的养殖水面在江汉平原养殖水域中具有明显优势，占江汉平原的 19.75 %；石首的水域用地则以河流水面为主，该市的河流水面占江汉平原河流水面的 21.13 %（图 4-4）。

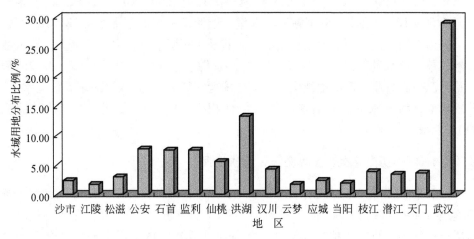

图 4-4　江汉平原水域用地分布情况

4.1.2　江汉平原农地自然生态特征

4.1.2.1　沿江高地和河间湖泊洼地相间分布，地势平坦

江汉平原地处华南地台的下扬子台褶带、鄂湘黔台褶带和江南地轴的交汇处。它以鄂中台断区为核心，江汉拗陷为基础，是由长江、汉水及湖泊冲积淤积而形成的平原，地势低平坦荡，海拔一般低于 100 米，大部分在 40 米以下。平原边缘的蚀余丘陵，海拔高度也多为 200～300 米。平原内部由于长江、汉水及其网状水系的发育，由于河道变迁及洪水期间泥沙沉积的分选作用与不等量堆积，再加上人工修筑堤防的影响，形成了相对高差数米至数十米的沿江高地和河间湖泊洼地相间分布的地貌特征（刘卫东，1994）。

4.1.2.2　气候温暖湿润，雨热同期

江汉平原位于我国亚热带的中部，气候温暖湿润，年太阳辐射总量在 105～112 千卡/平方厘米；无霜期 243～275 天，≥10℃积温为 5100～5300℃，1 月份平均气温 2～4℃，7 月均温在 28℃ 以上；年降水量 980～1300 毫米，4～9 月份降水量占年雨量的 70% 以上，雨热同期，水热配合协调。

4.1.2.3　湖泊众多，水资源丰富

江汉平原河网稠密，湖泊众多，水资源丰富，主要由大气降水、地下水和过

往江河客水 3 大部分构成。年降水量 980~1300 毫米，5~10 月降雨量占年降水量的 65%~70%，雨热同季，水热配合协调，有益于农业生产潜力的提高。江汉平原年径流深 320~750 毫米，地表径流资源总量 1.50×10^{10} 立方米，过境客水资源 5.50×10^{10} 立方米，众多湖泊、水库、池塘正常年份蓄水量 4.58×10^9 立方米。区内广泛分布深厚的地下水资源，尤其是中深层承压含水层厚度大，导水性能好，单井涌水量普遍大于 10 立方米，水资源极为丰富。湖泊众多，水域面积广是江汉平原农业生产的独特优势（李仁安等，2004）。江汉平原现有坑塘水面、养殖水面、河流水面、湖泊水面等水域面积 580 915.67 公顷，占土地总面积的 16.46%。

4.1.2.4 农耕历史悠久，土壤肥沃，适耕性强

江汉平原在全国自然区划中，属于北亚热带常绿阔叶与落叶阔叶混交林—黄棕壤地带和中亚热带常绿阔叶林—红壤地带（刘卫东等，1990）。受地形和水文地质条件影响，地带性植被和土壤主要分布在其边缘的垄岗平原和蚀余丘陵之上，面积狭小，占全平原总面积的 1/10 以下。天然土壤以草甸土和沼泽土为主，植被也主要为草甸和沼泽。但由于江汉平原开发历史悠久，垦殖指数高，原生植被已经被人工栽培植被、次生植被和农田植被所替代。土壤经熟化，形成了以潮土为主的旱作土壤和以水稻土为主的水耕土壤（刘卫东，1994）。江汉平原的土壤深厚肥沃，主要土壤有冲积土（潮土）、湖泥土（沼泽土）和人工培耕而成的水稻土。潮土面积最为广泛，自然肥力高，土地松、质地轻，是稻、棉、油的高产土壤。

江汉平原内部沿江高地和河间湖泊洼地相间分布的地貌特征决定其土地利用类型具有相间排列的特点。江河两岸高地，由于地势高，地表组成物质较粗，透水性良好，土壤适耕性强，形成以灰潮土为主的冲积平原，利用方式以旱地为主，适宜种麦植棉，是江汉平原的棉花产区。而河间洼地，地下水位高，土壤质地黏重，耕性较差，易受洪涝威胁，在人为因素的作用下，经围垸、开渠、排灌、耕作熟化，形成了以水稻土为主的湖垸地土地类型，利用方式以水田为主，是主要的粮食产区。

4.1.2.5 "鱼米之乡"，作物种类较多

江汉平原地势低坦，土壤肥沃，灌溉便利，是我国重要的商品粮、棉、油基地和淡水水产基地，素有"鱼米之乡"之称，是农业生产的理想基地。平原内湖泊星罗棋布，湖沼地区有丰富的水生植物，如莲、菱、茭笋、芡实等，是我国水生植物分布最广，产量最丰的区域。粮食作物种类颇多，主要有水稻、小麦、玉米、薯类、大麦、大豆、蚕豌豆、高粱、粟谷和绿豆等二十多种。

4.1.3 江汉平原农地生态系统能值分析

4.1.3.1 江汉平原农地生态系统能值投入产出分析

2003 年江汉平原农地生态系统的能值年总投入 414.33×10^{20} 太阳能焦耳（表4-1）。其中，可更新环境资源、不可更新环境资源、工业辅助能、可更新有机能分别占系统能值投入总量的 5.32%、7.15%、42.10% 和 45.43%。表明江汉平原农地生态系统的运行和发展主要依赖于工业辅助能和可更新有机能等外界经济能值的投入，无偿的环境资源的投入比例仍相对较低。

2003 年江汉平原农业产出总能值达 4903.19×10^{20} 太阳能焦耳，相当于系统能值投入的 11.83 倍。其中，耕地、园地、林地、水域和畜禽用地子系统的基本能值产出分别占系统能值产出的 0.24%、23.28%、1.43%、36.30% 和 38.76%。畜牧业产品、渔业产品和果园业产品的能值占系统总产出的绝大比例，而耕地及林地子系统在整体农地生态系统的能值产出上处于薄弱环节。江汉平原的农作物产品以谷物、油料、棉花和蔬菜为主，农产品除满足农民的基本生活需求以外，大多数以初级产品的形式直接进入市场，缺乏农产品的深加工，为此耕地子系统的能值产出率较低。

表 4-1   江汉平原农业能值投入产出结构（2003 年）

	项　目	代　号	太阳能值/10^{20}太阳能焦耳
能值投入	可更新环境资源	E_{mR}	22.08
	不可更新环境资源	E_{mN}	29.63
	环境资源总投入	$E_{mI} = E_{mR} + E_{mN}$	51.71
	不可更新工业辅助能	E_{mF}	174.44
	可更新有机能	E_{mR1}	188.18
	总辅助能投入	$E_{mU} = E_{mF} + E_{mR1}$	362.62
	总能值投入	$E_{mT} = E_{mI} + E_{mU}$	414.33
能值产出	种植业	E_{mY1}	1 152.98
	林业	E_{mY2}	69.89
	畜牧业	E_{mY3}	1 900.32
	渔业	E_{mY4}	1 780
	总能值产出	$E_{mY} = E_{mY1} + E_{mY2} + E_{mY3} + E_{mY4}$	4 903.19

注：表内数据是根据《湖北省农村统计年鉴 2004》相关数据计算得到

4.1.3.2 江汉平原农地生态系统能值指标

根据江汉平原农地生态系统能值投入产出情况，主要能值指标见表4-2。与武汉市相比较，江汉平原农地生态系统的系统稳定性指数高于武汉市，说明江汉平原农地生态系统有更大的自稳定性；江汉平原农地的环境承受力为17.76，高于武汉市的环境负荷，表明江汉平原农地生态环境所受的压力相对较大；但江汉平原在净能值产出率、能值投入率、系统优势度指标上略低于武汉市，说明江汉平原在农地生态系统的运转效率、投入的能值转化率方面略低于武汉市农地生态系统。

表4-2　江汉平原农地生态系统能值指标体系

能值评价指标	表达式	数　值
环境资源比率	E_{mI}/E_{mT}	0.13
工业辅助能比率	E_{mF}/E_{mT}	0.42
有机辅助能比率	E_{mR1}/E_{mT}	0.45
购买能值比率	E_{mU}/E_{mT}	0.87
净能值产出率	E_{mY}/E_{mU}	8.61
能值投入率	E_{mU}/E_{mI}	7.01
环境负荷力	$(E_{mU}+E_{mN})/E_{mR}$	17.76
系统优势度	$\sum(E_{mYi}/E_{mY})^2$	0.337 5
系统稳定性	$\sum[(E_{mYi}/E_{mY})LN(E_{mYi}/E_{mY})]$	1.136 2

4.1.4　江汉平原农地景观变化

4.1.4.1　江汉平原农地景观格局变化

农地景观格局及其变化是自然和人为等多种因素相互作用所产生的一定区域生态环境体系的综合反映，不同的土地利用方式会形成不同的土地景观和景观格局。江汉平原是我国重要的商品粮、棉、油生产基地，又是中部密集的城镇带。近年来，随着经济建设和城市化进程的加快，江汉平原农地景观格局发生了较为显著的变化。李仁东等（2003）利用1989~1990年、1995~1996年和1999~2000年获取的三期陆地资源卫星图像，对江汉平原1990~2000年土地利用变化的监测结果表明：10年间，受经济利益驱动，效益显著的景观类型（如城镇用地、园地和养殖水面）不断扩大，缺乏经济效益或比较效益低下的耕地、林地和牧草地呈净减少趋势。其中，耕地面积减少4.88万公顷，林地减少0.2万公顷。

受数据资料所限，在前人分析的基础上，根据湖北省土地利用详查数据，仅对2000～2003年江汉平原的土地利用变化情况进行分析，结果如图4-5。短短四年里江汉平原土地利用变化情况表明，受经济建设和农业转型过程中战略性结构调整的双重影响，江汉平原的耕地、牧草地和未利用地呈减少趋势，园地、林地、其他农用地和建设用地呈增加趋势。其中，受退耕还林、农业结构调整和建设扩张的影响，耕地资源数量减少的速度较快，是各类型用地转换的主体和核心。据统计，2000～2003年江汉平原耕地资源净减少28 968.69公顷，是林地、建设用地、园地等各项用地增加的主要来源。江汉平原地势平坦、土地肥沃，减少的耕地资源以灌溉水田、旱地和水浇地为主，分别占耕地减少面积的39.30%、43.28%和10.77%。优质农田被其他用地侵蚀、占用的同时，受粮食安全和相关耕地保护政策的影响，人类的触角不断伸向未利用的土地资源，加大对荒草地、苇地、滩涂等未利用土地的农业开发，使湿地及荒草地的生态系统结构受到人为的破坏，生态功能趋于下降。2000～2003年江汉平原未利用地面积净减少5455.24公顷，其中荒草地面积净减少3720.53公顷，滩涂减少2145.57公顷。江汉平原农地资源景观格局的急剧变化，反映了人类活动强度的增加及其对生态系统胁迫的加剧，从而破坏了生态系统的正常功能，导致土地生态系统的严重退化。诸如，对滩涂、苇地等未利用地的过度开发，会引发生物多样性降低和小气候的变化，带来生态环境的破坏和影响。

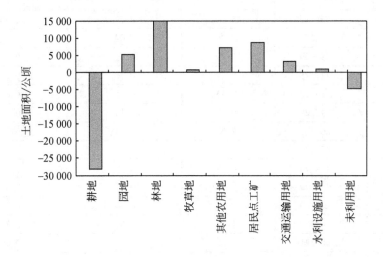

图4-5 江汉平原2000～2003年土地利用变化情况

4.1.4.2 江汉平原耕地资源变化的区域差异

耕地是江汉平原农地景观格局变化的核心和主体，在此引入耕地流失强度及耕地流失相对变化率两个指标重点分析江汉平原所辖市县2000～2003年耕地资源流失的强度及区域变化。耕地流失强度指数是指某一区域 i 研究期内耕地面积的变化强度，即研究期末某区域减少的耕地面积与基期耕地面积之比。耕地流失强度指数的意义在于能够直观地反映各地区耕地资源的变化幅度与速度。耕地流失相对变化率则是建立在耕地流失强度指数的基础上，将各市县耕地面积减少的变化速率与江汉平原耕地减少变化率相比较，用以分析和反映研究区范围内耕地资源变化的区域差异及热点区域，其公式表示为：

$$K = \frac{\mid K_b - K_a \mid \times C_a}{\mid C_b - C_a \mid \times K_a}$$

式中，K_b、K_a 分别为某区域研究期末和期初耕地面积，C_b、C_a 分别代表江汉平原研究期末和期初的耕地面积。研究表明，江汉平原所辖市县耕地资源变化的区域差异明显，见表 4-3。2000~2003 年除云梦耕地面积有所增加外，其他市县耕地面积均较 2000 年有不同程度的减少。其中，武汉市作为江汉平原的主体部分，耕地资源减少面积占到整个江汉平原的 65.44%，耕地流失强度为 4.78%。从耕地流失相对变化率可见，武汉、石首和仙桃近年来耕地资源减少的速度较快，其中武汉、石首耕地流失速率甚至超出江汉平原农地流失的整体速度。

表 4-3　江汉平原 2000~2003 年耕地资源变化的区域差异

地　区	耕地减少面积情况		耕地流失强度/%	耕地流失相对变化率
	面积/公顷	比重/%		
武　汉	18 956.17	65.44	4.78	2.80
当　阳	682.51	2.36	1.04	0.61
枝　江	692.29	2.39	1.30	0.76
云　梦	-117.48	-0.41	-0.36	-0.21
汉　川	37.77	0.13	0.05	0.03
应　城	72.29	0.25	0.14	0.08
仙　桃	2 209.81	7.63	1.63	0.95
潜　江	472.71	1.63	0.42	0.25
天　门	114.78	0.40	0.07	0.04
沙　市	146.79	0.51	0.71	0.42
江　陵	219.69	0.76	0.34	0.20
公　安	541.97	1.87	0.51	0.30
监　利	2 005.21	6.92	1.16	0.68
石　首	1 323.02	4.57	2.66	1.56
洪　湖	707.23	2.44	0.64	0.38
松　滋	903.92	3.12	1.01	0.59
江汉平原	28 968.69	100.00	1.71	1.00

4.2　江汉平原农地生态与农地市场价值研究

4.2.1　江汉平原农地资源市场价值估算

4.2.1.1　研究方法

研究方法仍采用收益还原法评估农地的经济产出价值。

4.2.1.2　农地经济数据的获取

（1）调查范围及内容

江汉平原地势平坦，土壤肥沃，河网稠密，形成以耕地、水域和林地资源为主的农业利用格局。抽样调查依据江汉平原农地分布状况和所属市县的经济发展水平，选取武汉、仙桃和汉川三个市县作为典型调查区域，调查样本农户520户，回收有效问卷501份，样本分布如表4-4。其中，武汉选择黄陂（横店镇、滠口镇）、江夏（郑店、流芳、纸坊）、蔡甸（玉贤镇、侏山镇）、东西湖（径河农场、新沟农场）作为抽样调查区，走访9个乡镇及农场的18个村庄及生产单位，随机入户调查210户农民；仙桃市走访干河、西流河、长堙口、沙湖、彭场及胡场6乡镇20个村庄，随机抽样调查180户农民；汉川市随机调查新河、刘隔、分水、沉湖、脉旺、城隍6乡镇20个村庄的130户农民。

表4-4　江汉平原抽样调查有效样本分布情况

抽样区域	样本/户	比例/%
武　汉	202	40.32
汉　川	176	35.13
仙　桃	123	24.55
合　计	501	100.00

（2）样本农户特征

1）受访农户土地资源禀赋。江汉平原501户受访农民对土地信息填写完整的有486户，占有效样本的97%。受访农户户均经营农地面积0.488公顷，标准差0.5493，土地资源禀赋情况如表4-5。其中，土地流转、脱离农业经营的有24户，占样本的4.94%；户均土地面积在0.4公顷以上的有198户，占样本的40.75%；受访农户中经营面积超过0.6667公顷的种田大户占样本的17.91%。

2）受访农户家庭农业收入情况。501户受访农民除从事农业种植外，农闲时间外出打工、从事兼业经营的有313户，占调查总数的62.48%；单纯以农业种植营生的家庭有 188 户，占调查总数的 37.52%。

3）耕作制度。实地调查表明，江汉平原农户主要选择稻肥、麦稻、油稻、早晚双季稻、麦棉、油棉、豆棉等耕作制度。

4）受访农户农业收入占家庭收入的比例情况。调查结果表明，2004 年江汉平原受访农户家庭户均年收入 15 156.86 元（标准差 11 526.01），家庭收入构成中农业收入所占的平均比例为 37%（标准差 35%）。其中，农业收入占家庭年收入比例在 50% 以下的家庭占有效样本的 70.79%，农业收入比例在 50% ~ 80% 的家庭占 10.55%，80% 以上的家庭占 18.66%。

表4-5 江汉平原受访农户土地资源禀赋情况

土地规模（0.0667 公顷）	家庭户数	比例/%
0	24	4.94
≤1	8	1.65
1 < L≤2	45	9.26
2 < L≤3	60	12.35
3 < L≤4	58	11.93
4 < L≤5	56	11.52
5 < L≤6	37	7.61
6 < L≤7	35	7.20
7 < L≤8	27	5.56
8 < L≤9	30	6.17
9 < L≤10	19	3.91
10 < L≤15	46	9.47
15 < L≤20	5	3.09
≥20	26	5.35
合　计	486	100

4.2.1.3 江汉平原农地市场价值估算

1）农地总收益的确定。农地总收益是由作物平均产量和市场单价决定的，包括主产和副产，主产如稻谷、小麦、玉米等农作物，副产包括稻秆、麦秆等。在此，考虑副产品用途不一，折算时有一定的出入，为此农业产值仅包括主产品的产值。

2）农地总费用的计算。农地总费用包括每年经常性物质费用，包括种苗费、肥料费、农药费、水电费、机工费、役畜费；固定成本费，包括管理费、利息、利润、税金、农田水利设施的维修费、折旧费以及其他不可预见费等费项。其中人工费各家劳力情况不同，标准不一，按《湖北省农村统计年鉴2004》的平均数据取值。汉川、仙桃的水田主要经营中稻，旱地经营棉花，为此其单位水田和旱地的人工成本按湖北省中稻和棉花单位用工的均值计（表4-6）。

表4-6　江汉平原农地年纯收益计算　　　　　单位：元/公顷

地区	农地类型	指标	生产成本	人工成本	税费	产值	补贴	纯收入
汉川	水田	均值	4 011	2 719.65	929.10	11 808.09	205.52	4 353.86
		标准差	1 370.30	—	646.55	2 640.31	104.45	2 372.59
	旱地	均值	5 365.10	4 294.05	921.45	15 976.86	—	5 396.26
		标准差	1 811.96	—	522.24	3 335.02	—	2 244.90
仙桃	水田	均值	4 517.80	2 719.65	1 214.27	12 530.59	199.50	4278.38
		标准差	1 490.96		421.28	2 577.55	81.86	2 525.64
	旱地	均值	5 227.64	4 294.05	1 198.62	15 788.92	—	5 068.61
		标准差	2 169.88	—	426.10	4 622.50	—	3 831.37
	菜地	均值	17 500	5 839.74	1 850	43 000	—	17 810.26
		标准差	17 320.51	—	1 257.98	15 394.80	—	3 941.13
	园地	均值	6 000	—	—	18 000	—	12 000
		标准差	—	—	—	—	—	—
	水域	均值	17 750	4 560	1 659.38	32 956.67	—	8 987.29
		标准差	3 968.63	—	943.96	4 596.47	—	1 730.33
武汉	水田	均值	3 737.25	2 719.65	0	10 860	225	4 628.10
		标准差	2 131.5		0	3 362.55	0	2 756.70
	旱地	均值	1 935.9	2 631.22	0	8 112.6	0	3 545.48
		标准差	1 479.29		0	4 380.58	0	3 295.4
	菜地	均值	10 320	5 839.74	0	39 150	0	22 990.26
		标准差	4 984.38		0	19 163.12	0	15 300.07
	园地	均值	9 281.25	4 857	0	34 125	0	19 986.75
		标准差	4 725.45		0	11 073.6	0	12 359.10
	水域	均值	16 306.05	4 560	0	32 954.55	0	12 088.50
		标准差	7 923.75		0	13 578.15	0	7 063.50

注：人工成本数据源于《湖北省农村统计年鉴》(2004)，其他的为调查数据整理得到

　　根据三个调查区农地平均纯收益的估算结果，以各区的样本加权平均，可以估算出江汉平原各类型农地的平均纯收益，见表4-7。

表4-7　江汉平原各类农地纯收益情况　　　单位：元/公顷

地区	水田	样本	旱地	样本	菜地	样本	果园	样本	水域	样本
汉川	4 353.86	135	5 396.26	125	—	0	—	0	—	0
仙桃	4 278.38	102	5 068.61	74	17 810.26	7	12 000	1	8 987.29	10
武汉	4 628.10	176	3 545.48	90	22 990.26	10	19 986.75	13	12 088.5	33
江汉平原	4 452.09	413	4 736.00	289	20 857.32	17	19 416.27	14	11 367.29	43

3）还原率的确定。土地还原率按当前我国商业银行一年期存款利率 2.25% 计算。

4）农地市场价值估算。依据对江汉平原 501 户样本农户农业种植情况的调查统计，发现单位农地的纯收入通常呈明显的正态分布趋势。根据正态分布区间估计，当总体 δ^2 已知时，均值 μ 的双侧 $1 - \alpha$ 置信区间为：

$$\left(\bar{\chi} - t_{1-0.5\alpha} \ (n-1) \ \frac{S^*}{\sqrt{n}}, \ \bar{\chi} + t_{1-0.5\alpha} \ (n-1) \ \frac{S^*}{\sqrt{n}} \right)$$

按收益还原法的公式及上述分析结果，江汉平原不同类型农地的经济价值测算公式如下，估算结果如表4-8所示。

$$农地市场价值 = \frac{农地纯收益均值 \pm t_{1-0.5\alpha} \ (n-1) \ \frac{S^*}{\sqrt{n}}}{还原率}$$

表4-8　江汉平原农地市场价值估算结果　　　单位：元/公顷

项　目		水　田	旱　地	菜　地	园　地	水　域
平均纯收益		4 452.09	4 736.00	20 857.32	19 416.27	11 367.29
$t_{1-0.5\alpha} \ (n-1) \ \frac{S^*}{\sqrt{n}}$		164.90	360.17	4 573.34	6 474.09	1 314.23
土地还原率		2.25%				
农地市场价值	最低价	190 542	194 481	723 732	575 208	446 803
	平均价	197 871	210 489	926 992	862 945	505 213
	最高价	205 200	226 496	1 130 252	1 150 683	563 623

4.2.2　江汉平原农地生态与农地市场价值关系

4.2.2.1　土地规模与农地产值的关系分析

江汉平原耕地以灌溉水田为主，为此以水田为例，分析土地经营规模与单位农地投入产出的关系。江汉平原 501 户受访农户，剔除土地流转及部分信息残缺样本，可供分析水田经济产出的有效样本有 394 份，占样本的 95.40%。将每户家庭的水田面积和单位土地的生产投入、经济产出、净产值分别进行回归分析，结果如表 4-9。分析结果表明，江汉平原受访农户经营单位水田的生产成本投入与土地规模呈显著的正相关关系，说明农户对农药、化肥等农资的单位投入随着土地规模增加而增加。调查过程也发现，农村中土地面积较少的农户生产经营的目的主要是满足自家需求，这部分家庭对化肥和农药等农资的投入较少，农田以施有机肥为主。相反，土地规模较大的家庭，为获取较多的经济收益，对增产效果最直接的化肥和农药投入增加。同时，回归分析也表明，单位土地的经济产出和净产值与土地规模呈负相关关系，说明受地力的限制，土地规模增大并不能够显著增加经济效益，为此在单位生产投入增加的情况下单位土地净产值下降，这一现象与一些学者（史正富，1995；罗伊·普罗斯特曼，1996；万广华，1996；罗必良，2000）的研究结果相近。

表 4-9　江汉平原样本农户单位水田生产投入及经济产出与土地规模的关系分析

项 目	Variable	Parameter Estimate	Standard Error	T value	Pr > T
单位投入	Intercept	304.029 7	14.358 1	21.17	<0.000 1
	水田面积	1.614 6	0.061 6	26.23	<0.000 1
	$R^2 = 0.737\ 1$　adjusted $R^2 = 0.736\ 2$，$F = 21.17$，observed significance leve <0.000 1					
单位产值	Intercept	808.830 4	29.593 6	27.33	<0.000 1
	水田面积	−0.978 7	0.126 85	−7.72	<0.000 1
	$R^2 = 0.731\ 8$　adjusted $R^2 = 0.729\ 6$，$F = 59.53$，observed significance leve <0.000 1					
单位净产值	Intercept	509.005 8	23.302 1	21.84	<0.000 1
	水田面积	−1.418 0	0.099 9	−14.20	<0.000 1
	$R^2 = 0.739\ 5$　adjusted $R^2 = 0.737\ 9$，$F = 201.53$，observed significance leve <0.000 1					

4.2.2.2　耕作制度对农地产投效率的影响

调查表明，在不同种植结构安排下，农地的产投效率存在明显差异，并且与农户的土地资源禀赋、家庭劳力状况较好地结合，如表 4-10 所示。分析表明，在江汉平原 413 户水田样本经营户中，经营中稻的分别占调查区样本的

70%～80%，是江汉平原水田主要的经营方式。原因在于，中稻经营的生产投入相对较低，劳动力投入较少，并且产投效率在现有的主要耕作制度中较高，因此农户种植一季中稻的经营效率相对较高，且可利用较多的农闲时间外出打工或从事兼业。从资源禀赋比较，可以发现经营麦稻、油稻等二熟制的农户，其种植规模均超出调查区样本的平均规模，说明种田大户或没有从事兼业的农民多通过提高复种指数，合理安排种植结构来增加经济效益。从地区分析，武汉市2004年取消农业税费，为此其单位水田的净收益要略高于仙桃和汉川；武汉市样本农户户均耕种的水田面积低于仙桃和汉川约0.11公顷，以满足自家农产品需求为主，为此其水田的单位投入低于仙桃和汉川，产投效率高于上述两个调查区。

表4-10 江汉平原不同耕作制度下水田的产投效率的比较

地 区	种植结构	经营规模/公顷	比例/%	单位投入/（元/公顷）	单位产出/（元/公顷）	净收益/（元/公顷）	产投效率
武 汉	麦 稻	0.341 3	2.53	5 397	12 940	7 543	2.39
	油 稻	0.260 7	2.53	3 150	12 347	9 197	3.92
	双季稻	0.256 0	15.19	5 700	14 042	8 342	2.46
	晚 稻	0.145 3	3.16	3 840	12 300	8 460	3.20
	早 稻	0.106 7	3.16	2 790	7 545	4 755	2.70
	中 稻	0.201 3	69.62	3 202	10 244	7 041	3.20
	莲 藕	0.366 7	1.27	3 917	18 750	14 833	4.78
	平 均	0.212 7	—	3 650	11 033	7 383	3.02
仙 桃	油 稻	0.221 3	13.73	5 410.65	15 206.85	8 743.95	2.87
	双季稻	0.666 7	1.96	7 875	21 450	12 487.5	2.72
	中 稻	0.299 3	84.31	4 294.35	11 887.5	6 586.35	2.77
	平 均	0.301 3	—	4 517.80	12 530.59	6 998.03	2.77
汉 川	麦 稻	0.372 0	2.88	5 625	16 125	9 941.25	3.94
	油 稻	0.486 7	5.04	5 207.1	14 185.65	8 132.25	2.72
	双季稻	0.407 3	6.47	5 700	17 277.75	10 715.25	3.03
	中 稻	0.284 7	81.29	3 754.05	11 035.8	6 523.8	2.94
	莲 藕	0.466 7	1.44	3 525	13 875	9 390	3.94
	平 均	0.324 7	—	4 011.30	11 808.15	7 026.60	2.94

从旱地经营方式分析，不同耕作制度旱地的投入产出也存在明显的差异（表4-11）。并且，调查结果表明不同地区受访农民对不同经营方式的选择与资源禀赋、农地产投效率相关。武汉市户均旱地面积明显低于仙桃和汉川，为此面积小

且零散的农户主要根据自家需求安排生产，种植产投效率较高、投入少、易于管理的芝麻和花生等油料作物；而旱地面积相对较多的家庭，则多种经营经济效益较好的棉花。因此，三个调查区里武汉旱地的平均生产投入及产投效率高于仙桃和汉川。仙桃和汉川受访农户的旱地面积相对较大，户均面积分别为0.21公顷和0.32公顷，为此农户主要经营棉花兼套种油菜、小麦等作物。对不同耕作制度的产投效率比较可见，种植一季棉花的产投效率要高于棉花套种其他作物，且相对省工，因此仙桃和汉川有50%以上的农户仅种植一季棉花。

表4-11　江汉平原不同耕作制度下旱地的产投效率的比较

地　区	种植结构	经营规模/公顷	比例/%	单位投入/（元/公顷）	单位产出/（元/公顷）	净收益/（元/公顷）	产投效率
武　汉	花　生	0.078 7	24.44	1 353	6 477	5 110	4.79
	大　豆	0.058 7	6.67	1 575	6 375	4 800	4.05
	棉　花	0.224 0	17.78	3 675	13 688	10 013	3.72
	油　菜	0.080 0	5.56	870	4 710	3 840	5.47
	芝　麻	0.142 0	34.44	1 326	6 298	4 997	4.75
	油　棉	0.186 7	2.22	4 500	15 150	10 650	3.37
	油　芝	0.133 3	4.44	4 238	13 313	9 075	3.14
	平　均	0.129 3	100	1 936	8 113	6 182	4.19
仙　桃	大　豆	0.100 0	2.70	2 550	8 775	5 085	3.44
	棉　花	0.180 7	54.05	4 982	14 997	8 790	3.01
	麦　棉	0.144 7	4.05	6 458	14 646	7 128	2.27
	玉　棉	0.211 3	4.05	7 917	23 958	14 442	3.03
	油　棉	0.292 0	29.73	6 185	18 602	11 206	3.01
	油　芝	0.154 7	5.41	2 670	13 440	9 699	5.03
	平　均	0.214 7	100	5 228	15 789	9 378	3.02
汉　川	大　豆	0.150 0	2.42	1 650	8 475	6 248	5.14
	棉　花	0.356 0	48.39	4 489	14 073	8 646	3.13
	豆　棉	0.166 7	1.61	6 825	18 375	10 770	2.69
	麦　棉	0.356 7	20.97	6 545	17 755	10 423	2.71
	油　棉	0.289 3	26.61	6 445	18 997	11 524	2.95
	平　均	0.324 0	100	5 365	15 977	9 698	2.98

4.2.2.3　灌溉条件对农地产值的影响

将江汉平原各市县中稻单产和资源禀赋、耕地灌溉保收比例、机耕面积比例、光温生产潜力等相关指标建立回归分析（表4-12）。逐步回归结果（表4-13）显示，通过10%显著性水平检验的仅有有效保收耕地面积所占比例，说明同一区域范围内灌溉保收条件是决定作物产量高低的主要影响因素。

表 4-12　江汉平原各市县中稻单产及相关指标

地 区	中稻单产/ （公斤/公顷）	农业人口人均耕地/ （0.0667 公顷/人）	有效保收耕地 比例/%	机耕比例/%	中稻光温潜力
枝 江	8 552	1.87	85.64	75.54	1 740
云 梦	9 764	0.92	83.23	81.47	1 812
汉 川	7 927	1.33	65.82	89.01	1 834
应 城	8 639	1.21	65.09	65.51	1 798
仙 桃	9 539	1.36	80.56	78.34	1 853
潜 江	9 662	1.88	81.22	78.72	1 806
天 门	6 977	1.41	76.36	99.86	1 820
公 安	8 975	2.04	56.42	65.33	1 798
监 利	6 689	2.44	46.16	43.72	1 865
石 首	9 398	1.7	58.91	34.04	1 790
洪 湖	8 645	2.7	74.76	43.43	1 863
松 滋	7 752	2.13	49.22	66.8	1 799

表 4-13　江汉平原各市县水稻单产与耕地灌溉保收比例的关系分析

Variable	Parameter Estimate	Standard Error	T value	Pr > T
Intercept	5 951.628 2	1 435.895 4	4.14	0.002 0
耕地灌溉保收比例	37.770 0	20.557 6	1.84	0.096 0

F Value = 3.38，Pr ＞ F = 0.096，R-Square = 0.7524

4.3　江汉平原农地生态与农地非市场价值研究

4.3.1　调查范围

江汉平原受访居民对农地保护的意愿调查，根据江汉平原农地分布状况、生态特征及所属市县的经济发展水平，选取武汉、仙桃和汉川三个不同级别地区作为典型调查区域，入户随机抽样调查。实际调查样本 825 份，其中有效样本 789 份，样本分布如表 4-14 所示。

表 4-14　江汉平原调查样本点分布情况

调查区域	受访农户情况		受访市民情况		合　计	
	调查样本	有效样本	调查样本	有效样本	调查样本	有效样本
武　汉	210	202	210	206	420	408
汉　川	180	176	45	39	225	215
仙　桃	130	123	50	43	180	166
小　计	520	501	305	288	825	789

4.3.2　江汉平原受访居民的基本特征

4.3.2.1　江汉平原受访农民及家庭的基本特征

1）受访农民的社会经济特征。①性别：受访农民中女性 105 人，占 20.96%；男性 396 人，占样本总量的 79.04%。②年龄：受访农民年龄在 20~35 岁的有 82 人，占样本总量的 16.37%；36~50 岁的有 263 人，占 52.50%；51~60 岁的有 117 人，占 23.35%；60 岁以上的有 39 人，占 7.78%。③文化程度：受访农村居民文化程度在小学及以下水平的有 145 人，占 28.94%；初中文化程度的受访者有 271 人，占 54.09%；高中及以上文化程度的有 85 人，占 16.97%。④兼业情况：受访农村居民中农闲时间外出打工、从事运输等兼业活动的有 313 人，占样本的 62.48%；纯粹以农业经营为生的有 188 人，占样本的 37.52%。⑤政治面貌：受访农民中共产党员 37 人，占样本的 7.37%；普通群众 464 人，占 92.61%。⑥是否村干部：受访农民中村干部 30 人，占 5.99%；普通农民 471 人，占 94.01%。

2）受访农民家庭的社会经济特征。受访农民的家庭特征包括土地资源禀赋、家庭人口特征（总人口、未成年人口、劳动力人口、老年人口等）、家庭年收入状况、家庭收入构成中农业收入的比例等，如表 4-15 所示。其中，因个别调查样本的家庭信息填写不齐全或遗漏，故在分析样本家庭特征时将这部分信息残缺的样本剔除。

表 4-15　江汉平原受访农户家庭的主要社会经济特征

变　量		户　数	比例/%
土地面积（N=486） （0.066 7 公顷） μ=7.32　δ=8.24	0	24	4.94
	≤1	8	1.65
	1<L≤2	45	9.26
	2<L≤3	60	12.35
	3<L≤4	58	11.93

变　量		户　数	比例/%
土地面积 （N=486） （0.0667公顷） $\mu=7.32$ $\delta=8.24$	4＜L≤5	56	11.52
	5＜L≤6	37	7.61
	6＜L≤7	35	7.20
	7＜L≤8	27	5.56
	8＜L≤9	30	6.17
	9＜L≤10	19	3.91
	10＜L≤15	46	9.47
	15＜L≤20	15	3.09
	≥20	26	5.35
家庭人口数 （N=486） $\mu=4.01$ $\delta=1.64$	1人	27	5.56
	2人	29	5.97
	3人	94	19.34
	4人	181	37.24
	5人	101	20.78
	6人	32	6.58
	7人	8	1.65
	8人	7	1.44
	9人	4	0.82
	10人	3	0.62
家庭60岁老年人口 （N=486） $\mu=0.30$ $\delta=0.62$	0	383	78.81
	1人	61	12.55
	2人	42	8.64
家庭未成年人人口 （N=486） $\mu=0.90$ $\delta=0.82$	0	178	36.63
	1人	189	38.89
	2人	110	22.63
	3人	8	1.65
	4人	1	0.21
家庭劳动能力人口 （N=486） $\mu=2.86$ $\delta=1.46$	1人	44	9.05
	2人	186	38.27
	3人	84	17.28
	4人	119	24.49
	5人	35	7.20
	6人	11	2.26
	7人	7	1.44

变　量		户　数	比例/%
2004 年家庭年收入（N = 494）$\mu = 15\,156.86$$\delta = 11\,526.01$	< 1 000 元	11	2.23
	1 000 ~ 3 000 元	36	7.29
	3 001 ~ 5 000 元	35	7.09
	5 001 ~ 7 000 元	39	7.89
	7 001 ~ 9 000 元	40	8.10
	9 001 ~ 11 000 元	47	9.51
	11 001 ~ 13 000 元	48	9.72
	13 001 ~ 15 000 元	40	8.10
	15 001 ~ 17 000 元	30	6.07
	17 001 ~ 19 000 元	26	5.26
	19 001 ~ 21 000 元	18	3.64
	21 001 ~ 23 000 元	26	5.26
	23 001 ~ 25 000 元	25	5.06
	25 001 ~ 27 000 元	13	2.63
	27 001 ~ 29 000 元	9	1.82
	29 001 ~ 31 000 元	12	2.43
	31 001 ~ 33 000 元	6	1.21
	33 001 ~ 35 000 元	5	1.01
	35 001 ~ 40 000 元	11	2.23
	40 001 ~ 50 000 元	11	2.23
	> 50 000 元	6	1.21
2004 年农业收入比例（N = 493）$\mu = 0.37$　$\delta = 0.35$	0	50	10.14
	0 < P < 10%	82	16.63
	10 ≤ P < 20%	89	18.05
	20 ≤ P < 30%	59	11.97
	30% ≤ P < 40%	38	7.71
	40% ≤ P < 50%	31	6.29
	50% ≤ P < 60%	20	4.06
	60% ≤ P < 70%	25	5.07
	70% ≤ P < 80%	7	1.42
	80% ≤ P < 90%	9	1.83
	90% ≤ P < 99%	4	0.81
	100%	79	16.02

注：μ、δ 分别代表均值和标准差

第 4 章　江汉平原农地生态与农地价值关系研究

113

4.3.2.2 江汉平原受访市民及家庭的基本特征

江汉平原受访市民有 288 人，其中武汉市受访居民 206 人，占 71.53%；汉川受访市民 39 人，占有效样本的 13.54%；仙桃受访市民 43 人，占 14.93%。受访市民的性别、年龄、教育程度、职业、农地情节等个人特征和家庭月收入状况、生活开支、家庭人口等基本特征如表 4-16。

表 4-16　江汉平原受访市民的社会经济特征

变　量		户　数	比例/%
性　别	男	160	55.56
	女	128	44.44
	小计	288	100
年　龄	18~25 岁	73	25.35
	26~30 岁	58	20.14
	31~35 岁	36	12.50
	36~40 岁	25	8.68
	41~45 岁	32	11.11
	46~50 岁	24	8.33
	51~56 岁	23	7.99
	56~60 岁	7	2.43
	61~65 岁	8	2.78
	66 岁以上	2	0.69
	小计	288	100
文化程度	小学及以下	9	3.16
	初中	32	11.23
	高中（中专）	85	29.82
	专科	51	17.89
	本科	87	30.53
	硕士及以上	21	7.37
	小计	285	100
职　业	公务员/公司领导	19	6.71
	经理人员/中高层管理人员	17	6.01
	教师/医务人员	20	7.07
	私营企业家（雇工 8 人以上）	5	1.77
	专业技术人员	37	13.07
	办事人员	65	22.97

变 量		户 数	比例/%
职 业	工人/服务员/业务员	72	25.44
	个体工商户	18	6.36
	离岗/下岗/失业人员	10	3.53
	退休人员	20	7.07
	小计	283	100
家庭月收入状况	<1 000 元	28	9.89
	1 000~2 000 元	87	30.74
	2 000~3 000 元	73	25.80
	3 000~4 000 元	53	18.73
	4 000~5 000 元	24	8.48
	5 000~6 000 元	10	3.53
	6 000~7 000 元	2	0.71
	7 000~8 000 元	1	0.35
	8 000~9 000 元	0	0.00
	9 000~10 000 元	2	0.71
	>10 000 元	3	1.06
	小计	283	100
家庭月生活开支（N=283）$\mu=1293.75$ $\delta=738.09$	300~500 元	20	7.07
	600~800 元	57	20.14
	900~1 100 元	82	28.98
	1 200~1 400 元	21	7.42
	1 500~1 700 元	45	15.90
	1 800~2 000 元	38	13.43
	2 200~3 000 元	15	5.30
	4 000~5 000 元	5	1.77
家庭人口（N=283）$\mu=4.04$ $\delta=1.69$	1	1	0.35
	2	9	3.18
	3	121	42.76
	4	72	25.44
	5	47	16.61
	6	18	6.36

变 量		户 数	比例/%
家庭人口 （N=283） $\mu=4.04$ $\delta=1.69$	7	10	3.53
	8	3	1.06
	9	1	0.35
	10	1	0.35
家庭成员参加 工作人口 （N=281） $\mu=2.46$ $\delta=1.04$	1	32	11.31
	2	146	51.59
	3	60	21.20
	4	32	11.31
	5	10	3.53
	6	3	1.06
农地情节	非常深厚	84	29.89
	有一些感情	133	47.33
	没有很深的感情	53	18.86
	没有感情	11	3.91
	小计	281	100

注：μ、δ分别代表均值和标准差

4.3.3 受访居民对农地资源非市场价值的认知程度

条件价值评估法作为典型的陈述性偏好评估技术，通过模拟市场，直接询问人们对某类生态服务或环境改善的支付意愿或接受意愿。为此，CVM 的评估结果很大程度基于受访居民对环境生态系统重要性及环境功能稀缺程度的认识。人们对农地生态系统服务价值的认识程度直接反映出其环境意识的高低。农地保护环境意识越高，人们对良好的生态需求越强烈，对保护环境的活动就越主动；反之，如果人们对农地非市场价值的认识越低，在社会经济活动中，就会往往只顾眼前、局部的经济利益，忽视长期、全局的利益，结果造成资源耗竭、生态破坏和环境恶化，进而限制社会经济的发展。

4.3.3.1 对农地资源非市场价值的认识

农地资源的价值体系中，部分价值可以直接进入市场或直接用货币衡量，更多的生态服务往往间接地影响人们的社会、经济及文化生活，不能直接进入现有的市场体系或目前无法用货币价格直接衡量出价值。因此，这部分目前无法被市场体系包纳的非市场价值，常常被人们漠视或排斥。这种漠视或排斥将直接影响

到运用 CVM 方法模拟市场估算农地环境非市场价值的准确性，影响条件价值法的运用基础，为此需要分析受访居民对农地非市场价值的认识，为较为准确地估算农地非市场价值奠定基础。调查结果表明，江汉平原 789 位受访居民中有 77.19% 的受访居民认为农地除了具有提供粮食、蔬菜、木材等农产品的生产功能外，还具有保护环境、保障国家粮食安全等服务功能，即将近 80% 的受访居民认同农地非市场价值的存在。并且，受访居民对农地非市场价值的认识与其所存的生活环境、地区的经济条件息息相关，江汉平原受访农民和受访市民对农地资源非市场价值的认识存在明显的地域差异和群体差异，如图 4-6 所示。受访市民对农地非市场价值的认识较农户强烈，市民中有 83.33% 的比例认为非市场价值存在，而农民中有 73.65% 的受访者认为非市场价值存在。从地区分析，经济发展水平较高的仙桃市（全国经济百强县市之一）的受访居民中，无论是市民还是农民较武汉和汉川的受访居民比较，认同农地非市场价值的比例最高，平均高达 84.34%；武汉市居民其次，有 79.9% 的受访居民认为农地的非市场价值存在。

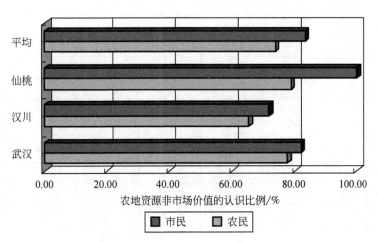

农地资源非市场价值的认识比例/%

■ 市民　□ 农民

图 4-6　江汉平原受访居民对农地资源非市场价值的认识

4.3.3.2　对农地外部效益及功能重要性的认知

同前，调查受访居民理解农地各项功能及效益的重要程度时，借鉴 Costanza 等的研究将农地环境的生态功能及外部效益归结净化空气、调节气候、涵养水源、调节洪水、保育土壤、维护生物多样性、保障国家粮食安全等十类，调查结果如表 4-17 所示。农地生态服务的十大功能，按受访居民对其重要性的认可程度排序，依次为：保障国家粮食安全、保证社会稳定、净化空气、农民养老保障、调节气候、保育土壤、维护生物多样性、调节洪水、涵养水源和废物处理。其中，接近 93% 的受访居民均认为农地保障国家粮食安全的功能重要，仅有

50%的居民认为农地废物降解的功能重要。市民和农民对农地生态服务功能的认识也存在一定的差异（图4-7），尤其对农地涵养水源、保育土壤、维护生物多样性和调节洪水的功能认识上差异明显。主要有两方面原因：一是虽然在调查过程中要求调查员用通俗、易懂的语言表述农地的生态服务功能，但受访农民对上述四项功能表示不清楚的比例较高；二是相当比例的受访农民认为当前随着农药、化肥的过度施放，农田环境受到一定程度的污染，对农地涵养水源、保育土壤、维护生物多样性的功能造成破坏。

表4-17 江汉平原受访居民对农地各项生态系统服务功能认知程度调查

单位:%

农地功能	调查对象	重要程度调查					
		非常重要	比较重要	一般	不重要	不清楚	合计
净化空气	市民	41.67	39.24	16.32	0.69	2.08	100.00
	农民	33.73	37.13	15.37	5.39	8.38	100.00
调节气候	市民	32.29	40.97	19.10	3.13	4.51	100.00
	农民	30.54	35.53	16.97	7.19	9.78	100.00
涵养水源	市民	40.97	27.78	21.53	3.82	5.90	100.00
	农民	14.97	23.15	23.55	22.75	15.57	100.00
调节洪水	市民	38.54	30.21	21.53	5.90	3.82	100.00
	农民	13.77	24.95	24.15	21.36	15.77	100.00
保育土壤	市民	51.74	26.04	15.97	5.56	0.69	100.00
	农民	26.75	31.54	16.37	13.17	12.18	100.00
维护生物多样性	市民	36.46	37.85	16.67	5.21	3.82	100.00
	农民	18.76	28.54	25.35	15.77	11.58	100.00
消化生活垃圾	市民	18.40	28.13	31.25	15.28	6.94	100.00
	农民	19.76	34.33	25.35	14.57	5.99	100.00
生活保障功能	市民	43.06	28.47	19.44	5.90	3.13	100.00
	农民	57.68	16.17	9.98	11.78	4.39	100.00
保证社会稳定	市民	48.96	31.25	13.89	3.13	2.78	100.00
	农民	55.09	25.75	11.18	4.39	3.59	100.00
粮食安全功能	市民	71.88	24.31	3.13	0.35	0.35	100.00
	农民	71.26	18.96	5.39	2.00	2.40	100.00

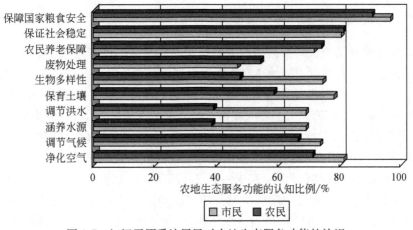

图 4-7　江汉平原受访居民对农地生态服务功能的认识

4.3.3.3　农地保护目的的认识

江汉平原 789 户受访居民中认为当地目前需要加强农地保护的占调查总数的 92.52%，其中三个调查地区受访居民认为需要加强农地保护比例系数最高的是仙桃，其次是武汉、汉川。调查农地保护目的是要反映受访居民参与农地保护的主要原因和直接动力所在。调查结果表明，50.95% 的受访居民（农民 60.68%，市民 34.03%）认为农地是农民生活的一切保证和来源，保护农地的目的是为了保证农民的权益；有 13.43% 的受访居民（农民 12.77%，市民 14.58%）保护农地的目的是基于代际公平，为了给子孙后代保留生存空间；13.18% 的受访居民认为基于我国人多地少的土地国情，保护农地是为了保障国家的粮食安全，该看法中城市居民的比例达 16.32%，比农村居民的比例高出 5 个百分点；接近 13% 的受访居民认为保护农地的目的既是为了保护农民权益，也是为了给子孙后代保留生存空间和保障国家粮食安全的综合需要（图 4-8）。

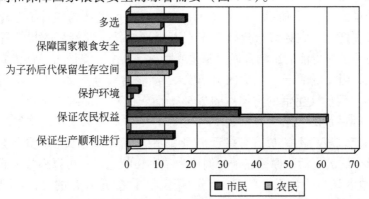

图 4-8　江汉平原受访居民对农地保护目的的认识比例/%

4.3.3.4 对农地保护存在问题的认知

江汉平原受访农民对当地目前农地保护存在问题的调查结果如表4-18所示。调查结果表明，农民对"当地政府乱征占农地，补偿低"、"当地政府对农业投入不足"和"农民种田收入低"三个问题反映的比例较高，并且不同经济发展水平地区反映的程度也略有差异。特大城市及经济发达市县农民对征地、失地问题反映较多，而在经济相对落后市县农民种田收入低是突出问题。诸如，武汉市有44.06%的农民认为"当地政府乱征占农地，补偿低"是目前最严重的问题，仙桃受访农民中则有36.59%认为"耕地面积逐年减少，家庭承包地不断减少"问题严重，而在经济水平相对落后的汉川的受访农民则认为"政府对农业投入不足"和"农民种田收入低，大量农民外出打工"两个问题较严重，占调查总数的52.85%。

表4-18 江汉平原受访居民对当前农地保护存在问题的认识

项 目	农 民		市 民	
	人 数	比例/%	人 数	比例/%
当地政府对农业投入不足	105	20.96	33	11.46
农民种田收入低	90	17.96	97	33.68
农地污染严重	16	3.19	29	10.07
家庭承包地不断减少	84	16.77	23	7.99
当地政府乱征占农地，补偿低	146	29.14	57	19.79
上述问题存在两项以上	60	11.98	49	17.01
合 计	501	100.00	288	100.00

4.3.3.5 对农地减少的影响认知

江汉平原受访居民对农地减少对家庭当前、未来30年及后代生活影响预期的调查结果如表4-19所示。结果显示，多数受访市民认为随着工业化及城市化进程的快速推进，农地城市流转速度在不断加快，农地资源的稀缺程度逐渐加强，农地减少对生活的影响会逐步深化或明显。其中，受访市民认为农地减少会对自己家庭当前生活产生影响的有70%，会影响到今后30年生活的占80%，认为会影响到后代生活的占样本的90%。而农民对农地减少是否会影响到家庭未来及子孙后代的生活，有接近14%左右的受访者表示未来的事情不能预期或不能够确定，表示不清楚。有接近17%的受访农民认为农地减少不会影响到自己当前及今后的生活，原因在于他们认为"种田收入低，可以靠打工或副业维持生活"，或者认为"农田面积太少，影响不大"；接近12%的受访居民认为农地减少影响不到后代的生活，是因为"种田收入低，年轻人可以到外面打工"，或

表 4-19　江汉平原受访居民对农地减少的影响分析　　　　单位:%

项　目	对影响的认识				
	受访者	会	不　会	不清楚	合　计
农地减少是否影响家庭当前的生活	市民	70.83	26.74	2.43	100
	农民	80.04	17.17	2.79	100
农地减少是否影响家庭今后30年的生活	市民	80.90	17.01	2.08	100
	农民	70.26	16.37	13.37	100
农地减少是否影响到子孙后代的生活	市民	90.97	6.94	2.08	100
	农民	73.85	11.98	14.17	100

"不希望自己的后代仍然从事农业生产",或认为"年轻人不愿意种田"。

4.3.3.6　农地保护责任的认识

农地保护责任的认识直接关系到受访者是否愿意参与农地保护,或是否有保护的响应意愿。江汉平原789名受访居民中有62.99%认为农地保护主要是政府的责任,20.03%认为是全体公众的责任,7.6%认为是农民的事情。农民和市民与农地生活联系的紧密程度不同,对农地保护的责任看法也截然不同。受访农民中71.66%认为是政府的责任,12.77%认为保护农地是农民的责任。而市民中,认为保护农地是政府责任的占47.92%,认为是农民责任的占32.64%。

4.3.4　受访居民参与农地保护的影响因素分析

江汉平原789户受访居民中愿意参与农地保护活动的家庭有677户,占有效样本的85.80%,不愿意参与农地保护的家庭有112户,占14.20%。其中,拒付样本中有103户(91.97%)回答了拒绝参与农地保护的原因,具体原因见表4-20。因选项设置时可根据受访居民的实际想法选择多项,为此选项的频数大于拒付样本数。从拒付原因分析,当前江汉平原受访居民不愿意参与农地保护活动的主要原因在于家庭贫困或受经济条件限制,没有多余的钱和时间参与农地保护活动,占38.98%;其次,受访居民的环境保护意识、参与意识也是影响居民支付意愿的重要原因,18.64%的样本认为农地保护是政府的责任,与自己的家庭无关,并且城市居民当中这部分样本的比例占24.66%;认为谁破坏谁支付的比例占17.80%,认为活动没有多大作用或其他原因(诸如担心因为农地保护资金因腐败等原因用不到实处,有的认为政府低效率的执政所带来的交易成本不应转移给公民或纳税人,或认为当地农田水源条件差无收成等)不愿意参与农地保护的有22.04%,农村居民中选择此两个选项的比例稍高,仅次于家庭经济原因。从实际调查的情况也可以反映出，目前绝大多数的农村村务公开不透明，干群关系较为紧张，尽管解释保护基金会的活动与基层政府组织无关，但仍有一部分农村居民对农地保护基金的处理和安排不放心，为此不愿意参与到农地保护活动中。

表4-20　江汉平原受访居民不愿意参与农地保护的原因分析

拒绝参与的原因	农　民		市　民		小　计	
	频　数	比例/%	频　数	比例/%	频　数	比例/%
农地保护不重要	2	4.44	1	1.37	3	2.54
农地保护是政府的责任	4	8.89	18	24.66	22	18.64
没有多余的钱和时间来参与	18	40.00	28	38.36	46	38.98
谁破坏谁支付	4	8.89	17	23.29	21	17.80
活动没有多大作用	9	20.00	4	5.48	13	11.02
其他原因	8	17.78	5	6.85	13	11.02
小计	45	100.00	73	100.00	118	100.00

　　理论上认为，受访居民参与农地保护的响应意愿（WTP）与受访居民的潜在因素（诸如对农地保护的认知程度、对农地生态系统服务价值的认识、对农地减少的影响认识、对农地的情节等感性因素）、受访居民的个人特征、家庭特征及相关的社会经济特征所影响。同前，将愿意为农地保护支付的赋值为1，不愿意支付的赋值为0。受访居民对农地保护的参与意愿用函数表示：

$$prob（event）= \frac{e^z}{1+e^z}$$

$$Z = f（Cog_i，Ant_i，Per_i，Fam_i）$$

式中：Cog_i 表示居民对农地外部效益重要性的理解程度等潜在因素；Ant_i 表示受访居民对农地减少对家庭当前、未来、后代生活的影响分析；Per_i 表示受访居民的个人特征，如性别、年龄、教育程度等；Fam_i 表示受访居民的家庭特征，如家庭人口数、60岁以上老年人口、未成年人人口、参加工作人数等。

4.3.4.1　受访农民参与农民保护响应意愿及影响因素分析

$$prob（event）= \frac{e^z}{1+e^z} = \frac{1}{1+e^{-z}}$$

$$z = B_0 + B_1X_1 + B_2X_2 + B_3X_3 + \cdots + B_PX_P$$

$event = 1$，表示受访农民愿意参与农地保护；$event = 0$，表示受访农户不愿意参与农地保护。

　　江汉平原501个有效的调查样本里，个别样本的部分信息残缺，回归分析时将信息残缺的样本剔除，最后参与 Logistic 分析的样本数有484个。影响受访农民参与农地保护响应意愿的26个因素的回归分析结果见表4-21。

表 4-21 江汉平原受访农民参与农地保护的 Logistic 模型回归结果

Parameter	Estimate	Standard Error	Chi-Square	Pr > ChiSP
Intercept	0.518 7	1.763 2	0.086 5	0.768 6
Cog_1	0.140 5	0.220 4	0.406 7	0.523 6
Cog_2	− 0.123 1	0.174 3	0.499 1	0.479 9
Cog_3	− 0.104 7	0.170 4	0.377 7	0.538 8
Cog_4	− 0.002 09	0.191 7	0.000 1	0.991 3
Cog_5	0.263 5	0.196 4	1.799 7	0.179 8
Cog_6	0.095 4	0.174 0	0.300 4	0.583 6
Cog_7	− 0.017 7	0.188 3	0.008 8	0.925 1
Cog_8	− 0.540 9	0.156 7	11.910 5	0.000 6 ***
Cog_9	0.171 6	0.226 6	0.573 2	0.449 0
Cog_{10}	− 0.584 0	0.253 6	5.304 5	0.021 3 **
Ant_1	− 0.861 0	0.405 3	4.511 6	0.033 7 **
Ant_2	0.567 7	0.341 5	2.763 5	0.096 4 *
Ant_3	− 0.278 8	0.286 5	0.946 7	0.330 6
Age	0.038 4	0.018 6	4.285 5	0.038 4 **
Sex	− 0.000 8	0.467 7	0.000 0	0.998 6
Edu	0.064 2	0.287 6	0.049 8	0.823 3
Cad	− 1.169 1	1.157 3	1.020 5	0.312 4
Com	− 0.460 2	0.861 7	0.285 2	0.593 3
Plu	− 0.011 4	0.200 5	0.003 2	0.954 8
Land	− 0.037 5	0.043 7	0.734 7	0.391 4
Pop	0.171 3	0.118 3	2.096 0	0.147 7
Eld	0.000 886	0.001 71	0.269 6	0.603 6
Chi	− 0.000 68	0.005 73	0.013 9	0.906 1
Lab	− 0.000 06	0.000 132	0.206 2	0.649 7
Inc	− 0.000 03	0.000 023	1.224 3	0.268 5
Pro	− 0.153 7	0.724 8	0.045 0	0.832 0

Testing Global Null Hypothesis：BETA = 0

Test	Chi-Square	DF	Pr > ChiSq
Likelihood Ratio	49.749 1	26	0.003 4
Score	48.027 5	26	0.005 4
Wald	39.721 1	26	0.041 5

	各变量解释
Cog_1	受访农民对农地净化空气功能的认识，非常重要 = 5，比较重要 = 4，一般 = 3，不重要 = 2，不清楚 = 1
Cog_2	受访农民对农地调节气候功能的认识，非常重要 = 5，比较重要 = 4，一般 = 3，不重要 = 2，不清楚 = 1
Cog_3	受访农民对农地涵养水源功能的认识，非常重要 = 5，比较重要 = 4，一般 = 3，不重要 = 2，不清楚 = 1
Cog_4	受访农民对农地调节洪水功能的认识，非常重要 = 5，比较重要 = 4，一般 = 3，不重要 = 2，不清楚 = 1
Cog_5	受访农民对农地保育土壤功能的认识，非常重要 = 5，比较重要 = 4，一般 = 3，不重要 = 2，不清楚 = 1
Cog_6	受访农民对农地维护生物多样性功能的认识，非常重要 = 5，比较重要 = 4，一般 = 3，不重要 = 2，不清楚 = 1
Cog_7	受访农民对农地废物降解功能的认识，非常重要 = 5，比较重要 = 4，一般 = 3，不重要 = 2，不清楚 = 1
Cog_8	受访农民对农地生活保障功能的认识，非常重要 = 5，比较重要 = 4，一般 = 3，不重要 = 2，不清楚 = 1
Cog_9	受访农民对农地社会稳定功能的认识，非常重要 = 5，比较重要 = 4，一般 = 3，不重要 = 2，不清楚 = 1
Cog_{10}	受访农民对农地粮食安全功能的认识，非常重要 = 5，比较重要 = 4，一般 = 3，不重要 = 2，不清楚 = 1
Ant_1	受访农民对农地减少是否影响当前家庭生活的认识，会 = 3，不会 = 2，不清楚 = 1
Ant_2	受访农民对农地减少是否影响家庭未来30年生活的认识，会 = 3，不会 = 2，不清楚 = 1
Ant_3	受访农民对农地减少是否影响子孙后代生活的认识，会 = 3，不会 = 2，不清楚 = 1
Age	受访农民的年龄，按实际年龄输入
Sex	受访农民的性别，男 = 1，女 = 0
Edu	受访农民的教育程度，小学及以下 = 1，初中 = 2，高中及以上 = 3
Cad	受访农民是否村干部，是 = 1，否 = 0
Com	受访农民是否党员，是 = 1，否 = 0
Plu	受访农民是否兼业经营，是 = 1，否 = 0
$Land$	受访农民家庭耕作的土地面积，按实际面积输入
Pop	受访农民的家庭人口数，按实际人数输入
Eld	受访农民家庭成员中60岁以上的老年人口数，按实际人口数输入
Chi	受访农民家庭成员中未成年人口数，按实际人口数输入

农地生态与农地价值关系

各变量解释	
Lab	受访农民家庭有劳动能力的人口数，按实际人口数输入
Inc	受访农民家庭 2004 年的家庭收入，按实际金额输入
Pro	受访农民家庭 2004 年农业收入占家庭年收入的比例

注：＊＊＊、＊＊和＊分别代表显著性水平为 1%、5% 和 10%

回归分析表明，决定江汉平原受访农户是否愿意参与农地保护的显著性影响因子有：受访农民对农地作为农民养老保障功能的认识，受访农民对农地保障国家粮食安全的认识，受访农民对农地减少是否影响家庭当年及未来 30 年生活的预期，受访农民的年龄五个因素。前四个指标反映的是受访农民对农地保护的潜在认识或认知意识，通常会认为如果单纯考虑环境意识或认识水平的话，受访农民对农地保护认识越强，其参与农地保护的响应意愿也会越强。但受到各种因素（诸如经济、社会关系等）的影响，并且受访农民拒付的原因也不仅仅受环境意识的影响，因此回归分析的部分结果与预期不吻合。其中，与受访农民对农地减少是否影响家庭未来生活的预期呈正相关关系，说明受访者认为农地减少会对其家庭未来生活产生影响的，更愿意参与农地保护；与受访农民认为农地减少是否会影响到家庭当年生活的认识及农地作为农民养老保障功能的认识呈负相关关系，这与预期不吻合，原因可能在于受访农民认为当前农业收入较低，在家庭收入中占据的比例不高，并且农村当前主要依靠子女养老；与受访农民对农地保障国家粮食安全的认识呈负相关，说明不愿意参与农地保护的农民同样也认识到农地保障国家粮食安全的功能重要。其次，受访农户与受访居民的年龄呈正相关关系，说明受访农民年龄越大，更愿意参与农地保护，原因在于年龄大的农民外出打工的能力下降，对土地的依赖性愈强，恋土情节也越重。

4.3.4.2 受访市民参与农地保护的响应意愿及影响因素

江汉平原 288 户受访市民家庭表明愿意参与农地保护，为农地保护捐钱或义务劳动的有 227 户，占样本的 78.82%。同前，从影响受访市民农地保护偏好的潜在因素（如受访市民对农地非市场价值的理解程度、影响预期等）、个人特征及家庭特征等 24 个影响因子中筛选决定性因素，将愿意参与农地保护的赋值为 1，不愿意参与农地保护的赋值为 0，回归分析结果见表 4-22。

表 4-22　江汉平原受访市民参与农地保护的 Logistic 模型回归分析结果

Parameter	Estimate	Standard Error	Chi-Square	Pr > ChiSP
Intercept	− 0.0754	− 0.0754	0.0014	0.9703
Exi	− 0.1849	0.2549	0.5258	0.4684

Parameter	Estimate	Standard Error	Chi-Square	Pr > ChiSP
Cog_1	− 0. 230 6	0. 233 2	0. 977 8	0. 322 7
Cog_2	0. 228 2	0. 205 7	1. 231 8	0. 267 1
Cog_3	− 0. 200 8	0. 205 3	0. 955 8	0. 328 3
Cog_4	− 0. 127 0	0. 226 9	0. 313 0	0. 575 9
Cog_5	− 0. 003 96	0. 229 9	0. 000 3	0. 986 3
Cog_6	0. 274 6	0. 192 5	2. 033 9	0. 153 8
Cog_7	0. 085 2	0. 173 2	0. 241 9	0. 622 9
Cog_8	0. 357 8	0. 199 2	3. 227 0	0. 072 4 * *
Cog_9	− 0. 387 0	0. 197 0	3. 860 3	0. 049 4 * *
Cog^{10}	− 0. 259 0	0. 285 0	0. 825 7	0. 363 5
Pro	− 0. 199 8	0. 333 8	0. 358 1	0. 549 5
Ant_1	− 0. 305 8	0. 375 7	0. 662 5	0. 415 7
Ant_2	0. 141 8	0. 425 8	0. 110 9	0. 739 1
Ant_3	0. 019 4	0. 409 9	0. 002 2	0. 962 2
Sex	0. 432 1	0. 343 5	1. 582 2	0. 208 4
Age	− 0. 093 2	0. 087 2	1. 142 4	0. 285 1
Pop	0. 046 2	0. 100 1	0. 213 5	0. 644 0
Lab	− 0. 263 6	0. 190 8	1. 909 0	0. 167 1
Exp	0. 000 016	0. 000 253	0. 003 8	0. 950 9
Edu	0. 248 7	0. 175 1	2. 017 8	0. 155 5
Occ	0. 063 7	0. 085 1	0. 560 6	0. 4540
Inc	0. 113 6	0. 106 9	1. 129 2	0. 287 9
Emo	− 0. 088 1	0. 206 5	0. 182 0	0. 669 6

Testing Global Null Hypothesis：BETA = 0

Test	Chi-Square	DF	Pr > ChiSq
Likelihood Ratio	30. 740 0	24	0. 161 4
Score	27. 501 7	24	0. 281 6
Wald	25. 136 8	24	0. 3984

各变量解释

Exi	受访市民对农地非市场价值是否存在的认识，存在 = 3，不存在 = 2，不清楚 = 0
Cog_1	受访市民对农地净化空气功能的认识，非常重要 = 5，比较重要 = 4，一般 = 3，不重要 = 2，不清楚 = 1

	各变量解释
Cog_2	受访市民对农地调节气候功能的认识,非常重要 =5,比较重要 =4,一般 =3,不重要 =2,不清楚 =1
Cog_3	受访市民对农地涵养水源功能的认识,非常重要 =5,比较重要 =4,一般 =3,不重要 =2,不清楚 =1
Cog_4	受访市民对农地调节洪水功能的认识,非常重要 =5,比较重要 =4,一般 =3,不重要 =2,不清楚 =1
Cog_5	受访市民对农地保育土壤功能的认识,非常重要 =5,比较重要 =4,一般 =3,不重要 =2,不清楚 =1
Cog_6	受访市民对农地维护生物多样性功能的认识,非常重要 =5,比较重要 =4,一般 =3,不重要 =2,不清楚 =1
Cog_7	受访市民对农地废物降解功能的认识,非常重要 =5,比较重要 =4,一般 =3,不重要 =2,不清楚 =1
Cog_8	受访市民对农地生活保障功能的认识,非常重要 =5,比较重要 =4,一般 =3,不重要 =2,不清楚 =1
Cog_9	受访市民对农地社会稳定功能的认识,非常重要 =5,比较重要 =4,一般 =3,不重要 =2,不清楚 =1
Cog_{10}	受访农民对农地粮食安全功能的认识,非常重要 =5,比较重要 =4,一般 =3,不重要 =2,不清楚 =1
Pro	受访市民认为当前是否需要加强农地保护,需要 =3,不需要 =2,不清楚 =1
Ant_1	受访市民对农地减少是否影响当前家庭生活的认识,会 =3,不会 =2,不清楚 =1
Ant_2	受访市民对农地减少是否影响家庭未来30年生活的认识,会 =3,不会 =2,不清楚 =1
Ant_3	受访市民对农地减少是否影响子孙后代生活的认识,会 =3,不会 =2,不清楚 =1
Sex	受访农民的性别,男 =1,女 =0
Age	受访市民的年龄,按年龄段赋值,18 ~25 岁 =1,26 ~30 岁 =2,31 ~35 岁 =3,36 ~40 岁 =4,41 ~45 岁 =5,46 ~50 岁 =6,51 ~55 岁 =7,56 ~60 岁 =8,61 ~65 岁 =9,66 ~70 岁 =10,70 岁以上 =11
Pop	受访市民的家庭人口数,按实际人数输入
Lab	受访市民家庭参加工作的人口数,按实际人口数输入
Exp	受访市民家庭的月平均生活开支情况,按实际金额输入
Edu	受访市民的教育程度,文盲 =1,小学 =2,初中 =3,高中 =4,专科 =5,本科 =6,硕士 =7,博士 =8

各变量解释	
Occ	受访市民的职业，公务员/公司领导 =1，经理人员/中高层管理人员 =2，教师/医务人员 =3，私营企业家 =4，专业技术人员 =5，办事人员 =6，工人/服务员/业务员 =7，个体工商户 =8，离岗/下岗/失业人员 =9，退休人员 =10
Inc	受访市民的家庭月收入状况，按收入段赋值，1000 元以下为 1，1001～2000 元为 2，2001～3000 元为 3，3001～4000 元为 4，4001～5000 元为 5，5001～6000 元为 6，6001～7000 元为 7，7001～8000 元为 8，8001～9000 元为 9，9001～10000 为 10，10000 元以上为 11
Emo	受访市民的农地情节，非常深厚 =4，有一些感情 =3，没有很深感情 =2，没有感情 =1

注：＊＊＊、＊＊和＊分别代表显著性水平为 1%、5% 和 10%

回归分析表明，在 10% 的显著性水平下，决定受访市民参与农地保护意愿的影响因素有受访市民对农地社会稳定功能和保障国家粮食安全功能的认识 2 个指标。其中，与受访市民对农地社会稳定功能的认识呈正相关，表明受访市民对农地社会稳定功能的认识越强，参与农地保护的意愿也更加强烈。但与受访市民对农地保障国家粮食安全功能的认识呈负相关关系，与预期不吻合，主要原因在于受访市民拒绝参与农地保护是因为其支付能力限制或认为是政府的责任，同时调查表明受访市民有 93% 的认为农地该项功能重要，因此既使对农地保护不具有支付意愿的市民也认同农地保障国家粮食安全重要，甚至对农地此项功能的认识略高于愿意支付市民的整体水平。

4.3.5 受访居民参与农地保护的最高支付意愿

4.3.5.1 数据处理标准

问卷最初设计时通过捐钱、捐稻谷（物）或参加义务劳动 3 种支付工具模拟受访居民参与农地保护的支付意愿，预调查表明受访居民对捐钱和参加劳动 2 种方式采用最多。为此，结合预调查情况，支付工具的设计结合调查地区居民收入及劳动力状况，选择捐钱和参加义务劳动两种居民乐意接受的出价方式。受访居民可以根据家庭的经济状况和个人的偏好选择捐赠货币的形式参与农地保护，或选择参加义务劳动的方式参与保护。此次调查，武汉、汉川、仙桃的受访居民选择捐钱或参加义务劳动参与农地保护的人数及比例情况如表 4-23 所示。

表 4-23　江汉平原受访居民参与农地保护的支付方式及人数

地　区	受访居民	愿意支付人数	义务劳动	捐　钱
武　汉	农　民	175	149	26
	市　民	161	72	89
	小　计	336	221	115

地 区	受访居民	愿意支付人数	义务劳动	捐 钱
汉 川	农 民	161	124	37
	市 民	31	17	14
	小 计	192	141	51
仙 桃	农 民	114	75	39
	市 民	35	13	22
	小 计	149	88	61
江汉平原	农 民	450	348	102
	市 民	227	102	125
	小 计	677	450	227

调查结果表明，愿意参与农地保护活动的受访居民家庭有677户，占有效样本的85.80%。其中选择以义务劳动方式参与农地保护活动的有450户，占66.47%；选择为农地保护基金会捐钱的有227户，占调查户数的33.53%。农村劳动力丰富，农户更乐意在农闲时间选择以义务劳动的方式参与农地保护，77.33%的农民家庭选择义务劳动的方式参与农地保护；44.93%市民家庭选择义务劳动的方式参与农地保护。三个典型调查地区，仙桃受访居民选择捐钱的比例最高，愿意支付的受访居民中有40.84%的家庭选择捐钱的方式参与农地保护；武汉市仅次，有34.23%的受访居民愿意通过向农地保护基金会捐钱而参与农地保护；汉川市受访居民里仅有26.56%的居民家庭选择捐钱，73.44%的居民家庭选择以参加义务劳动的方式参与保护。调查表明，居民家庭选择支付工具的形式与其家庭经济收入和劳动力情况有直接的关系，直接通过地区的整体经济发展水平显现。

支付工具不同，为此进行价值处理时，需要将选择参加义务劳动方式的支付意愿按居民同期从事相关工作的日均工资折算成货币价值。调查时询问了每个受访居民当前从事其他工作的日平均工资水平，但考虑到价值折算时要考虑地区的整个水平，为此取受访居民的日工资均值作为折算标准。武汉、汉川、仙桃三个调查区域内农民和市民的日均工资折算标准如表4-24。另外，根据消费者愿意支付的价值不能大于其收入的要求，为保证数据的真实、可靠性，在数据处理过程将居民家庭年支付意愿大于家庭年收入10%以上的数据剔除。

表4-24 江汉平原调查地区日均工资折算标准　　单位：元/天

地 区	受访居民	日均工资	标准差	最高工资	最低工资
武 汉	农 民	31.53	8.02	50	10
	市 民	40.83	27.23	150	5

地　区	受访居民	日均工资	标准差	最高工资	最低工资
汉　川	农　民	25.12	6.23	50	15
	市　民	32.08	23.68	100	15
仙　桃	农　民	28.63	7.35	50	10
	市　民	31.18	11.66	50	15

4.3.5.2　受访居民参与农地保护的最高支付意愿

（1）受访居民参与各类型农地保护的情况分析

江汉平原受访农户对耕地、园地、林地、水域等不同类型农地资源保护的参与情况如表4-25。因农地既是农民的生活保证，又是生态服务的主要载体，为此绝大多数受访农户在目前的经济状况下愿意对自家经营的耕地和公共的林地、水域用地有保护意愿。统计结果表明，501户受访农民家庭愿意为保护水田而有支付意愿的有414户，占82.63%；对旱地、林地、水域和园地的支付率分别为64.47%、16.17%、29.54%和44.11%。农户愿意保护各类型农地的比例，与江汉平原当前农地以耕地、林地和水域用地为主的利用格局相吻合，反映出各类型农地资源的稀缺程度。诸如，江汉平原园地面积最少，占农地总面积的0.28%，为此受访农户对园地的保护参与率是最低的，仅有16.17%的农户表明愿意保护园地。

表4-25　江汉平原调查区域内受访农户参与各类型农地保护的情况分析

地区 \ 项目 \ 农地类型		水　田	旱　地	园　地	林　地	水　域
武　汉	支付人数	145	98	20	59	91
	支付率/%	71.78	48.51	9.90	29.21	45.05
汉　川	支付人数	157	130	52	52	53
	支付率/%	89.20	73.86	29.55	29.55	30.11
仙　桃	支付人数	112	95	9	37	77
	支付率/%	91.06	77.24	7.32	30.08	62.60
合　计	支付人数	414	323	81	148	221
	支付率/%	82.63	64.47	16.17	29.54	44.11

而市民对各类型农地保护的偏好则没有农户那样强烈，对各类型农地的保护率较为接近。对于市民而言，农地资源仅是作为环境资源而存在，他们享有农地资源所带来生态服务价值或功能，诸如保育环境、休闲娱乐、文化教育等。为此，市民家庭对各类型农地愿意保护的偏好和意向主要受居民个人对各类型农地资源的稀缺

农地生态与农地价值关系

性和生态服务功能的认识所影响。武汉、汉川、仙桃三个调查地区的 288 户受访城市居民家庭，愿意参与农地保护的有 227 户，占有效样本的 78.82%。其中，愿意对耕地和森林资源保护的人数相当，有 223 户，占 77.43%；对水域用地保护有支付意愿的有 221 户，保护率为 76.74%；参与园地保护的有 218 户，占 75.69%。从城市居民参与各类型农地保护的基本情况分析，城市居民对耕地、林地的偏好意愿最强，其次是水域用地，最后是园地。城市居民参与各类型农地保护的偏好与各类型农地资源的生态服务功能和资源稀缺程度直接相关。

（2）受访居民参与各类型农地保护的最高支付意愿分析

按上述数据处理标准，对调查数据进行了统计处理，江汉平原各调查区受访农村居民和城市居民家庭对不同类型农地的最高支付意愿如表4-26、表4-27所示。

表4-26　江汉平原受访农户对各类型农地保护的支付意愿

单位：元/户·年

地　区	农地类型	平均支付意愿	标准差	最小值	最大值
武　汉	水　田	199.48	128.15	3	409.61
	旱　地	187.28	136.11	3	409.61
	园　地	330.70	188.31	78.12	1 000
	林　地	222.15	147.83	8	409.61
	水　域	238.62	155.43	3	1 000
汉　川	水　田	148.85	103.14	3	376.80
	旱　地	134.17	103.77	8	376.80
	园　地	146.30	121.46	3	500
	林　地	113.82	113.67	3	500
	水　域	125	118.09	3	500
仙　桃	水　田	136.16	114.47	3	400
	旱　地	120.47	112.01	3	400
	园　地	145.97	117.14	18.50	372.19
	林　地	78	79.68	8	286.30
	水　域	115.85	112	3	372.19
江汉平原	水　田	163.15	118.34	3	409.61
	旱　地	146.25	119.69	3	409.61
	园　地	190.70	159.34	3	1 000
	林　地	147.60	135.85	3	500
	水　域	167.58	144.52	3	1 000

表 4-27　江汉平原受访市民家庭对农地保护支付意愿统计结果

单位：元/户·年

地区	农地类型	参与人数	平均支付意愿	标准差	最小值	最大值
武汉	耕地	157	228.31	210.52	3	1 000
	园地	157	211.94	196.89	3	530.14
	林地	160	216.55	193.48	3	530.14
	水域	158	211.78	199.40	3	530.14
汉川	耕地	31	129.03	137.54	3	417.04
	园地	26	129.98	145.09	3	417.04
	林地	28	107.83	128.86	3	417.04
	水域	29	112.19	123.13	3	417.04
仙桃	耕地	35	202.33	153.98	3	405.34
	园地	35	186.58	146.49	3	405.34
	林地	35	187.30	161.67	3	467.70
	水域	34	210.95	168.36	3	623.60
江汉平原	耕地	223	210.43	196.19	3	1 000
	园地	218	198.09	185.40	3	530.14
	林地	223	198.31	184.56	3	530.14
	水域	221	198.58	188.91	3	530.14

（3）江汉平原家庭户数情况

估算农地资源的非市场价值，受益群体的确定较为困难和敏感，因为受益群体范围的界定将直接影响到非市场价值的高低。基于当前人们对资源保护效益的认识水平，估算江汉平原农地资源非市场价值时仅将农地保护的受益群体按行政辖区人口确定，调查样本集中在江汉平原，没有考虑辖区外受益于农地保护的样本。江汉平原现有居民家庭户数如表 4-28 所示。

表 4-28　2003 年江汉平原城市和农村居民家庭户数　　单位：户

行政区域	城市户数	农村户数	总户数
武汉	1 272 274	1 026 805	2 299 079
当阳	41 566	125 280	166 846
枝江	49 189	136 147	185 336
云梦	21 933	129 576	151 509
汉川	50 643	256 064	306 707
应城	37 310	147 769	185 079

行政区域	城市户数	农村户数	总户数
仙 桃	104 519	278 275	382 794
潜 江	97 897	215 663	313 560
天 门	93 929	315 975	409 904
沙 市	126 574	49 885	176 459
江 陵	24 212	96 014	120 226
公 安	54 777	234 110	288 887
监 利	58 859	290 482	349 341
石 首	38 066	120 558	158 624
洪 湖	54 246	210 390	264 636
松 滋	46 896	195 776	242 672
江汉平原	2 237 384	3 764 275	6 001 659

资料来源：湖北省统计局，2004

（4）江汉平原农地非市场价值估算

以述受访居民家庭对农地资源非市场价值的平均支付率和户均最高支付意愿为参考，乘以江汉平原当前家庭户数，便可估算出江汉平原居民对不同类型农地资源非市场价值的保护意愿。江汉平原 2003 年居民家庭户数 6 001 659 户，其中农村居民 3 764 275 户，城市居民 2 237 384 户。江汉平原农地资源非市场价值估算如表 4-29 所示。

表 4-29　江汉平原居民对各类农地非市场价值的支付意愿（WTP）

农地类型	受访群体	平均支付意愿/（元/户·年）	支付率/%	户数/户	支付意愿价值/万元	支付意愿总价值/万元	面积/公顷	单位支付意愿价值/（元/公顷）	非市场价值/（元/公顷）
耕 地	农 民	163.15	82.63	3 764 275	50 746.51	122 693.90	1 669 268.84	735.02	32 667
		146.25	64.47		35 492.36				
	市 民	210.43	77.43	2 237 384	36 455.03				
园 地	农 民	190.70	16.17	3 764 275	11 607.59	45 153.65	48 950.27	9 224.39	409 973
	市 民	198.09	75.69	2 237 384	33 546.07				
林 地	农 民	147.60	29.54	3 764 275	16 412.63	50 767.98	263 273.93	1 928.33	85 704
	市 民	198.31	77.43	2 237 384	34 355.35				
水 域	农 民	167.58	44.11	3 764 275	27 825.35	61 920.91	580 915.67	1 065.92	47 374
	市 民	198.58	76.74	2 237 384	34 095.56				
农 地 合 计	农 民	—	—	3 764 275	142 084.44	280 536.44	2 562 408.7	1 094.82	48 658
	市 民	—	—	2 237 384	138 452.01				

（5）受访居民对农地非市场价值愿付数额高低的影响因素分析

同前，以受访居民的社会经济特征作为自变量，选择支付意愿的对数正态分布作为被解释变量，居民对农地非市场价值的愿付数额可用函数表示：

$$\ln WTP = f\ (Cog_i,\ Ant_i,\ Per_i,\ Fam_i,\ Mod_i)$$

式中：WTP 表示为农地保护的最高支付意愿；Cog_i 表示居民对农地非市场价值的理解程度；Ant_i 表示受访居民对农地减少对家庭生活的影响分析；Per_i 表示受访居民的个人特征，如性别、年龄、教育程度等；Fam_i 表示受访居民的家庭特征，如家庭人口数、60 岁以上老年人口、未成年人人口、参加工作人数等；Mod_i 表示受访者选择支付的方式，如捐钱的表示为 1，参加义务劳动的表示为 2。

从受访市民对农地非市场价值的支付工具、认知程度、受访市民个人特征、家庭特征等 25 个指标进行筛选影响城市居民对非市场价值支付数额大小的决定性因素，逐步回归分析结果如表 4-30。逐步回归分析表明，受访市民对农地非市场价值支付数额的高低存在支付工具的偏差，以义务劳动方式参与农地保护的按日均机会工资标准折算后明显要高于以货币形式支付的。除此之外，影响受访市民对农地非市场价值愿付数额高低主要取决于受访市民对农地保育土壤、维护生物多样性功能的评价及受访市民的文化程度。其中，与受访市民对农地保育土壤功能的评价呈正相关关系，表明受访居民越认识到农地保护重要的，对农地非市场价值的支付意愿越高；但与受访市民对农地维护生物多样性功能的认识呈负相关，与预期不吻合，原因在于受访市民中对农地此项功能表示不清楚或不重要的多采用义务劳动方式参与农地保护，而认为农地此项功能重要的却多采用捐钱的方式参与农地保护，为此存在与预期不吻合的情况；回归分析还表明受访者支付数额的高低与受访者的文化程度呈显著的正相关关系。

表 4-30　江汉平原受访市民农地保护支付意愿数额大小的影响因素回归分析

Variable	Parameter Estimate	Std. Error	F Value	Pr > F
Intercept	1.856 8	0.450 7	16.98	<0.000 1
Mod	2.154 7	0.136 8	248.12	<0.000 1
Cog_5	0.145 9	0.075 4	3.74	0.054 4
Cog_6	−0.152 5	0.067 6	5.08	0.025 2
Edu	0.150 5	0.056 0	7.22	0.007 8

		Analysis of Variance			
Source	DF	Sum of Squares	Mean Square	F Value	Pr > F
Model	4	272.061 0	68.015 3	69.23	<0.000 1
Error	210	206.318 0	0.982 5		
Corrected Total	214	478.379 0			

指标含义及解释	
Mod	受访市民愿意支付的方式，捐钱表示为 1，参加义务劳动为 2
Cog$_5$	受访市民对农地保育土壤功能的认识，不清楚 =1，不重要 =2，一般 =3，比较重要 =4，非常重要 =5
Cog$_6$	受访市民对农地维护生物多样性功能的认识，不清楚 =1，不重要 =2，一般 =3，比较重要 =4，非常重要 =5
Edu	受访市民的教育程度，文盲 =1，小学 =2，初中 =3，高中 =4，专科 =5，本科 =6，硕士 =7，博士 =8

筛选受访农民对农地非市场价值支付数额高低的影响因素，回归分析结果如表 4-31 所示。在 15% 的显著性检验下，有 9 个因子通过了回归分析。结果表明，受访农民对农地非市场价值愿付数额高低取决于受访农民对农地生态系统服务功能的认识、年龄、受访者是否村干部、受访者家庭土地面积及 60 岁以上老年人口。其中，与受访农民对农地净化空气、调节气候、调节洪水、养老保障功能的认识相关，说明受访农民对农地此 4 项功能的认识越强，支付意愿也越高。但与受访农民对农地废物处理功能的认识呈负相关，与预期不吻合。受访农民的支付数额高低还与土地资源禀赋相关，土地规模对受访者的支付意愿有正的影响，说明对农地生活依赖性强的家庭其保护农地的支付意愿越高；与受访者的年龄和家庭 60 岁以上的老年人口呈负相关，表明支付数额的高低一定程度上取决于家庭劳动力状况；同时，回归分析还表明受访农民中村干部的支付数额略高于普通群众。

表 4-31　江汉平原受访农民参与农地保护支付意愿数额大小的影响因素回归分析

Variable	Parameter Estimate	Std. Error	F Value	Pr > F
Intercept	5.195 4	0.377 1	189.84	<.000 1
Cog$_1$	0.159 9	0.062 1	6.64	0.010 3
Cog$_2$	0.087 8	0.057 0	2.37	0.124 4
Cog$_4$	0.089 1	0.047 0	3.60	0.058 6
Cog$_7$	−0.101 2	0.052 8	3.67	0.056 0
Cog$_8$	0.075 2	0.051 0	2.18	0.141 0
Age	−0.020 4	0.005 5	13.55	0.000 3
Cad	0.483 6	0.213 3	5.14	0.023 9
Land	0.009 7	0.006 2	2.45	0.118 4
Eld	−0.168 7	0.094 3	3.20	0.074 3

Analysis of Variance				
Source	DF	Sum of Squares	Mean Square	F Value	Pr > F
Model	9	87.681 2	9.742 4	8.31	<.000 1
Error	405	474.527 2	1.171 7		
Corrected Total	414	562.208 41			

指标含义及解释	
Cog_1	受访农民对农地净化功能的认识,不清楚=1,不重要=2,一般=3,比较重要=4,非常重要=5
Cog_2	受访农民对农地调节气候功能的认识,不清楚=1,不重要=2,一般=3,比较重要=4,非常重要=5
Cog_4	受访农民对农地调节洪水功能的认识,不清楚=1,不重要=2,一般=3,比较重要=4,非常重要=5
Cog_7	受访农民对农地废物处理功能的认识,不清楚=1,不重要=2,一般=3,比较重要=4,非常重要=5
Cog_8	受访农民对农地作为农民养老保障功能的认识,不清楚=1,不重要=2,一般=3,比较重要=4,非常重要=5
Age	受访农民的年龄,按实际年龄计
Cad	受访农民是否村干部,是=1,否=0
Land	受访农民家庭拥有的土地面积,按实际面积输入
Eld	受访农民家庭中60岁以上人口数,按实际人口输入

4.3.6 受访居民参与农地保护的最低接受意愿

4.3.6.1 受访农户作为农地保护主体的最低接受意愿

农民和市民与农地资源的生活联系紧密程度完全不同,因此当农地资源环境状态变动时,两类群体的反应也会不同。问卷设计参考目前国家种粮补贴按农地面积发放的形式,对农户受偿意愿的假想前提是假如政府为了促进农民保护农地的积极性,每年发放一定数量的补贴作为回报农民保护农田对社会稳定、对保障国家粮食安全和环境保护带来的好处。询问农户认为每单位水田、旱地、园地及村里公共农地如林地和水域每年最低需要补贴多少钱,才能达到较为理想的保护效果。

受访农户根据不同类型农地的生态特征及日常维护需要用工量的多少填写了保护农地的补偿价格，调查结果有明显的区域差异，如图4-9。武汉市受访农户对旱地的接受补偿价值最高，仙桃受访农户对水域的接受补偿价值最高，而汉川农民认为水田的补偿意愿最高。江汉平原受访农户认为保护每公顷水田每年的平均受偿意愿是757.35元，旱地需要801.9元，果园698.7元，林地708.9元，水域727.50元。其中，旱地的平均受偿意愿最高，其次是水田、水域和林地，园地的受偿意愿最低。按农地的受偿意愿折合成无限年期的非市场价值，农地非市场价值的计算公式如下：

$$农地非市场价值 = \frac{单位农地年平均受偿意愿}{还原率}$$

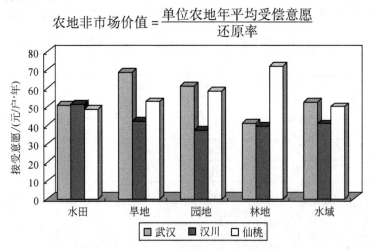

图4-9 江汉平原受访农户参与农地保护的接受意愿比较

其中，还原率取值与市场价值的还原率相同，为2.25%，按样本农户的平均受偿意愿计算出来的江汉平原不同类型农地非市场价值（WTA）如表4-32。

表4-32 江汉平原不同类型农地非市场价值（WTA）单位：元/公顷

农地类型	平均受偿意愿	还原率/%	非市场价值
水　田	757.35		33 660
旱　地	801.9		35 640
果　园	698.7	2.25	31 053
林　地	708.9		31 507
水　域	727.5		32 333

4.3.6.2 受访市民家庭对农地环境损失的最低接受意愿

城市周边农地如同城市的外花园，具有净化空气、调节气候、保育土壤、维护生物多样性、提供休闲娱乐等重要的生态功能，其公共物品的属性决定了城市居民作为农地保护的间接受益者，可以无偿地享受到农地保护带来的许多无形及间接的益处。农地减少必将导致农地附属的生态功能和社会效益的消失或减少，相应的，影响到人们包括城市居民的生活环境和生活质量，带来诸多不可逆转的生态矛盾。调查城市居民对农地非市场价值的受偿意愿，在让受访市民了解农地的各项生态、社会功能后，我们建立这样一种假想的市场环境：假如目前因城市经济建设加快，城市用地紧张，政府需要将城市周边农地在一定时期内全部征为建设用地，为此导致的农田消失或减少，带来一系列的环境损失，诸如增加空气污染、噪声、气候变恶劣等。在这个假设前提下，询问受访居民家庭每年最低愿意接受多少补偿，才能接受城市政府征收周边农地的计划。受访市民的平均受偿意愿如表4-33所示。

表 4-33   江汉平原受访市民对农地环境损失的最低接受意愿调查

单位：元/户·年

地　区	农地类型	平均接受意愿	标准差	最小值	最大值
武　汉	耕　地	2 021.70	4 968.30	3	50 000
	园　地	2 204.95	5 779.46	3	50 000
	林　地	2 420.68	7 379.87	3	50 000
	水　域	1 920.80	5 504.31	3	50 000
汉　川	耕　地	828.15	2 261.72	3	10 000
	园　地	2 892.60	8 973.97	8	42 000
	林　地	2 250.92	7 162.13	22	30 000
	水　域	423.40	999.68	3	5 000
仙　桃	耕　地	2 370.18	5 244.56	3	21 000
	园　地	1 482.71	2 981.44	3	10 400
	林　地	1 818.75	3 218.61	3	12 000
	水　域	1 686.77	3 326.55	3	15 000
江汉平原	耕　地	1 941.79	4 797.33	3	50 000
	园　地	2 178.56	5 892.46	3	50 000
	林　地	2 324.25	6 933.76	3	50 000
	水　域	1 738.00	4 997.88	3	50 000

受调查地区各类型农地资源的稀缺程度影响，武汉、汉川、仙桃三个调查区受访市民家庭对农地环境损失的最低受偿意愿有明显的区别（图4-10）。武汉市受访市民家庭对林地生态环境受损的接受意愿最高，户均要求补偿2421元/年，对水域环境的受偿意愿相对较低；汉川受访市民对园地的受偿意愿最高，户均最低接受意愿在2893元/年，对水域环境受损的受偿意愿也是在同类型农地中最低的；仙桃市民家庭对耕地环境的受偿意愿最高，户均要求补偿

2370 元/年，对园地的受偿意愿最低。从城市居民受偿意愿考虑的农地非市场价值估算结果如表 4-34 所示。

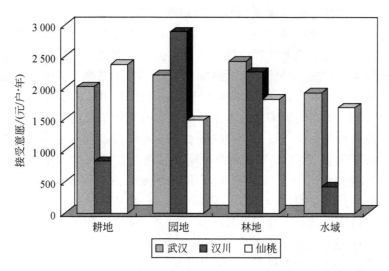

图 4-10　江汉平原受访市民家庭对农地环境损失的最低受偿意愿比较

表 4-34　江汉平原农地非市场价值的估算结果

农地类型	平均受偿意愿/元	家庭户数/户	受偿总价值/万元	农地面积/公顷	农地受偿价值/（元/公顷）	农地非市场价值/（元/公顷）
耕　地	1 941.79		434 452.99	1 669 268.84	2 602.65	115 674
园　地	2 178.56	2 237 384	487 427.53	48 950.27	99 576.07	4 425 603
林　地	2 324.25		520 023.98	263 273.93	19 752.20	877 876
水　域	1 738		388 857.34	580 915.67	6 693.87	297 505

4.3.7　WTP 和 WTA 的比较

新古典主义福利理论中，WTP 和 WTA 常被看做是衡量环境变动对消费者福利影响的两种等价度量方法。依据标准的价值理论推断，WTP 和 WTA 应该相等或假定受收入影响而在严格的区间内波动。诸如，Willing（1976）认为两者的差异在各种情况下都很小，完全只受收入的影响；Randall 和 Stoll（1980）也曾经证明，理论上 WTP 和 WTA 的差别有限。然而，过去许多的实证研究却证实了在相同的环境变动下，WTA 要大于 WTP（Rowe et al.，1980；Hammack et al.，1974；Mitchell et al.，1989）。此章节按受访居民对农地保护的 WTP 和 WTA 所分别估算出的江汉平原农地非市场价值见表4-35。对估算结果进行比较后表明，从受访农民保护耕地接受政府补偿角度所估算的非市场价值和从全体居民保护耕地的支付意愿所估算出的非市场价值相近；而从耕地环境受损居民接受补偿的角度所估算出的非市场价值约为支付意愿价值的3.54倍（图4-11，图4-12）。园地、林地和水域用地的WTP和WTA之间的差距更加明显，尤其是资源越稀缺的农地类型，从受偿意愿估算出的非市场价值与从支付意愿所估算出的非市场价值差距越大。许多的经济学家对影响WTP和WTA结果差异的原因做了解释（Knetsch et al.，1984；Knetsch，1989；Kahneman，1991；Hanemann et al.，1991），认为WTP和WTA之间的偏差并不是消费者的非理性形成的，而是与环境商品与其他商品的替代程度有着系统的联系。当在环境商品与其他商品完全可替代的情况下，WTP和WTA相等；而当环境商品与其他商品完全不可替代时，消费者为了规避损失，对损失的评价高于对等价收益的评价，因此WTA高于WTP。此次估算结果的比较分析，WTP和WTA差异的原因主要与假设前提即农地减少的损失程度及资源的可替换程度相关。从农民保护农地额外接受政府补贴的假设前提所估算出来的农地非市场价值WTA，农地的环境品质得到改善，农地减少的损失程度最低，因此WTA有可能低于或等于居民保存农地的支付意愿WTP。同时，调查研究虽是处在我国目前正实施粮食补贴或取消农业税费的环境下，存有一定的假想市场，但中国农民对这样的做法仍处在初步接受的阶段，朴实的农民认为类似补贴在取消农业税费的形势下，多少都感到较为满意，甚至认为补贴是要在国家能力的范围内，因此从此角度估算的非市场价值WTA略低，甚至低于支付意愿价值WTP。而从农地环境品质受损，居民接受补偿的角度所估算的非市场价值远高于居民当前为保存农地所付出的价值，原因在于当假定农地环境损失，诸如农地非农化将带来一系列不可逆转的环境问题，此种情况下环境商品与金钱之间的完全不可替代或替代程度最低，为此所估算出的非市场价值远高于人们在当前农地环境状态下保存农地的支付意愿价值。甚至资源越稀缺，与其他商品之间的替换程度越低，为此受偿价值和支付意愿价值之间的差距更明显。

表4-35 江汉平原农地非市场价值估算结果的比较

单位：元/公顷

农地类型	WTP（1）	农民WTA（2）	市民WTA（3）	比 较		
				(2)／(1)	(3)／(1)	(3)／(2)
耕 地	32 667	34 650	115 674	1.06	3.54	3.44
园 地	409 973	31 053	4 425 603	0.08	10.79	124.18
林 地	85 704	31 507	877 876	0.37	10.24	28.27
水 域	47 374	32 333	297 505	0.68	6.28	9.44

4.3.8 农地生态与农地非市场价值的关系分析

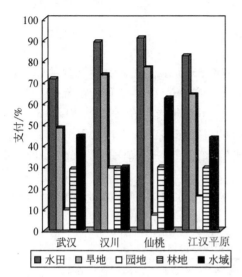

图 4-11　江汉平原各调查区受访农户对
农地非市场价值的支付率比较

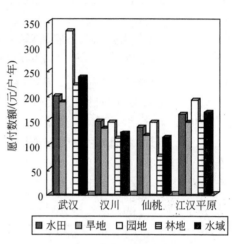

图 4-12　江汉平原各调查区受访农户对
农地非市场价值的愿付数额

从受访居民参与农地保护的支付情况分析，江汉平原受访农户对水田的偏好程度最高，其次是旱地，水域仅次，林地和园地较低。受访居民对不同类型农地保护的支付偏好与地区农地资源利用优势一致。据农地利用优势度指标分析，江汉平原水田、旱地及水域资源优势明显，在湖北省农地利用中具有比较优势，而园地及林地则相对稀缺，不具备资源明显。同时，江汉平原农田以水田和旱地为主，受访农民普遍愿意保存自家拥有经营权和使用权的农地，为此水田和旱地保护的响应意愿最高。从愿付数额高低分析，江汉平原受访农民对经济产出较高的园地支付意愿最高，对经济产值较高及资源丰富的水域和灌溉水田的支付意愿仅次于园地，旱地和林地较低。武汉、汉川、仙桃三个调查区域受访农民的偏好有少许差异，武汉农民的愿付数额在三个区最高，其中对园地的偏好最高，其次是水域和林地，水田和旱地较低；而汉川农民则对水田的支付意愿最高，园地其次，再次是旱地、水域和林地；仙桃农民对园地的支付意愿较高，其次是水田、旱地，水域和林地再次之。

4.4 江汉平原农地资源价值估算

4.4.1 江汉平原农地资源总价值估算

江汉平原农地资源总价值估算结果如表 4-36 所示，现有农地资源的非市场价值高达 1246.82 亿元，约是仙桃市 2004 年生产总值 138.47 亿元的 9 倍。现有耕地资源的整体保护效益达 4563.28 亿元，其中非市场价值 545.30 亿元，占 11.95%，是耕地资源价值构成中无法忽略的重要组成部分。江汉平原现有园地资源保护效益为 623.09 亿元，市场价值和非市场价值分别占 67.79% 和 32.21%；林地和水域的非市场价值分别为 225.64 亿元和 275.20 亿元，非市场价值在资源价值中的比例份额分别为 32.21% 和 8.57%；现有林地资源的非市场价值达 225.64 亿元，折合单位公顷林地的非市场价值约 85 704 元。

表 4-36　江汉平原农地资源总价值估算

农地类型	面积/公顷	市场价值		非市场价值		总价值	
		单价/（元/公顷）	总价值/亿元	单价/（元/公顷）	总价值/亿元	单价/（元/公顷）	总价值/亿元
水　田	932 686.43	197 871	1 845.52	32 667	304.68	230 538	2 150.20
旱　地	649 766.53	210 489	1 367.69	32 667	212.26	243 156	1 579.95
菜　地	86 815.88	926 992	804.78	32 667	28.36	959 659	833.14
小　计	1 669 268.84	—	4 017.98	32 667	545.30	—	4 563.28
园　地	48 950.27	862 945	422.41	409 973	200.68	1 272 918	623.09
林　地	263 273.93	—		85 704	225.64		
水　域	580 915.67	505 213	2 934.86	47 374	275.20	552 587	3 210.06
合　计	2 562 408.71	—	—	—	1 246.82	—	

4.4.2 2000～2003 年江汉平原农地价值变化

2000～2003 年江汉平原农地景观变化所引起的资源价值变动如表 4-37 所示。近四年江汉平原共减少农地面积 3237.34 公顷，其中耕地资源减少 28 968.68 公顷，价值损失 82.48 亿元。江汉平原耕地资源的非市场价值流失 9.46 亿元，年均损失 2.37 亿元。同时，近期生态退耕及农业结构调整使园地、林地及水域面积较 2000 年增加 25 731.34 公顷，非市场价值净增加 24.51 亿元。

表 4-37　2000~2003 年江汉平原农地资源价值变化

农地 类型	变化面 积/公顷	市场价值		非市场价值		总价值	
		单价/（元/ 公顷）	总价值/ 亿元	单价/（元/ 公顷）	总价值/ 亿元	单价/（元/ 公顷）	总价值/ 亿元
水　田	-11 384.18	197 871	-22.53	32 667	-3.72	230 538	-26.25
旱　地	-15 704.17	210 489	-33.06	32 667	-5.13	243 156	-38.19
菜　地	-1 880.33	926 992	-17.43	32 667	-0.61	959 659	-18.04
小　计	-28 968.68	—	-73.02	32 667	-9.46	—	-82.48
园　地	4 469.75	862 945	38.57	409 973	18.32	1 272 918	56.89
林　地	14 537.13	—	—	85 704	12.46	—	—
水　域	6 724.46	505 213	33.97	47 374	3.19	552 587	37.16
合　计	-3 237.34	—	—	—	24.51	—	—

第 5 章
鄂中丘陵农地生态与农地价值
关系研究——以荆门市为例

荆门市地处鄂中腹地，位于荆山余脉、大洪山南簏，沿汉水流域呈 "V" 型扩展，与江汉平原北部相接，周边与荆州、襄樊、宜昌毗邻。全市跨东经 111°57′ ~ 113°29′，北纬 30°28′ ~ 31°36′，东西最大宽度 152.5 公里，南北最大长度 126.5 公里，土地总面积 12 404 平方公里，占湖北省面积的 6.67%。

5.1　荆门市农地生态特征及景观变化

5.1.1　荆门市农地资源现状

荆门市自然条件优越，土地资源类型多样，是湖北省粮棉油的重要产区。2003 年荆门市农用地面积 950 078.51 公顷，占土地总面积的 77.92%。农地资源以耕地和林地为主，分别占农地面积的 40.85% 和 41.11%。荆门市现有耕地 388 108.69 公顷，人均面积 0.129 公顷，是全国平均水平 0.0953 公顷的 1.36 倍。耕地以灌溉水田为主，灌溉水田面积 265 263.61 公顷，占耕地面积的 68.35%。林地面积 390 568.85 公顷，林地以有林地、灌木林地和未成林造林地为主，其中有林地面积 260 276.57 公顷，占林地面积的 66.64%；灌木林地 50 332.93 公顷，占林地面积的 12.89%；未成林造林地 47 312.46 公顷，占林地面积的 12.11%。

5.1.2　荆门市农地自然生态特征

5.1.2.1　典型的山地—丘陵—岗地—平原湖区过渡带地形

荆门境内地势西北高、东南低，自北向南地形呈山地—丘陵—岗地—平原湖区顺序变化，是典型的过渡带地形。西北部为低山，平均海拔在 200 米以上；中部为丘陵岗地，占总面积的 60%；东南部为滨湖平原，海拔在 30 米左右。低山面积约 3255 平方公里，占总面积的 26.6%，主要分布在东北部和西北部。以江汉平原为界，东北部为大洪山南麓，西北部为大巴山脉荆山余脉。地貌形态为侵蚀褶断滚蚀低山，主要由石灰岩和沙砾岩组成。丘陵面积约3280平方公里，占全市面积的26.9%，是荆门市重要的林果基地和粮食产区，主要分布在境内中北部地区，属岗地向北部低山区的过渡地貌，一般海拔高度在100~200米，相对高度100米。地面坡度在15°~20°，地貌形态属侵蚀切割丘陵，大部分由紫色砂页岩构成。丘陵地区以紫色土为主，一般在丘顶和丘旁种植林果，如马尾松、砾类、柑橘、桃、梨等，丘底和丘间大部分开垦为耕地，适宜种植水稻、小麦、豆类、棉花等作物。岗地面积4028平方公里，占全市面积的33%，是荆门市主要的粮食产区，主要分布在中部和中南部地区，一般海拔在40~100米，相对高度40~50米，是荆门市的主体地貌。平原湖区面积1630平方公里，占全市总面积的13.5%，主要分布在市境内东南部江汉流域两侧，海拔高度一般在30~40米，相对高度不超过10米，地面坡度小于10°，地貌类型属冲积平原，系江汉平原泛滥冲积而成。该地区绝大部分已开垦为农地，是荆门市潮土地类的集中分布区，土层深厚，土质肥沃，土地垦殖率高，主要种植棉花和水稻。

5.1.2.2 气候四季分明，时空差异明显

荆门属北亚热带湿润季风性气候，具有四季分明、热量丰富、降水充沛，光、热、水同季，无霜期长、严寒酷暑期短的优势。但荆门地形地貌南北差异大，造成气候时空分布不均，容易产生干旱、洪、涝、连阴雨、大风、冰冻等气候。

（1）热量充足、生产潜力大

荆门市平均日照时数1996~2016小时，年太阳辐射总量105~108千卡/平方厘米，其中70%~75%集中在农作物生长期的4~10月。由于受温度、水分以及土地养分、耕作制度、栽培技术、农作物品种等多种因素的限制，各种农作物的光合作用率基本在0.4%~1.3%。

（2）热量丰富，分布不均

荆门市多年平均气温为15.2~16.5℃，无霜期长达246~255天，每年3~11月大于10℃的积温一般在5050~5180℃。沙洋、钟祥及京山南部积温偏高，东宝区北部偏低。丰富的热资源对农作物的生长非常有利，然而在荆门北部低山区，汉水河谷与南阳盆地相连，成为冷空气南侵的通道，尤其是春季和早秋，时有急剧降温天气，对农作物的生长造成一定的危害。

（3）雨量变化率大，时有旱涝

荆门市多年平均年降水量在974~1091毫米，全市降水量的80%~85%集中在农作物生长期4~10月，但由于降水量年限变化大，各地降水量的相对变化率

大都在25%以上，最高达40%，同时常有春旱、伏秋旱和梅雨洪涝发生，北部地势高，雨量少，南部低洼，雨水多，形成南涝北旱的气候特点。

5.1.2.3 水资源丰富，但时空分布不均

荆门市水资源分布以汉江、漳河、长湖三大水系为基础，辅之以自然形成的溪流、湖泊、塘堰及人工水库。东部京山、五三农场、东宝及钟祥北部主要以大气降水形成的河溪水库为主。西部沙洋、钟祥及东宝区南部主要以汉江、漳河、长湖水系为主，水量丰富，是该区域内农业生产的主要灌溉水源。中南部部分岗地，因自然地理位置的限制，引水灌溉力度大，库下一片田，田边两条渠。南部平原湖区以引水灌溉为主，该地区人工沟渠纵横，引水设施齐全。据不完全统计，荆门市境内有塘堰121 709口，水库544座，湖泊5处。总蓄水能力达44亿立方米。但是，由于水资源在全市时空分布不均，造成水资源利用程度不高，在农业生产上常出现南涝北旱，而且往往是旱涝同年，先涝后旱。

5.1.2.4 土壤肥沃，适耕性强

荆门市主要有水稻土、潮土、黄棕壤土、石灰土及紫色土五大类。其中，水稻土、黄棕壤土、石灰土及紫色土四大类约占全市土地总面积的96%以上。水稻土主要分布在中南部岗地、北部丘陵及低山区，紫色土主要分布在南部岗地丘陵区，石灰土主要分布在东北部石灰岩地区，黄棕壤土分布在北部低山区及中南部岗地，潮土类主要分布在滨湖平原及汉水流域。荆门市耕地土壤质地大都为中壤至轻黏壤，保水透气性好，耕作容易，土壤呈微酸至弱碱性，耕地土壤容重大多在1.0~1.4克/立方厘米，土壤肥力处于中等偏上状况。

5.1.2.5 作物种类区域分布明显，各具优势

荆门市生物资源丰富，种类达两千五百种之多，但生物种类在地域分布上差异明显：北部为林业，南部为水产业，中部地区为种植业，各有优势。

5.1.3 荆门市农地生态系统能值分析

5.1.3.1 农地生态系统能值投入产出结构分析

荆门市农地生态系统2003年的能值投入如表5-1所示。环境资源能值和人工辅助能投入分别占系统能值利用率的11%和89%，表明荆门市农业投入以购买能值投入为主，无偿的环境资源在农业生产中的贡献仅有一成左右。其中，环境资源投入中阳光、雨水等可更新的环境资源占90.50%，水土流失仅占环境资源投入的9.5%，说明农地维护较好，土壤侵蚀程度较低。

表 5-1　荆门市农地生态经济系统能值投入（2003 年）

项　目		原始数据/焦耳	能值转换率/（太阳能焦耳 /焦耳或太阳能焦耳/克）	太阳能值/10^{20} 太阳能焦耳
可更新环境资源	太阳能	4.22×10^{19}	1	0.42
	雨水势能	3.72×10^{16}	8 888	3.31
	雨水化学能	4.69×10^{16}	15 444	7.24
	小 计*			7.24
区内不可更新资源	表土流失	1.22×10^{15}	6.25×10^{4}	0.76
	小 计			0.76
不可更新工业辅助能	电力	1.28×10^{15}	1.59×10^{5}	2.04
	氮肥	$9.95 \times 10^{10}\,g$	4.62×10^{9}	4.60
	磷肥	$6.67 \times 10^{10}\,g$	1.78×10^{10}	11.87
	钾肥	$1.86 \times 10^{10}\,g$	2.96×10^{9}	0.55
	复合肥	$3.68 \times 10^{10}\,g$	2.80×10^{9}	1.03
	农 药	$1.16 \times 10^{10}\,g$	1.60×10^{9}	0.19
	塑 料	$0.88 \times 10^{10}\,g$	3.80×10^{8}	0.03
	机械动力	1.48×10^{13}	7.50×10^{7}	11.10
	小 计			31.41
可更新有机能	人 力	1.25×10^{15}	3.80×10^{5}	4.75
	畜 力	1.74×10^{16}	1.46×10^{5}	25.40
	有机肥	$8.65 \times 10^{11}\,g$	2.70×10^{4}	0.000 23
	种 子	3.64×10^{14}	6.60×10^{4}	0.31
	小 计			30.46
系统总能量投入				74.83

注：可更新环境资源是同一气候、地球物理作用引起的不同现象，为避免能值的重复计算，只取其中能值投入量最大的雨水化学能（Odum，1987，1996）。

数据是根据《湖北省农村统计年鉴 2004》的相关数据计算得到，其中能值转换率参考相关文献（蓝盛芳等，2002）

2003 年荆门市农业生产的能值产出情况如表 5-2 所示。种植业（包括农作物、水果和茶叶）、林业、畜牧业和渔业分别占系统能值产出的 35.06%、5.58%、32.22% 和 27.14%。其中，种植业中水果产业的能值产出占 99.01%。

表 5-2　荆门市农地能值投入产出结构（2003 年）

项　目		代　号	太阳能值/10^{20} 太阳能焦耳
能值投入	可更新环境资源	E_{mR}	7.24
	不可更新环境资源	E_{mN}	0.76
	环境资源总投入	$E_{mI} = E_{mR} + E_{mN}$	8.00
	不可更新工业辅助能	E_{mF}	31.41
	可更新有机能	E_{mR1}	30.46

项 目		代 号	太阳能值/10^{20}太阳能焦耳
能值投入	总辅助能投入	$E_{mU} = E_{mF} + E_{mR1}$	61.87
	总能值投入	$E_{mT} = E_{mI} + E_{mU}$	69.87
能值产出	种植业	E_{mY1}	324.30
	林 业	E_{mY2}	51.63
	畜牧业	E_{mY3}	297.98
	渔 业	E_{mY4}	251
	总能值产出	$E_{mY} = E_{mY1} + E_{mY2} + E_{mY3} + E_{mY4}$	924.91

注：能值产出数据根据《湖北省农村统计年鉴2004》的数据计算得到，其中能值转换率参考相关文献（蓝盛芳等，2002），能量折算标准参考文献（严茂超等，2001）

5.1.3.2 农地生态系统主要的能值指标分析

2003 年荆门市农地生态系统的主要能值指标如表5-3 所示。其中，有机辅助能的投入比例略低于工业辅助能的投入，说明荆门地区农业购买能值投入中化肥、机械的投入超出了劳动力、畜力的投入。这是因为荆门地区农地规模相对较大、人均农地资源禀赋较高，易于机械化生产和提高家庭的经营规模，相对减少劳动力的投入，提高经营效率。

表 5-3　荆门市农地生态系统能值指标体系

能值评价指标	表达式	数 值
环境资源比率	E_{mI} / E_{mT}	0.11
工业辅助能比率	E_{mF} / E_{mT}	0.45
有机辅助能比率	E_{mR1} / E_{mT}	0.44
购买能值比率	E_{mU} / E_{mT}	0.89
净能值产出率	E_{mY} / E_{mU}	14.95
能值投入率	E_{mU} / E_{mI}	7.73
环境负荷力	$(E_{mU} + E_{mN}) / E_{mR}$	8.64
系统优势度	$\sum (E_{mYi}/E_{mY})^2$	0.303 5
系统稳定性	$\sum [(E_{mYi}/E_{mY}) LN(E_{mYi}/E_{mY})]$	1.247 4

5.1.4　荆门市农地资源变化

农地景观变化是各种自然和经济因素相互作用的综合结果。因此，了解农地景观变化，可以揭示研究区域内农地生态状况及其空间变异特征，了解地区土地利用动态变化过程及其生态效应，为地区农地资源的合理管护和利用提供科学的依据。1999～2003年荆门市土地利用变化情况如图5-1所示。各类型用地中耕地、林地和未利用地变化最显著。其中，受农业结构调整及生态退耕政策的影响，林地面积净增加9 652.67公顷。同时，随着经济建设步伐的加快，居民点及矿用地、交通用地也呈不断增加趋势。1999～2003年，荆门市增加居民点及工矿用地275.97公顷，增加交通用地1028.73公顷。同期，耕地面积显著减少，1999～2003年荆门市耕地面积净减少7441.89公顷，是土地利用类型中变化较为明显的地类之一。荆门地区减少的耕地资源以旱地为主，近4年来旱地减少面积5980.89公顷，占耕地减少总面积的80.37%。随着人类开发力度的加大，未利用地也呈显著减少趋势。1999～2003年，荆门地区未利用地减少面积3663.57公顷，其中荒草地减少3506.79公顷，占未利用地减少面积的95.72%。

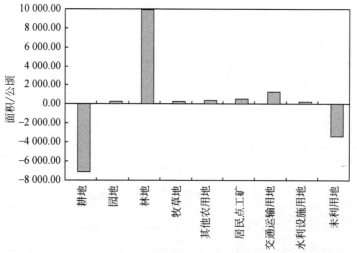

图5-1　荆门市1999～2003年土地利用变化情况

5.2　荆门市农地生态与农地市场价值研究

5.2.1　荆门市农地资源市场价值估算

5.2.1.1　数据的获取

通过问卷调查的方式获取荆门市农户2004年农业生产经营资料。选择荆门市、沙洋县、京山县为调查区域，在三个区域内随机抽样调查农户160位。调查问卷经整理，可供分析的有效问卷有152份，其中荆门市漳河镇夹元村28份，沙洋县后港镇安平村21份，京山县宋河镇秦关村和同升村70份，罗店镇刘家咀村32份，绿林镇居委会1份。

5.2.1.2 样本农户基本情况

（1）土地资源禀赋

荆门市152户受访农户中，个人及社会经济信息填写完整的样本有149份。其中，132家拥有水田，占样本的94.96%，户均面积0.6427公顷；兼营旱地的有73户，户均旱地面积0.1727公顷；荆门市园地和养殖水面较少，因此经营果园和鱼塘的样本农户分别仅调查到2户。受访农户土地资源禀赋见表5-5。10户家庭土地流转，已脱离农业种植，实际仅有139户家庭从事农业经营。139户受访农户经营的农地以水田和旱地为主，户均耕作土地0.7667公顷，标准差0.5027（表5-4）。

表5-4　荆门市受访的种植农户户均农地面积　　　　　单位：公顷

农地类型	户　数	户均面积	标准差
水　田	132	0.6427	0.4420
旱　地	73	0.1727	0.1420
园　地	2	0.8333	0.2360
鱼　塘	2	0.3667	0.3300
小　计	139	0.7667	0.5027

表5-5　荆门市受访农户土地资源禀赋情况

土地规模（0.0667公顷）	户　数	比例/%
0	10	6.71
<3	8	5.37
3<L≤6	24	16.11
6<L≤8	25	16.78
8<L≤12	31	20.81
12<L≤18	23	15.44
18<L≤30	21	14.09
>30	7	4.70

（2）受访农民家庭收入情况

荆门市受访农民土地经营规模较大，其中经营规模在0.5333公顷以上的占样本的55.04%，土地规模在2公顷以上的有7家。为此与江汉平原、宜昌等地比较，荆门受访农民外出打工或从事兼业经营的比例较小。149位受访农民从事兼业经营的仅有 40 户，占样本的 26.85%；109 户纯粹依靠土地为生，占 73.15%。受访农民户均年收入 16 001.64 元，其中农业收入占家庭年收入的平均比例达 55%。

（3）耕作制度及种植结构

受访农户水田以经营麦稻、油稻为主，占样本的 65.91%；一熟制的肥稻经营样本有 39 户，占 29.55%。旱地经营多以油芝（油菜＋芝麻）、麦芝（小麦＋芝麻）、油玉（油菜＋玉米）、麦玉（小麦＋玉米）、油花生等二熟制种物为主。受访农户水田经营的复种指数均值为 1.56，旱地平均复种指数 1.45。

5.2.1.3 农地年纯收益计算

对调查数据进行统计，单位公顷水田、旱地、园地、养殖水面的年纯收益情况如表 5-6 所示。

（1）还原率的确定

同前，土地还原率按 2005 年我国商业银行一年期存款利率 2.25% 计算。

表 5-6 荆门地区农地纯收益计算 单位：元/公顷

农地类型	指标	生产成本	人工成本	税费	产值	补贴	纯收入
水 田	均 值	3 335.22	2 719.65	737.55	14 997.52	351.76	8 556.86
	标准差	1 409.14	—	196.12	3 572.52	216.89	2 502.33
旱 地	均 值	1 978.24	2 348.10	646.30	8 982.92	119.44	4 129.72
	标准差	741.66	—	134.27	2 918.91	204.59	2 868.53
园 地	均 值	1 680	4 857.00	750	11 700	—	4 413
	标准差	—	—	—	—	—	—
水 域	均 值	3 333.33	4 560.00	750	20 833.33	—	12 190
	标准差	—	—	—	—	—	—

（2）农地市场价值估算

单位农地的纯收入通常呈明显的正态分布趋势。根据正态分布区间估计，当总体 δ^2 已知时，均值 μ 的双侧 $1-\alpha$ 置信区间为：

$$\left(\bar{\chi} - t_{1-0.5\alpha}\ (n-1)\ \frac{S^*}{\sqrt{n}},\ \bar{\chi} + t_{1-0.5\alpha}\ (n-1)\ \frac{S^*}{\sqrt{n}} \right)$$

按收益还原法的公式及上述分析结果，荆门地区农地的经济价值测算公式如下，估算结果如表 5-7 所示。

$$农地市场价值 = \frac{农地纯收益均值 \pm t_{1-0.5\alpha}\ (n-1)\ \dfrac{S^*}{\sqrt{n}}}{还原率}$$

表5-7   荆门地区农地市场价值估算结果   单位：元/公顷

农地类型		水 田	旱 地	园 地	水 域
农地纯收益		8 556.86	4 129.72	4 413	12 190
$t_{1-0.5\alpha}S^*/\sqrt{n}$		426.89	658.04	—	—
还原率/%		2.25	2.25	—	—
农地市场价值	最低价	361 332	154 297	—	—
	平均价	380 305	183 543	196 133	541 778
	最高价	399 278	212 789	—	—

5.2.2　荆门市农地生态与农地市场价值关系

农地生态系统是指在一定地域范围内，生态要素和经济要素以农业技术和管理要素为中介，通过物质流、能量流、价值流等形成的具有一定空间和时序结构、开放的自然—社会—经济复合系统（尚杰，2000；刘绍明等，2003；乔家君等，2006）。因此，通常分析农地生态与农地价值的关系需要从农地的景观特征、生态系统功能、生态位等方面进行分析。但考虑在同一区域范围内，农地的坡度、坡向、高程、地貌、光温生产潜力等自然生态特征变化相对不明显，并且通过农户调查方式所获取的经济数据难以分析微观特征对农地产出效率及市场价值的影响，存在较大的局限。为此，对荆门地区农地生态与农地市场价值的关系仅通过土地资源禀赋、种植结构、农地生态类型等方面进行分析。

5.2.2.1　土地资源禀赋与农地投入产出效率的关系分析

对荆门133户水田经营户和60户旱地经营户的投入产出资料进行统计分析，结果如表5-8、表5-9所示。分析结果表明，整体上单位耕地的产投效率与土地资源禀赋的关系符合土地规模报酬递增递减规律，即耕地的经济产出价值受经营规模的影响明显地呈阶段性波动。当农户的水田经营面积低于0.266 7公顷时，产投效率最高，原因是经营规模在0.266 7公顷以下的农户经营水田的主要目的在于满足自家口粮及农产品需求，因此生产投入较低，以有机肥和人工投入为主。而当家庭经营的水田面积超过0.366 7公顷时，经营农田成为家庭经济收入的主要来源，单位土地在农药、化肥、种子、人工（雇工）等方面的投入明显增加，而单位土地的产出则相对稳定，因此产投效率与经营规模之间呈显著的负相关关系。并且，当家庭经营规模在0.466 7公顷时产投效率相对较高，单位水田的产出与投入比值达到4.93，仅次于经营规模在0.266 7公顷以下时的生产投入比率，而后水田产投效率随经营规模的增加逐渐递减。分析表明，荆门地区水田的家庭经营规模在0.4~0.6公顷时生产效率最高，农地的经济产投效率相对较高，因此可将此范围作为荆门地区水田适宜经营规模的参考值。类似地，旱地的产投效率与经营规模之间也呈现相似的关系规律。当旱地的家庭经营规模0.4公顷以下时，单位土地的生产投入比值与经营规模呈显著的负相关关系，产投效率随经营规模的增加呈下降趋势，而当经营规模在0.4公顷以上时，旱地的产投效率相对提高。其原因在于当旱地的经营规模较小时，农户种植结构安排时通常以满足家庭生活需要为主，作物安排较为分散；而当经营规模达到一定范围时，考虑到市场需求及经济效益，农户会较为合理地安排作物的种植结构，提高经营效率，从而提高土地的经济产出效率。

表5-8 荆门水田资源禀赋与投入产出效率的关系分析

经营规模 (0.0667公顷)	样本数	平均投入 /(元/0.0667公顷)	平均产出 /(元/0.0667公顷)	平均净收益 /(元/0.0667公顷)	产投效率
<2	3	163.33	1 001.67	838.33	6.13
2≤L<3	5	152	1 048.16	896.16	6.90
3≤L<4	8	189	981.88	792.88	5.20
4≤L<5	6	198.92	879.57	680.65	4.42
5≤L<6	14	262.72	1 132.00	869.28	4.31
6≤L<7	16	198.01	976.44	778.43	4.93
7≤L<9	21	203.46	985.63	782.17	4.84
9≤L<11	15	214.96	1 004.83	789.88	4.67
11≤L<13	16	203.61	934.01	730.40	4.58
13≤L<15	10	268.67	1 041.69	773.01	3.88
15≤L<20	12	267.49	985.54	718.05	3.68
≥20	7	302.75	1 024.36	721.62	3.38

表5-9 荆门旱地资源禀赋与投入产出效率的关系分析

经营规模 (0.0667公顷)	样本数	平均投入 /(元/0.0667公顷)	平均产出 /(元/0.0667公顷)	平均净收益 /(元/0.0667公顷)	产投效率
<1	3	137.5	703.33	565.83	5.12
1≤L<2	14	89.86	505.02	415.17	5.62
2≤L<3	13	112.92	619.22	506.30	5.48
3≤L<4	14	141.62	606.51	464.89	4.28
4≤L<5	4	125.61	490.42	364.81	3.90
5≤L<6	6	220.67	685.82	465.16	3.11
≥6	6	160.89	688.95	528.06	4.28

5.2.2.2 耕作制度与农地投入产出效率的关系分析

农地生态系统是一个开放的人工经济复合系统，因此管理要素作为一个重要的投入因素对农地的产出效率产生一定的影响。复种指数一定程度反映出作物的种植结构安排和土地的耕作效率。为此，以荆门地区水田和旱地的样本经营户的单位土地净收益和耕地复种指数之间建立关联，如表5-10所示。回归分析表明，农户对单位水田的生产投入与复种指数呈显著的正相关关系，说明对农作物的合理安排能够有效地提高土地的单位净收益。然而，当对不同耕作制度下的农户生产经营情况进行比较时还发现（表5-11），旱地单位净收益虽然与复种指数呈显著的正相关关系，但产投效率却低于仅种植单季作物时的产出效率。并且，对于芝麻、黄豆等经济作物，因生产投入较少，为此产出效率较高。不同耕作制度下的水田产出效率比较（表5-12）则表明，合理的种植结构安排，可以有效地提高单位土地的净收益，提高土地的产投效率。荆门现有的几种耕作制度安排以稻麦二熟制的产投效率最高。

表5-10　荆门地区耕地复种指数与单位土地投入产出的相关分析

	Variable	Estimate	Std. Error	T value	Pr > T
单位水田净收益	Intercept	594.073 9	48.294 8	12.30	<0.000 1
	复种指数	117.510 0	28.505 1	4.12	<0.000 1

Analysis of Variance

Source	DF	Sum of Squares	Mean Square	F Value	Pr > F
Model	1	797 620	797 620	16.99	<0.000 1
Error	131	6 148 423	46 935		
Corrected Total	132	6 946 043			

	Variable	Estimate	Std. Error	T value	Pr > T
单位旱地净收益	Intercept	179.076 8	77.672 0	2.31	0.024 7
	复种指数	195.078 1	50.174 8	3.89	0.000 3

Analysis of Variance

Source	DF	Sum of Squares	Mean Square	F Value	Pr > F
Model	1	498 468	498 468	15.12	0.000 3
Error	58	1 912 577			
Corrected Total	59	2 411 045			

表 5-11　荆门市旱地种植结构与产投效率的关系

单位：元/0.0667 公顷

复种指数	种植结构	单位投入	单位产出	单位净收益	产投效率
1	小麦	101.88	406.10	304.23	3.99
	油菜	95	410	315	4.32
	芝麻	55	592.40	537.40	10.77
	平均	91.72	449.43	357.71	4.89
2	小麦+油菜	188	725.91	537.91	3.86
	小麦+芝麻	177.5	704.88	527.38	3.97
	黄豆+芝麻	99.10	621.13	522.03	6.26
	平均	158.17	703.75	545.58	4.45

表 5-12　荆门市水田种植结构与产投效率的关系

单位：元/0.0667 公顷

复种指数	种植结构	单位投入	单位产出	单位净收益	产投效率
1	中稻	183.33	801.43	618.11	4.37
1<I≤1.5	中稻+部分小麦或油菜	201.08	930.86	729.78	4.63
1.5<I≤1.8		246.40	1 046.44	800.04	4.24
1.8<I≤1.95		260.44	1 054.48	794.03	4.05
2	中稻+小麦	190.08	1 263.07	1 072.99	6.64
	中稻+油菜	257.90	1 214.93	957.03	4.71
	中稻+小麦+油菜	263.22	1 285.37	1 022.14	4.88
	平均	250.35	1 232.42	982.07	4.92

5.2.2.3　不同类型农地经济产出差异明显

通过对荆门地区不同类型农地经济产出价值的比较可见（表 5-7），不同类型农地的经济产出差异明显。各类型农地里，水域用地的经济产值明显高于水田、旱地和园地，其中水域用地的单位公顷纯收益是水田和旱地的 1.42 和 2.95倍，是园地的 2.76 倍。而耕地类型里，水田的单位纯收益明显高于旱地，是旱地净收益的 2.07 倍。并且，荆门地区水田在生产投入、经济产出、利用效率上明显高于旱地，有明显的比较优势。

5.3　荆门市农地生态与农地非市场价值研究

5.3.1　调查范围

运用 CVM 估算荆门地区农地非市场价值，共发放调查问卷 230 份（表 5-

13），回收有效样本217份，占样本的94.35%。样本依据荆门地区农地资源分布状况，在荆门市、沙洋县、京山县三个区域内随机抽样调查农户160份，调查问卷经过整理，剔除无效样本及信息缺失的样本8份，可供分析的有效问卷有152份。市民样本主要分布于东宝和后港镇，有效问卷回收率92.86%。

表5-13 荆门地区调查样本分布情况 单位：户

受访农户		受访市民		合 计	
调查样本	有效样本	调查样本	有效样本	调查样本	有效样本
160	152	70	65	230	217

5.3.2 受访居民的基本特征

5.3.2.1 荆门受访农民的基本特征

荆门地区受访农民有效样本有152份，其中个人及家庭信息填写完整的有149份，基本特征如表5-14所示。从样本特征分析，因农村家庭中通常具有决策权的多为男性，且目前调查在农村开展的不多，访查时多数女性居民不愿意过多地回答，为此存在受访农民中男性明显偏多的情况；从受访者的年龄、文化程度、家庭人口、收入等特征比较，受访群体呈明显的正态分布，说明受访样本具有足够的代表性。

表5-14 荆门地区受访农民及家庭的基本情况

变 量		频 数	比例/%	变 量		频 数	比例/%
性 别	男	131	86.18	政治面貌	党员	3	2.01
	女	21	13.82		群众	146	97.99
	合 计	152	100.00		合 计	149	100.00
年 龄	20~35岁	29	19.46	是否干部	是	145	97.32
	36~50岁	77	51.68		否	4	2.68
	51~60岁	32	21.48		合 计	149	100.00
	61岁以上	11	7.38	土地面积（0.0667公顷）$\mu=11.5$ $\delta=8.55$	0	10	6.71
	合 计	149	100.00		<3	8	5.37
文化程度	小学及以下	37	24.83		$3<L\leqslant6$	24	16.11
	初中	94	63.09		$6<L\leqslant8$	25	16.78
	高中及以上	18	12.08		$8<L\leqslant12$	31	20.81
	合 计	149	100.00		$12<L\leqslant18$	23	15.44
是否兼业	是	40	26.85		$19<L\leqslant30$	21	14.09
	否	109	73.15		>30	7	4.70
	合 计	149	100.00		小 计	149	100.00

变量		频数	比例/%	变量		频数	比例/%
家庭人口 μ=3.83 δ=1.13	1	2	1.34	2004年家庭收入 μ=16 001.64 δ=12 016.41	7 001~9 000 元	8	5.37
	2	14	9.40		9 001~11 000 元	10	6.71
	3	34	22.82		11 001~13 000 元	14	9.40
	4	67	44.97		13 001~15 000 元	14	9.40
	5	19	12.75		15 001~17 000 元	12	8.05
	6	13	8.72		17 001~19 000 元	11	7.38
	小计	149	100.00		19 001~21 000 元	10	6.71
家庭老年人口 μ=0.3 δ=0.63	0	118	79.19		21 001~23 000 元	8	5.37
	1	19	12.75		23 001~25 000 元	5	3.36
	2	11	7.38		25 001~27 000 元	3	2.01
	3	1	0.67		27 001~29 000 元	2	1.34
	小计	149	100.00		29 001~31 000 元	3	2.01
家庭未成年人口 μ=0.93 δ=0.89	0	57	38.26		31 001~40 000 元	5	3.36
	1	53	35.57		>40 000 元	8	5.37
	2	32	21.48		小计	149	100.00
	3	7	4.70	2004年农业收入占家庭收入比例 μ=0.55 δ=0.36	0	14	9.40
	合计	149	100.00		0%<P<10%	4	2.68
家庭劳动力人口 μ=2.89 δ=1.08	1	3	2.01		10%≤P<20%	8	5.37
	2	66	44.30		20%≤P<30%	21	14.09
	3	34	22.82		30%≤P<40%	12	8.05
	4	36	24.16		40%≤P<50%	17	11.41
	5	8	5.37		50%≤P<60%	13	8.72
	6	2	1.34		60%≤P<80%	7	4.70
	合计	149	100.00		80%≤P<90%	6	4.03
2004年家庭收入 μ=16 001.64 δ=12 016.41	1 000~3 000 元	9	6.04		90%≤P<100%	2	1.34
	3 001~5 000 元	16	10.74		100%	45	30.20
	5 001~7 000 元	11	7.38		小计	149	100.00

注：μ、δ分别代表均值和标准差

5.3.2.2 荆门地区受访市民的基本特征

荆门地区可供分析的受访市民有效样本有65份，每份信息均填写完整。统计分析后，受访市民的性别、年龄、教育程度、职业、家庭月收入、生活开支、家庭人口等基本特征如表 5-15 所示。受访居民及其家庭在年龄、职业、文化程度、收入、人口等方面有明显的差异，说明受访样本兼顾到不同的群体，有一定代表性。

表5-15　荆门地区受访市民及家庭的社会经济特征

变　量		频　数	比例/%	变　量		频　数	比例/%
性　别	男	40	61.54	职　业	专业技术人员	11	16.92
	女	25	38.46		办事人员	18	27.69
	合　计	65	100		工人/服务员/业务员	4	6.15
年　龄	18～25岁	10	15.38		个体工商户	6	9.23
	26～30岁	14	21.54		离岗/下岗/失业人员	6	9.23
	31～35岁	17	26.15		退休人员	1	1.54
	36～40岁	8	12.31		合　计	65	100.00
	41～45岁	8	12.31	农地情节	非常深厚	22	33.85
	46～50岁	6	9.23		有一些感情	40	61.54
	51～56岁	1	1.54		没有很深的感情	3	4.62
	56～60岁	1	1.54	家庭月收入状况	<1 000元	3	4.62
	60岁以上	0	0.00		1 000～2 000元	13	20.00
	合　计	65	100		2 000～3 000元	6	9.23
文化程度	小学及以下	0	0.00		3 000～4 000元	12	18.46
	初　中	5	7.69		4 000～5 000元	12	18.46
	高中或中专	11	16.92		5 000～6 000元	11	16.92
	专　科	21	32.31		6 000～7 000元	3	4.62
	本　科	27	41.54		7 000～8 000元	4	6.15
	硕　士	1	1.54		8 000～9 000元	0	0.00
	合　计	65	100		9 000～10 000元	1	1.54
职　业	公务员/公司领导	7	10.77		>10 000元	0	0
					合　计	65	100
	经理人员/中高层管理人员	2	3.08	家庭月生活开支 $\mu=1132.31$ $\delta=634.95$	<300元	1	1.54
					300～500元	12	18.46
					600～800元	13	20.00
	教师/医务人员	10	15.38		900～1 100元	13	20.00
	私营企业家（雇工8人以上）	0	0.00		1 200～1 400元	4	6.15
					1 500～1 700元	10	15.38

变 量		频 数	比例/%	变 量		频 数	比例/%
家庭月生活开支 $\mu = 1132.31$ $\delta = 634.95$	1 800 ~ 2 000 元	9	13.85	家庭人口 $\mu = 3.72$ $\delta = 1.02$	4	17	26.15
	2 200 ~ 3 000 元	3	4.62		5	13	20.00
	3 000 元以上	0	0.00		6	3	4.62
家庭人口 $\mu = 3.72$ $\delta = 1.02$	1	0	0.00	家庭成员参加工作人数 $\mu = 2.06$ $\delta = 0.79$	1	12	18.46
	2	5	7.69		2	40	61.54
	3	27	41.54		3	9	13.85
					4	4	6.15

注：μ、δ 分别代表均值和标准差

5.3.3 受访居民对农地非市场价值的认知程度

5.3.3.1 受访居民对农地非市场价值的认识

分析受访者对农地非市场价值的认识程度有助于准确地判断其真实的支付意愿。调查表明，荆门市 217 位受访居民中，88.94% 的受访居民认为农地除经济产出功能外，还具有保育环境、保障国家粮食安全、维护社会稳定等生态系统服务功能。其中，65 名受访市民中除一人表示不清楚外，64 人均表示农地非市场价值存在，占样本的 98.46%；152 名受访农民中有 129 人认为农地具有非市场价值，占样本的 84.87%。结果表明，当前绝大多数的受访居民已经认识到农地生态系统服务功能的存在。

5.3.3.2 受访居民对农地保护外部效益的认识

荆门市受访居民对农地各项生态系统服务功能的评价如表 5-16 所示。从调查结果来看，受访居民对农地保障国家粮食安全功能的评价程度最高，认为该项功能"非常重要"的占样本的 68.20%，仅有 0.92% 的受访者认为该项功能不重要；其次是对农地促进社会稳定功能、保育土壤功能、基本生活保障功能的评价程度较高，50% 以上的受访居民认为农地此三项功能非常重要。同时，有 8% ~ 11% 的受访居民认为农地调节洪水、废物处理、维护生物多样性及涵养水源功能不重要，理由在于认为当今化肥、农药的过度施放对农地部分生态系统服务功能造成破坏。说明当前人们已经开始意识到化肥、化学农药的大量使用对农地生态环境带来的负面影响，并且一定程度影响到受访者对农地非市场价值的评价。

表 5-16 荆门地区受访居民对农地各项生态系统服务功能的评价 单位：%

服务功能	受访居民	非常重要	比较重要	一般	不重要	不清楚
净化空气	农 民	50.00	30.26	13.82	2.63	3.29
	市 民	40.00	43.08	9.23	7.69	0.00
	平 均	47.00	34.10	12.44	4.15	2.30
调节气候	农 民	42.76	34.87	13.16	3.29	5.92
	市 民	38.46	36.92	16.92	6.15	1.54
	平 均	41.47	35.48	14.29	4.15	4.61
涵养水源	农 民	35.53	26.97	13.82	10.53	13.16
	市 民	41.54	36.92	13.85	3.08	4.62
	平 均	37.33	29.95	13.82	8.29	10.60
调节洪水	农 民	38.16	22.37	16.45	13.16	9.87
	市 民	33.85	40.00	15.38	6.15	4.62
	平 均	36.87	27.65	16.13	11.06	8.29
保育土壤	农 民	59.21	24.34	10.53	2.63	3.29
	市 民	38.46	40.00	13.85	3.08	4.62
	平 均	53.00	29.03	11.52	2.76	3.69
维护生物多样性	农 民	40.13	34.21	13.82	8.55	3.29
	市 民	46.15	29.23	18.46	3.08	3.08
	平 均	41.94	32.72	15.21	6.91	3.23
废物处理	农 民	31.58	35.53	15.13	11.18	6.58
	市 民	15.38	24.62	44.62	12.31	3.08
	平 均	26.73	32.26	23.96	11.52	5.53
农民养老保障	农 民	59.87	16.45	7.24	9.87	6.58
	市 民	35.38	26.15	32.31	3.08	3.08
	平 均	52.53	19.35	14.75	7.83	5.53
保证社会稳定	农 民	58.55	25.66	11.18	3.95	0.66
	市 民	41.54	43.08	13.85	1.54	0.00
	平 均	53.46	30.88	11.98	3.23	0.46
保障国家粮食安全	农 民	67.76	23.68	5.26	1.32	1.97
	市 民	69.23	20.00	9.23	0.00	1.54
	平 均	68.20	22.58	6.45	0.92	1.84

5.3.3.3　对农地保护必要性的认识

调查分析表明，荆门地区 217 名受访居民中有 96.31% 认为当前需要加强农地保护，仅有 1.84% 分别表示不清楚或没有必要。其中，因生活依赖程度不同，农民对农地保护必要性的认识比市民强烈，152 名受访农民中有 96.71% 表示当前需要加强农地保护工作，而市民中认为需要加强农地保护的占 95.38%，略低于农民。

5.3.3.4　对农地保护目的的认识

荆门地区 53% 受访居民认为当前加强农地保护最主要的目的在于农地是农民生活的来源和依靠，保护农地是为了保护农民的权益；17.05% 的受访居民认为保护农地最主要的目的在于基于代际公平，为子孙后代保留生存空间；12.09% 的居民认为当前保护农地的目的是基于我国人多地少的基本国情，为保障国家的粮食安全考虑；7.37% 的居民认为保护农地是为了保证农业生产的顺利进行；有 9.22% 的居民认为保护农地的主要目的有多项，既是保障国家粮食安全考虑，又是保护农民的基本权益，也是为了给后代保留生存空间。从农民和市民两类群体与农地生活联系的紧密性不同，二者对农地保护目的的认识也稍有差异。其中，58.44% 的农民认为保护农地的最终目的是为了保护农民的权益，市民却仅有 40% 认为如此；市民认为保护农地是为了给后代保留生存空间和保障国家粮食安全的比例，远远高于农民的同类比例；市民中认为保护农地是为了给后代保留生存空间的占调查样本的 23.08%，而农民中仅有 14.47%。

5.3.3.5　对农地保护存在问题的认识

认为当前农地保护工作存在的最严重问题的是"农民种田收入低"，农民中持此观点的占调查样本的 44.74%，而市民中仅有 13.85%；认为"当地政府对农业投入不足"是当前农地保护工作面临的最严重问题，22.37% 的农民和 20% 的市民均认同此观点，比例相当；认为"耕地面积不断减少，家庭承包地逐年减少"是当前农地保护最严重的问题，分别有 13.16% 的农民和 20% 的市民认同此观点；认为"当地政府乱征占农地，补偿低"是当前最严重的问题，分别有 10.53% 的农民和 12.31% 的市民认同此观点。

5.3.3.6　农地减少的影响预期

调查表明，受访居民对农地减少是否会对家庭当前生活、未来生活及后代生活产生影响的预期如表 5-17 所示。土地是农民的基本生活来源，为此农民普遍认为农地减少给家庭当前生活产生影响的比例最高，占样本的 84.87%；有 10%~11% 的受访农民认为农地减少对家庭未来生活和后代生活的影响，会受经济发展、时代进步和后代的努力等因素存在较大的不确定性，呈减弱趋势。约 80% 的农民认为农地减少会对自己家庭当前、未来及后代的生活带来影响。整体上，受访农民对于农地减少是否会对自己家庭当前、未来和后代生活带来影响的认识表示不清楚的比例逐渐增大。而城市居民则对农地减少对当前、未来及后代生活是否会产生影响的预期却在不断增强，认为会影响到自己家庭当前生活的比例仅有61.54%，而认为会对家庭未来生活和后代生活产生影响的比例由 61.54% 增加到78.46%，增加到 79.61%。

表 5-17   荆门地区受访居民对农地减少的影响预期   单位:%

项　　目	受访者	会	不　会	不清楚	合　计
农地减少是否影响家庭当前生活	市　民	61.54	26.15	12.31	100
	农　民	84.87	11.84	3.29	100
农地减少是否影响家庭今后30 年内的生活	市　民	78.46	15.38	6.15	100
	农　民	80.26	9.87	9.87	100
农地减少是否影响到子孙后代的生活	市　民	81.54	4.62	13.85	100
	农　民	79.61	8.55	11.84	100

5.3.3.7   对农地保护主体的认识

对农地保护主体的认识直接关系到受访者是否愿意参与农地保护或是否有响应意愿。荆门市有 52.53% 的受访居民认为农地保护是政府的责任，其中 53.95% 的农民和 49.23% 的市民分别认为政府是农地保护的主体。29.95% 的居民认为谁破坏农地谁负责，11.05% 的居民认为保护农地是全体公民的责任和义务，6.45% 的居民认为是农民的责任。其中，9.21% 的受访农民认为农民是保护农地的主体。

5.3.4   受访居民参与农地保护意愿的影响因素分析

荆门市受访居民参与农地保护的响应意愿如表 5-18 所示。此次调查回收有效样本 217 份，对农地保护有响应意愿的占样本的 87.56%；因家庭贫困及劳动力不足等原因拒绝参与农地保护活动的零支付样本 27 份，占 12.44%。

表 5-18   荆门市受访居民参与农地保护的支付方式及人数

受访居民	不愿意支付人数	愿意支付人数		
		合　计	义务劳动	捐　钱
农　民	10	142	97	45
市　民	17	48	31	17
小　计	27	190	128	62

同前，用 Logistic 模型对荆门地区受访农民和城市居民参与农地保护意愿的影响因素进行分析，因素设置同前文。

5.3.4.1 受访农民参与农地保护意愿及影响因素

荆门地区受访农民愿意参与农地保护的占有效样本的 93.42%，Logistic 回归分析结果（表 5-19）表明，受访农民参与农地保护响应意愿主要取决于受访者对农地保育土壤和养老保障功能的认识，取决于受访者的性别、家庭 60 岁以上老年人口及农业收入比例等社会经济特征。其中，参与农地保护的响应意愿与受访农民对农地保育土壤及养老保障功能的认识呈负相关关系，与预期不吻合，主要原因在于荆门地区受访农民拒付样本中有多数均认为农地上述二项功能是重要的，评价程度甚至高于愿意支付样本的平均水平，但因家庭贫困或认为农地外溢功能的保护应由政府承担，因而拒绝参与支付；响应意愿与受访农民的性别呈负相关关系，说明女性的响应意愿高于男性；与家庭成员中 60 岁以上老年人人口状况及农业收入占家庭收入的比例呈正相关关系。分析结果与我国农村的实际情况较吻合，如今在农村从事农业生产的多为老年人和妇女，青壮年劳力多外出打工。同时，农民家庭对土地生活依赖程度越高，其保护农地的意愿越强烈，更愿意预先花费一定的代价保护农地。

表 5-19 荆门地区受访农民参与农地保护的影响因素分析

Parameter	Estimate	Standard Error	Chi-Square	Pr > ChiSP
Intercept	−3.957 7	7.177 3	0.304 1	0.581 3
Cog_1	−0.060 8	0.688 8	0.007 8	0.929 6
Cog_2	0.925 6	0.835 9	1.226 0	0.268 2
Cog_3	0.776 6	0.630 2	1.518 9	0.217 8
Cog_4	0.300 7	0.584 3	0.264 9	0.606 8
Cog_5	−1.971 3	1.083 9	3.307 8	0.069 0 *
Cog_6	0.949 0	0.701 8	1.828 7	0.176 3
Cog_7	0.121 7	0.457 2	0.070 9	0.790 0
Cog_8	−0.966 5	0.544 7	3.148 1	0.076 0 *
Cog_9	−0.045 7	0.631 4	0.005 2	0.942 3
Cog_{10}	−0.898 0	0.889 5	1.019 2	0.312 7
Ant_1	0.337 0	1.577 5	0.045 6	0.830 8
Ant_2	0.534 7	1.127 5	0.224 9	0.635 3
Ant_3	0.121 9	0.997 1	0.015 0	0.902 5
Age	−0.051 6	0.066 9	0.595 5	0.440 3
Sex	−4.244 9	2.079 7	4.166 1	0.041 2 * *
Edu	0.625 4	0.985 8	0.402 5	0.525 8

Parameter	Estimate	Standard Error	Chi – Square	Pr > ChiSP
Cad	− 10. 951 7	605. 1	0. 000 3	0. 985 6
Com	− 3. 262 1	798. 0	0. 000 0	0. 996 7
Plu	− 0. 302 4	2. 319 4	0. 017 0	0. 896 3
Land	0. 027 4	0. 091 4	0. 090 1	0. 764 0
Pop	− 0. 832 8	0. 715 7	1. 353 9	0. 244 6
Eld	2. 838 8	1. 226 4	5. 358 1	0. 020 6 * *
Chi	0. 420 1	0. 935 3	0. 201 8	0. 653 3
Lab	− 0. 001 76	0. 209 7	0. 000 1	0. 993 3
Inc	0. 000 075	0. 000 090	0. 697 1	0. 403 8
Pro	9. 241 1	4. 754 3	3. 778 2	0. 051 9 *

Testing Global Null Hypothesis：BETA = 0

Test	Chi – Square	DF	Pr > ChiSP
Likelihood Ratio	33. 495 2	26	0. 148 2
Score	25. 575 0	26	0. 486 6
Wald	12. 276 9	26	0. 989 5

各变量解释

Cog_1	受访农民对农地净化空气功能的认识，非常重要 = 5，比较重要 = 4，一般 = 3，不重要 = 2，不清楚 = 1
Cog_2	受访农民对农地调节气候功能的认识，非常重要 = 5，比较重要 = 4，一般 = 3，不重要 = 2，不清楚 = 1
Cog_3	受访农民对农地涵养水源功能的认识，非常重要 = 5，比较重要 = 4，一般 = 3，不重要 = 2，不清楚 = 1
Cog_4	受访农民对农地调节洪水功能的认识，非常重要 = 5，比较重要 = 4，一般 = 3，不重要 = 2，不清楚 = 1
Cog_5	受访农民对农地保育土壤功能的认识，非常重要 = 5，比较重要 = 4，一般 = 3，不重要 = 2，不清楚 = 1
Cog_6	受访农民对农地维护生物多样性功能的认识，非常重要 = 5，比较重要 = 4，一般 = 3，不重要 = 2，不清楚 = 1
Cog_7	受访农民对农地废物降解功能的认识，非常重要 = 5，比较重要 = 4，一般 = 3，不重要 = 2，不清楚 = 1
Cog_8	受访农民对农地生活保障功能的认识，非常重要 = 5，比较重要 = 4，一般 = 3，不重要 = 2，不清楚 = 1
Cog_9	受访农民对农地社会稳定功能的认识，非常重要 = 5，比较重要 = 4，一般 = 3，不重要 = 2，不清楚 = 1
Cog_{10}	受访农民对农地粮食安全功能的认识，非常重要 = 5，比较重要 = 4，一般 = 3，不重要 = 2，不清楚 = 1

<table>
<tr><td colspan="2" align="center">各变量解释</td></tr>
<tr><td>Ant_1</td><td>受访农民对农地减少是否影响当前家庭生活的认识，会 =3，不会 =2，不清楚 =1</td></tr>
<tr><td>Ant_2</td><td>受访农民对农地减少是否影响家庭未来 30 年生活的认识，会 =3，不会 =2，不清楚 =1</td></tr>
<tr><td>Ant_3</td><td>受访农民对农地减少是否影响子孙后代生活的认识，会 =3，不会 =2，不清楚 =1</td></tr>
<tr><td>Age</td><td>受访农民的年龄，按实际年龄输入</td></tr>
<tr><td>Sex</td><td>受访农民的性别，男 =1，女 =0</td></tr>
<tr><td>Edu</td><td>受访农民的教育程度，小学及以下 =1，初中 =2，高中及以上 =3</td></tr>
<tr><td>Cad</td><td>受访农民是否村干部，是 =1，否 =0</td></tr>
<tr><td>Com</td><td>受访农民是否党员，是 =1，否 =0</td></tr>
<tr><td>Plu</td><td>受访农民是否兼业经营，是 =1，否 =0</td></tr>
<tr><td>$Land$</td><td>受访农民家庭耕作的土地面积，按实际面积输入</td></tr>
<tr><td>Pop</td><td>受访农民的家庭人口数，按实际人数输入</td></tr>
<tr><td>Eld</td><td>受访农民家庭成员中 60 岁以上的老年人口数，按实际人口数输入</td></tr>
<tr><td>Chi</td><td>受访农民家庭成员中未成年人口数，按实际人口数输入</td></tr>
<tr><td>Lab</td><td>受访农民家庭有劳动能力的人口数，按实际人口数输入</td></tr>
<tr><td>Inc</td><td>受访农民家庭 2004 年的家庭收入，按实际金额输入</td></tr>
<tr><td>Pro</td><td>受访农民家庭 2004 年农业收入占家庭年收入的比例</td></tr>
</table>

注：＊＊＊、＊＊和＊分别代表显著性水平为 1%、5% 和 10%

5.3.4.2 受访市民参与农地保护的意愿及影响因素

　　荆门地区受访市民有效样本 65 份，愿意保护农地的有 48 份，占样本的 73.85%。对受访市民参与意愿运用 Logistic 模型分析（表 5-20），通过显著性检验的指标有 15 项。回归分析表明，受访市民农地保护的参与意愿主要取决于受访者的环境意识及农地情节，取决于受访者对农地减少对给家庭当前、未来和后代生活所带来影响的预期，取决于受访者的性别、年龄、家庭月生活开支和月收入水平等社会经济特征。其中，与受访市民对农地保障国家粮食安全功能的认识呈显著的正相关关系，说明受访者对农地该项功能评价越高，参与保护的意愿也强烈；与受访居民对农地减少对家庭当前生活和子孙后代生活带来影响的预期呈正相关关系，表明受访居民保护农地的意愿主要是从规避农地减少对家庭当前生活的影响的角度出发，同时基于代际公平为后代保存农地资源；性别及年龄系数均为正值，表明城镇居民中男性的参与意愿高于女性，年龄越大对农地的感情愈深，保护农地的参与意愿也较强烈；分析表明，受访者的支付意愿与其家庭月生活开支呈正相关关系，然而却与家庭月收入水平呈负相关，主要原因在于受访者填报家庭收入时通常存在低报的情况，而对于生活开支水平则较准确，生活开支事实上在一定程度上反映了居民家庭的经济状况，说明经济条件好的对环境的偏好越强。难以理解的是，荆门市受访市民参与农地保护的响应意愿却与受访者对农地调节洪水、保育土壤、维护生物多样性、废物降解、社会稳定功能的评价呈负相关，与受访者对农地保护必要性的认识呈负相关，显然与预期不吻合。通过前文受访居民对农地外部效益的认识程度分析，发现原因可能在于受访市民对农地上述功能的评价整体水平是较高的，并且拒付样本的认知程度甚至高于响应样本，或响应样本中有部分受访者对农地上述功能存在不清楚或不理解的情况。

表 5-20　荆门市受访市民农地保护响应意愿的影响因素分析

Parameter	Estimate	Standard Error	Chi-Square	Pr > ChiSP
Intercept	764. 4	339. 5	5. 069 3	0. 024 4 **
Exi	− 73. 343 9	65. 778 0	1. 243 3	0. 264 8
Cog$_1$	− 10. 198 0	6. 828 6	2. 230 3	0. 135 3
Cog$_2$	9. 952 1	9. 473 6	1. 103 6	0. 293 5
Cog$_3$	− 7. 517 2	7. 693 5	0. 954 7	0. 328 5
Cog$_4$	− 26. 841 6	11. 816 1	5. 160 2	0. 023 1 **
Cog$_5$	− 19. 475 5	9. 797 8	3. 951 1	0. 046 8 **
Cog$_6$	− 14. 305 9	6. 458 7	4. 906 2	0. 026 8 **
Cog$_7$	− 15. 782 0	9. 260 4	2. 904 5	0. 088 3 *
Cog$_8$	2. 305 7	4. 115 7	0. 313 8	0. 575 3
Cog$_9$	− 51. 984 8	23. 124 9	5. 053 5	0. 024 6 **
Cog$_{10}$	23. 465 9	13. 366 7	3. 082 0	0. 079 2 *
Pro	− 35. 527 6	17. 843 7	3. 964 3	0. 046 5 **
Ant$_1$	30. 669 5	14. 440 3	4. 510 9	0. 033 7 **
Ant$_2$	− 65. 402 2	26. 574 4	6. 057 0	0. 013 9 **
Ant$_3$	29. 915 5	12. 307 4	5. 908 3	0. 015 1 **
Sex	63. 003 9	26. 790 9	5. 530 4	0. 018 7 **
Age	13. 917 0	6. 767 7	4. 228 7	0. 039 7 **
Pop	9. 657 4	6. 389 8	2. 284 2	0. 130 7
Lab	− 0. 058 6	0. 097 9	0. 357 8	0. 549 7
Exp	0. 039 9	0. 017 2	5. 398 4	0. 020 2 **
Edu	− 6. 939 3	7. 887 5	0. 774 0	0. 379 0
Occ	− 4. 145 5	4. 514 1	0. 843 4	0. 358 4
Inc	− 8. 859 7	5. 028 2	3. 104 6	0. 078 1 *
Emo	− 33. 742 6	13. 991 0	5. 816 5	0. 015 9 **

Testing Global Null Hypothesis：BETA = 0			
Test	Chi-Square	DF	Pr > ChiSP
Likelihood Ratio	72. 368 6	24	<0. 000 1
Score	28. 613 0	24	0. 235 0
Wald	8. 133 5	24	0. 998 9

各变量解释	
Exi	受访市民对农地非市场价值是否存在的认识，存在 =3，不存在 =2，不清楚 =0
Cog_1	受访市民对农地净化空气功能的认识，非常重要 =5，比较重要 =4，一般 =3，不重要 = 2，不清楚 =1
Cog_2	受访市民对农地调节气候功能的认识，非常重要 =5，比较重要 =4，一般 =3，不重要 = 2，不清楚 =1
Cog_3	受访市民对农地涵养水源功能的认识，非常重要 =5，比较重要 =4，一般 =3，不重要 = 2，不清楚 =1
Cog_4	受访市民对农地调节洪水功能的认识，非常重要 =5，比较重要 =4，一般 =3，不重要 = 2，不清楚 =1
Cog_5	受访市民对农地保育土壤功能的认识，非常重要 =5，比较重要 =4，一般 =3，不重要 = 2，不清楚 =1
Cog_6	受访市民对农地维护生物多样性功能的认识，非常重要 =5，比较重要 =4，一般 =3，不 重要 =2，不清楚 =1
Cog_7	受访市民对农地废物降解功能的认识，非常重要 =5，比较重要 =4，一般 =3，不重要 = 2，不清楚 =1
Cog_8	受访市民对农地生活保障功能的认识，非常重要 =5，比较重要 =4，一般 =3，不重要 = 2，不清楚 =1
Cog_9	受访市民对农地社会稳定功能的认识，非常重要 =5，比较重要 =4，一般 =3，不重要 = 2，不清楚 =1
Cog_{10}	受访农民对农地粮食安全功能的认识，非常重要 =5，比较重要 =4，一般 =3，不重要 = 2，不清楚 =1
Pro	受访市民认为当前是否需要加强农地保护，需要 =3，不需要 =2，不清楚 =1
Ant_1	受访市民对农地减少是否影响当前家庭生活的认识，会 =3，不会 =2，不清楚 =1
Ant_2	受访市民对农地减少是否影响未来 30 年的生活的认识，会 =3，不会 =2，不清楚 =1
Ant_3	受访市民对农地减少是否影响子孙后代的生活的认识，会 =3，不会 =2，不清楚 =1
Sex	受访农民的性别，男 =1，女 =0

	各变量解释
Age	受访市民的年龄，按年龄段赋值，18~25 岁=1，26~30 岁=2，31~35 岁=3，36~40 岁=4，41~45 岁=5，46~50 岁=6，51~55 岁=7，56~60 岁=8，61~65 岁=9，66~70 岁=10，70 岁以上=11
Pop	受访市民的家庭人口数，按实际人数输入
Lab	受访市民家庭参加工作的人口数，按实际人口数输入
Exp	受访市民家庭的月平均生活开支情况，按实际金额输入
Edu	受访市民的教育程度，文盲=1，小学=2，初中=3，高中=4，专科=5，本科=6，硕士=7，博士=8
Occ	受访市民的职业，公务员/公司领导=1，经理人员/中高层管理人员=2，教师/医务人员=3，私营企业家=4，专业技术人员=5，办事人员=6，工人/服务员/业务员=7，个体工商户=8，离岗/下岗/失业人员=9，退休人员=10
Inc	受访市民的家庭月收入状况，按收入段赋值，1000 元以下为1，1001~2000 元为2，2001~3000 元为3，3001~4000 元为4，4001~5000 元为5，5001~6000 元为6，6001~7000 元为7，7001~8000 元为8，8001~9000 元为9，9001~10000 元为10，10000 元以上为11
Emo	受访市民的农地情节，非常深厚=4，有一些感情=3，没有很深感情=2，没有感情=1

注：＊＊＊、＊＊和＊分别代表显著性水平为1%、5%和10%

5.3.5　受访居民参与农地保护的最高支付意愿

5.3.5.1　数据处理标准

调查结果表明，荆门地区受访居民选择以货币形式参与农地保护的有62户，占响应样本的32.63%；愿意以义务劳动方式参加农地保护活动的有128户，占67.37%。为此，在统计支付意愿数值时，需要将居民选择以义务劳动形式参与农地保护的支付意愿折成货币，折算标准按受访居民同期从事其他工作的日平均机会工资计算。调查结果显示，荆门地区居民日平均工资水平如表5-21所示。此外，为避免策略性偏差，为保证数据的真实、可靠性，剔除边缘投标，将居民家庭年均支付意愿大于家庭年收入10%以上的作为异常数据剔除。按上述处理标准，对调查数据进行了统计处理，分析荆门市受访居民对不同类型农地非市场价值的支付意愿。

表5-21　2005年荆门市受访居民日平均工资水平　　　　单位：元/天

受访居民	日平均工资	标准差	最高值	最低值
农　民	43.40	15.61	80	20
市　民	30.71	12.15	60	15

5.3.5.2 受访居民参与农地保护的最高支付意愿

（1）受访居民参与各类型农地保护的情况分析

荆门地区受访居民对耕地、园地、林地、水域等不同类型农地资源的保护情况如表 5-22 所示，对各类型农地的平均最高支付意愿如表 5-23 所示。各类型农地中，受访居民对耕地的保护率最高，其次是水域和林地，园地较低。其中，城镇居民对各类型农地保护的偏好意愿相差不大，而农村居民对耕地的保护意愿，无论是从参与率还是支付数额均明显高于其他类型用地。

表 5-22　荆门地区受访居民参与农地保护情况

受访群体	支付情况	水　田	旱　地	园　地	林　地	水　域
农　民	支付人数	141	122	91	95	112
	支付率/%	92.76	80.26	59.87	62.50	73.68
受访群体	支付情况	耕　地	园　地	林　地	水　域	
市　民	支付人数	48	46	48	48	
	支付率/%	73.85	70.77	73.85	73.85	

表 5-23　荆门居民对农地非市场价值的最高支付意愿

单位：元/户·年

受访群体	农地类型	平均支付意愿	标准差	最小值	最大值
农　民	水　田	198.41	154.40	3	460.65
	旱　地	147.36	133.68	3	460.65
	园　地	135.84	134.75	3	429.94
	林　地	140.44	137.07	3	460.65
	水　域	178.05	148.93	3	460.65
市　民	耕　地	215.59	174.82	3	564.20
	园　地	212.45	177.00	3	564.20
	林　地	208.05	177.31	3	564.20
	水　域	198.74	170.83	3	564.20

（2）受访居民参与各类型农地保护的最高支付意愿分析

荆门市现有人口 300.60 万人，857 304 户，其中农村家庭 605 953 户，城镇居民家庭 241 763 户。以上述受访居民家庭对农地资源非市场价值的支付率和户均支付意愿为参考，乘以荆门市当前居民家庭户数，我们便可以保守地估算出全市居民对不同类型农地资源非市场价值的保护意愿，结果如表 5-24 所示。

估算结果表明，从居民参与农地保护的支付意愿出发，荆门居民每年保护农地资源的支付意愿总额达 51 262.11 万元，折合单位公顷农地的非市场价值为 25 180元。不同类型农地中，园地的非市场价值最高，每公顷达到 197 247 元，与荆门地区园地的单位经济产值接近；水域和耕地的非市场价值其次，林地最低。各类型农地非市场价值的高低与资源禀赋相关，荆门地区林地资源面积最丰富，因此折算出的单位用地非市场价值最低；相反，园地面积最为稀缺，因而园地的非市场价值最高。

表 5-24　荆门市居民对各类农地非市场价值的支付意愿 （WTP）

农地类型	受访群体	平均支付意愿/（元/户·年）	支付率/%	户数/户	支付意愿价值/万元	支付意愿总价值/万元	面积/公顷	单位支付意愿价值/（元/公顷）	非市场价值/（元/公顷）
耕地	农民	198.41	92.76	605 953	11 152.27	22 168.13	388 108.69	571.18	25 386
		147.36	80.26		7 166.67				
	市民	215.59	73.85	241 763	3 849.19				
园地	农民	135.84	59.87	605 953	4 928.06	8 562.99	19 294.43	4 438.06	197 247
	市民	212.45	70.77	241 763	3 634.93				
林地	农民	140.44	62.50	605 953	5 318.75	9 033.32	390 568.85	231.29	10 279
	市民	208.05	73.85	241 763	3 714.57				
水域	农民	178.05	73.68	605 953	7 949.33	11 497.67	106 834.71	1 076.21	47 832
	市民	198.74	73.85	241 763	3 548.34				
农地合计	农民	—	—	605 953	36 515.09	51 262.11	904 806.68	566.55	25 180
	市民	—	—	241 763	14 747.02				

5.3.5.3　受访居民参与农地保护的支付数额高低的影响因素分析

理论上认为，居民对农地非市场价值的愿付数额（WTP）与受访者对农地非市场价值的认知程度、受访者的个人特征、家庭特征及相关的社会经济特性有关。诸如，受访者对农地各项生态及社会功能重要程度的理解，受访者认为农地减少对其家庭生活及子孙后代的影响，受访者的性别、年龄、职业、教育程度、支付方式，以及受访者家庭人口数、收入水平、受访者所属地区等因素都直接影响居民支付数额的大小。在实际应用中常选择支付意愿的对数正态分布作为被解释变量（张志强等，2002），因此居民对农地非市场价值的愿付数额可用函数表示：

$$\ln WTP_i = f\ (Cog_i,\ Ant_i,\ Per_i,\ Fam_i,\ Mod_i)$$

式中：WTP_i 表示为受访居民对农地保护的最高支付意愿；Cog_i 表示受访居民对农地非市场价值的理解程度；Ant_i 表示受访居民对农地减少对家庭生活的影响预期；Per_i 表示受访居民的个人特征，如性别、年龄、教育程度等；Fam_i 表示受访居民的家庭特征，如家庭人口数、60 岁以上老年人口、未成年人人口、参加工作人数等；Mod_i 表示受访者选择支付的方式，如捐钱的表示为 1，参加义务劳动的表示为 2。

因为农村居民和城市居民在家庭特征、受访者个人特征以及对农地非市场价值的理解方面有诸多的差异，为此分别对决定农民和市民愿付数额大小的因素进行分析。根据调查问卷设计的内容，将受访者对农地各项生态及社会功能的理解程度，受访者认为农地减少对其家庭生活当前、未来 30 年、子孙后代的影响预期，以及受访者的性别、年龄、教育程度、支付方式，以及受访者家庭的人口数等 24 个指标列入筛选范围。运用 SAS 统计软件进行逐步回归，最终通过显著性检验的指标有 2 个，回归结果如表 5-25 所示。

表 5-25　荆门受访农民农地保护支付意愿数额大小的影响因素回归分析

Variable	Parameter Estimate	Std. Error	F Value	Pr > F
Intercept	7.573 1	0.771 5	96.36	< 0.000 1***
Cog_2	−0.169 2	0.101 5	2.78	0.097 7*
Ant_1	−0.370 2	0.244 1	2.30	0.131 8*

Analysis of Variance

Source	DF	Sum of Squares	Mean Square	F Value	Pr > F
Model	2	10.339 5	5.169 7	2.82	0.063 3
Error	135	247.779 1	1.835 4		
Corrected Total	137	258.118 5			

指标含义及解释

Cog_2	受访农民对农地调节气候功能的认识，不清楚 = 1，不重要 = 2，一般 = 3，比较重要 = 4，非常重要 = 5
Ant_1	受访农民对农地减少是否影响当前家庭生活的认识，会 = 3　不会 = 2　不清楚 = 1

注：***、** 和 * 分别代表显著性水平为 1%、5% 和 15%

回归分析表明，影响荆门受访农户对农地非市场价值支付数额的影响因素主要取决于受访居民的环境意识。其中，与受访农民对农地调节气候功能的评价及对农地减少是否会影响到家庭当前生活的预期呈负相关关系，与预期均不吻合，原因可能在于受访农民普遍认为农地调节气候功能重要，并且 84.87% 的受访者认为农地减少会影响到其家庭当前的生活，但也有一部分表示不清楚或不会，而这部分受访者因其他原因也愿意参与农地保护，并且以义务劳动方式参与农地保护，因此出现与预期不吻合的情况。

同理，分析影响城市居民对非市场价值支付数额大小的决定性因素，同样从受访市民对农地非市场价值的支付方式、认知程度、受访市民个人特征、家庭特征、农地情节等 26 个指标进行筛选。最后通过 SAS 统计软件分析，将显著性水平较高的决定性因素筛选出来。逐步回归分析结果如表 5-26 所示。

表 5-26　荆门受访市民农地保护支付意愿数额大小的影响因素回归分析

Variable	Parameter Estimate	Std. Error	F Value	Pr > F
Intercept	5. 127 0	1. 166 7	19. 31	< 0. 000 1 * * *
Mod	1. 496 8	0. 298 1	25. 21	< 0. 000 1 * * *
Cog_9	− 0. 456 1	0. 214 9	4. 50	0. 039 6 * *
Age	0. 191 9	0. 082 4	5. 42	0. 024 6 * *

Analysis of Variance

Source	DF	Sum of Squares	Mean Square	F Value	Pr > F
Model	3	34. 905 2	11. 635 1	12. 58	< 0. 000 1
Error	43	39. 755 4	0. 924 5		
Corrected Total	46	74. 660 6			

指标含义及解释

Mod	支付方式，捐钱 = 1，义务劳动 = 2
Cog_9	受访市民对农地社会稳定功能的认识，不清楚 = 1，不重要 = 2，一般 = 3，比较重要 = 4，非常重要 = 5
Age	受访市民的年龄，按年龄段赋值，18 ~ 25 岁 = 1，26 ~ 30 岁 = 2，31 ~ 35 岁 = 3，36 ~ 40 岁 = 4，41 ~ 45 岁 = 5，46 ~ 50 岁 = 6，51 ~ 55 岁 = 7，56 ~ 60 岁 = 8，61 ~ 65 岁 = 9，66 ~ 70 岁 = 10，70 岁以上 = 11

注：＊＊＊、＊＊和＊分别代表显著性水平为 1%、5% 和 10%

分析结果表明，荆门地区受访市民支付数额高低除受支付工具影响外，还与受访市民的年龄及其对农地保证社会稳定功能的评价相关。其中，与受访者的年龄呈显著的正相关关系，说明荆门地区受访市民年龄越大的支付意愿越高，原因在于荆门地区受访城镇居民年龄均在 18 ~ 60 岁，这部分受访者均有工作能力，为此年龄越大的居民其家庭经济能力相对稍强，保护意愿较高；而支付数额与受访居民对农地保证社会稳定功能的认识呈负相关关系，这与预期不吻合，原因可能在于荆门地区受访市民的样本数太少，且绝大多数的受访市民均认为农地保证社会稳定的功能重要。

5.3.6　受访居民参与农地保护的最低接受意愿

5.3.6.1　受访农户对农地保护的最低接受意愿

假设农户作为农地保护的执行主体，接受政府保护农地的委托，保护农地资源的各种外部效益，改善农地的环境品质，监管农地的数量变化，并接受一定数额的补偿。调查询问受访农民认为农地保护要达到预期效果，单位土地最低需要额外投入多少工时，并折合成货币价值。荆门地区受访农民的最低接受意愿如表5-27所示。其中，耕地资源非市场价值的估算结果与从受访居民参与农地保护意愿所估算的结果较为接近。

表5-27　荆门农户对农地资源非市场价值的最低接受意愿

单位：元/公顷

农地类型	平均受偿意愿	标准差	还原率/%	非市场价值
水　田	537.69	417.73		23 897
旱　地	398.27	363.90		17 701
果　园	365.81	351.19	2.25	16 258
林　地	429.30	497.04		19 080
水　域	534.16	484.87		23 740

5.3.6.2　受访市民家庭对农地环境损失的最低接受意愿

近年来，随着经济建设及城市化进程的推进，大量农地转化为非农用地，一方面推动了地方经济的发展，缓解了居民住宅、交通道路紧张的局势，但也由此导致农地所附带的各种外部效益消失或受到不同程度的损失。在此现实状况下，假设为了在农地保护和经济增长之间探寻一个较为合理的均衡点，在目前的经济状况下，让城市受访居民在经济偏好和农地环境之间做出选择，以此估算农地资源的非市场价值，调查结果如表5-28所示。

表5-28　荆门城市居民对农地非市场价值的受偿意愿

单位：元/户·年

农地类型	平均受偿意愿	标准差	最小值	最大值
耕　地	750.80	1 798.64	3	10 000
果　园	732.78	1 751.64	3	10 000
林　地	988.40	2 410.23	3	10 000
水　域	1 193.51	2 676.42	3	10 000

由于城市居民仅仅是作为农地外部效益的受益者或者说是农地保护效益的间接受益者，与农地没有直接的关系，为此城市居民对农地受偿意愿的落实不能够像农户一样以单位土地为计算单位，仅能是按家庭为单位每年接受农地损失所带来的赔偿。因此，从城市居民受偿的角度所考虑的农地非市场价值（WTA）与农民有所差异，农地非市场价值的大小需要根据我们调查出来的城市居民户均的受偿意愿按城市居民户数求出一个总的受偿价值，再折算到单位农地面积上。用公式表示为：

$$农地非市场价值（WTA）= \frac{农地的单位平均受偿价值}{还原率}$$

其中

$$农地的单位受偿价值 = \frac{城市居民户均年受偿意愿 \times 研究区居民户数}{农地面积}$$

按上述公式计算出从城市居民受偿意愿考虑的农地非市场价值如表5-29所示。

表5-29　荆门市农地非市场价值的测算结果

农地类型	平均受偿意愿/元	家庭户数/户	受偿总价值/万元	农地面积/公顷	农地受偿价值/（元/公顷）	农地非市场价值/（万元/公顷）
耕　地	750.80		18 151.57	388 108.69	467.69	2.08
园　地	732.78	241 763	17 715.91	19 294.43	9 181.88	40.81
林　地	988.40		23 895.85	390 568.85	611.82	2.72
水　域	1 193.51		28 854.66	106 834.71	2 700.87	12.00

注：还原率同前，采用2.25%

5.4　荆门市农地资源价值估算

5.4.1　荆门市农地资源总价值

综上估算结果，荆门地区现有农地资源的总价值如表5-30所示。荆门市耕地、园地、林地及部分水域用地的非市场价值达218.72亿元。其中，园地资源的保护效益每公顷达393 380元，市场价值和非市场价值分别占园地资源价值的50%，具有同等重要的地位；耕地资源的保护效益约1332.81亿元，其中非市场价值占7.40%。

表5-30　荆门地区农地资源总价值估算

农地类型	面积/公顷	市场价值		非市场价值		总价值	
		单价/（元/公顷）	总价值/亿元	单价/（元/公顷）	总价值/亿元	单价/（元/公顷）	总价值/亿元
水　田	265 263.61	380 305	1 008.81	25 386	67.34	405 691	1 076.15
旱　地	122 845.07	183 543	225.47	25 386	31.19	208 929	256.66
园　地	19 294.43	196 133	37.84	197 247	38.06	393 380	75.90
林　地	390 568.85	—		10 279	40.15	10 279	—
水　域	70 660.07	541 778	382.82	47 832	33.80	589 610	416.62
合　计	868 632.03	—		25 180	218.72	—	—

5.4.2 荆门市 1999~2003 年农地价值变化

1999~2003 年荆门市农地景观变化所引起的价值变动如表 5-31 所示。近年来共减少耕地面积 7441.89 公顷，价值损失达 18.11 亿元，其中耕地资源非市场价值流失 1.89 亿元；因农业结构调整及生态退耕政策的影响，园地、林地面积增加，此二项用地的非市场价值净增加 1.01 亿元。整体上，1999~2003 年农地资源非市场价值损失 1.01 亿元。

表 5-31　1999~2003 年荆门地区农地资源价值变化

农地类型	变化面积/公顷	市场价值损失		非市场价值损失		总价值损失	
		单价/（元/公顷）	总价值/亿元	单价/（元/公顷）	总价值/亿元	单价/（元/公顷）	总价值/亿元
水　田	-1 304.95	380 305	-4.96	25 386	-0.33	405 691	-5.29
旱　地	-6 136.94	183 543	-11.26	25 386	-1.56	208 929	-12.82
园　地	8.99	196 133	0.02	197 247	0.02	393 380	0.04
林　地	9 652.67	—	—	10 279	0.99	—	0.99
水　域	-265.33	541 778	-1.44	47 832	-0.13	589 610	-1.57
合　计	—	—	-17.65	25 180	-1.01	—	-18.65

第6章
鄂西山地农地生态与农地价值关系
研究——以宜昌市为例

宜昌位于湖北省西部，北纬 29°56′~31°34′，东经 110°15′~112°04′。地势自西向东逐级下降，海拔最高点 2427 米，最低点 35 米。宜昌市辖远安、兴山、秭归、长阳、五峰 5 县，宜都、当阳、枝江 3 个县级市和西陵、伍家、点军、猇亭、夷陵 5 区，总面积 21 227 平方公里。

6.1　宜昌市农地生态特征及景观变化

6.1.1　宜昌市农地资源现状

2003 年宜昌市各类农地面积 1 850 675.87 公顷，占全市土地面积的 87.19%。其中，林地面积 1 276 836.09 公顷，占农地面积的 68.99%；耕地面积 359 394.35 公顷，占农地面积的 19.42%；园地面积 86 531.88 公顷，占农地面积的 4.68%。

宜昌耕地资源主要集中分布在当阳市、夷陵区、枝江市、长阳土家族自治县、秭归县等地，全市人均耕地 0.0907 公顷，低于全国人均水平 0.0953 公顷。其中，灌溉水田 120 537.03 公顷，占 33.54%；望天田 12 655.85 公顷，占 3.52%；水浇地 14 531.67 公顷，占 4.04%；旱地 201 051.5 公顷，占 55.94%；菜地 10 618.3 公顷，占 2.95%。旱地主要分布在长阳土家族自治县、夷陵区、五峰土家族自治县、秭归县、兴山县和当阳市；灌溉水田集中分布在当阳市、枝江市、夷陵区和宜都市，其中当阳和枝江两市的灌溉水田占宜昌地区灌溉水田的 59.20%。2001 年宜昌西部大调查土地资源调查评价结果表明（宜昌市国土资源局，2006），全市坡度 0°~5°的耕地面积占总耕地面积的 63.29%；坡度 15°~25°的耕地占耕地面积的 20.80%；坡度 25°以上的耕地占耕地面积的 15.91%。

宜昌园地以果园和茶园为主。现有果园面积 60 510.51 公顷，占园地面积的 69.93%；茶园面积 23 533.32 公顷，占 27.20%。园地集中分布夷陵区、枝江市、秭归县、宜都市、长阳土家族自治县和点军区，其中夷陵区园地占全市的 21.62%。

林地以有林地和灌木林地为主，其中有林地面积 1 002 918.1 公顷，占林地面积的 78.55%；灌木林地面积 191 651.65 公顷，占林地面积的 15.01%。林地主要分布在长阳土家族自治县、五峰土家族自治县、夷陵区、兴山县、远安县和秭归县。

6.1.2 宜昌市农地自然生态特征

6.1.2.1 地势起伏悬殊，以山地、丘陵为主

宜昌市处在云贵高原和渝东大巴山向江汉平原的过渡地带，地形复杂，高低相差悬殊。地势自西北向东南倾斜，形成高山、丘陵和平原基本地貌类型，特征为"七山二丘一平"。高山、次高山占总面积的 67.64%，主要分布在兴山、秭归、长阳、五峰和夷陵区的西部；丘陵占 22.56%，主要分布在夷陵区东部和当阳、远安、枝江等县市及沿长江、清江、沮漳河流域谷地两侧；平原占总面积的 9.8%，集中在境内东部的枝江、当阳、城区、宜都市的沿江两岸。

6.1.2.2 雨热同季，适合发展农业和林特产品

宜昌市气候属亚热带季风气候，处于中亚热带和亚热带交汇地带，受地貌条件的影响，形成春早、夏温、秋迟、冬暖，秋温高于春温、春雨多于秋雨、夏季降雨集中，雨热同季的气候特征，适合农业和林特产品的发展。年平均气温在 13.1~18℃，年降水量 960~1600 毫米，年日照时数 1542~1904 小时，大部分区域无霜期 256~310 天。境内积温高，相对湿度大，成为常绿区热带柑橘、茶叶等作物的最佳生长地带。

6.1.2.3 土壤类型呈明显的垂直地带分布规律

由于地形、成土母质、气候、植被的差异，宜昌市土壤具有明显的垂直带谱和多种土壤类型。黄棕壤、山地棕壤分布面积广大，兼有部分水稻土、石灰石土和潮土。宜昌地区植被主要为落叶阔叶林和常绿阔叶混交林，垂直带谱复杂，天然植物种类繁多。

6.1.2.4 以粮食作物为主，经济作物具有比较优势

根据实地调查显示，宜昌水田主要种植中稻，其种植制度主要为中稻—小麦或者中稻—油菜。旱地主要种植玉米，兼种马铃薯、红薯、芝麻、花生等。在秭归县、长阳土家族自治县和夷陵区，旱田中间或四围间种茶叶或柑橘等经济作物。

6.1.3 宜昌市农地生态系统能值分析

宜昌市农地生态系统的能值投入产出情况见表6-1，主要的能值指标见表6-2。2003 年宜昌市农地生态系统的能值总投入为 87.44×10^{20} 太阳能焦耳，农业产出总能值达 1100.64×10^{20} 太阳能焦耳，能值产出率为 16.33，其中净能值产出率为 17.68，说明宜昌市农地生产系统具有较高的能值利用效率，生产成本较低。从能值投入结构分析，环境资源和人工辅助能投入分别占农地生产系统能值投入的29%和71%。环境资源在农业生产的贡献很大，明显高于武汉市、江汉平原、荆门及湖北省的环境资源比率。其中，可更新的环境资源年投入量达 18.07×10^{20} 太阳能焦耳，占无偿环境资源投入的71.71%；宜昌地处山区，坡耕地面积比例较大，加之长期以来的陡坡开垦，水土流失相对严重，以表土流失为主的不可更新环境资源占环境资源投入的28.29%，占系统能值投入的8.15%，明显高于江汉平原、武汉市、荆门市的相关指标，说明宜昌市农业生态系统对不可更新环境资源的无效损失率较高，农田生态环境敏感，应加强水土保持，继续实施退耕还林和农业结构调整政策。同时，因可更新环境资源和环境资源在农业投入中的贡献度较高，因此宜昌市农地生态系统的环境承载力及能值投入率指标明显低于武汉市、江汉平原等其他典型研究区，说明宜昌市农业生产对自然资源的利用较多，农业经济发展水平较低，仍处于自然投入为主的粗放化阶段。在表土流失的同时，为较直接地增加经济产出，近年来加大对化肥的投入，2003 年化肥投入占工业辅助能投入的59.22%，相当同期表土流失能值投入的 2.62 倍。此外，宜昌地处山区，耕地地块零散、破碎化程度高，不适宜机械作业，因而人力及畜力仍是农业生产投入的主要部分。园果业、畜牧业是宜昌市农地生产系统能值产出的主导部分，分别占系统能值产出的45.57%和38.84%，农作物生产、渔业及林业则处于相对薄弱的环节。

表 6-1　宜昌市农地生态经济系统能值投入产出（2003 年）

项　目		原始数据	能值转换率/（太阳能焦耳/焦耳或太阳能焦耳/克）	太阳能值/10^{20} 太阳能焦耳
可更新环境资源	太阳能	7.75×10^{19}	1	0.78
	雨水势能	1.63×10^{17}	8 888	14.49
	雨水化学能	1.17×10^{17}	15 444	18.07
	小计*	—	—	18.07
区内不可更新资源	表土流失	1.14×10^{16}	6.25×10^4	7.13
不可更新工业辅助能	电　力	1.21×10^{15}	1.59×10^5	1.92
	氮　肥	12.61×10^{10} g	4.62×10^9	5.83
	磷　肥	6.21×10^{10} g	1.78×10^{10}	11.05

项 目		原始数据	能值转换率/（太阳能焦耳/焦耳或太阳能焦耳/克）	太阳能值/10^{20}太阳能焦耳
不可更新工业辅助能	钾 肥	1.66×10^{10} g	2.96×10^9	0.49
	复合肥	4.84×10^{10} g	2.80×10^9	1.36
	农 药	1.86×10^{10} g	1.60×10^9	0.3
	塑 料	0.80×10^{10} g	3.80×10^8	0.03
	机械动力	1.42×10^{13}	7.50×10^7	10.65
	小 计	—	—	31.63
可更新有机能	人 力	2.07×10^{15}	3.80×10^5	7.87
	畜 力	1.53×10^{16}	1.46×10^5	22.3
	有机肥	18.65×10^{11} g	2.70×10^4	0.000 5
	种 子	6.64×10^{14}	6.60×10^4	0.44
	小 计			30.61
系统总能量投入				87.44
能值产出	种植业	E_{mY1}		503.81
	林 业	E_{mY2}		55.33
	畜牧业	E_{mY3}		427.50
	渔 业	E_{mY4}		114.00
	总能值产出	$E_{mY} = E_{mY1} + E_{mY2} + E_{mY3} + E_{mY4}$		1 100.64

注：表内数据根据《湖北省农村统计年鉴 2004》的相关数据计算得到，其中能值转换率参考相关文献（蓝盛芳等，2002），能量折算标准参考相关文献（严茂超等，2001）

表 6-2　宜昌市农地生态系统能值指标体系

能值评价指标	表达式	数 值
环境资源比率	E_{mI} / E_{mT}	0.29
工业辅助能比率	E_{mF} / E_{mT}	0.36
有机辅助能比率	E_{mR1} / E_{mT}	0.35
购买能值比率	E_{mU} / E_{mT}	0.71
净能值产出率	E_{mY} / E_{mU}	17.68
能值投入率	E_{mU} / E_{mI}	2.46
环境负荷力	$(E_{mU} + E_{mN}) / E_{mR}$	3.84
系统优势度	$\sum (E_{mYi} / E_{mY})^2$	0.373 6
系统稳定性	$\sum [(E_{mYi} / E_{mY}) LN (E_{mYi} / E_{mY})]$	1.110 2

6.1.4　宜昌市农地景观变化

分析宜农地景观格局及其变化，有利于揭示宜昌地区农地的生态状况，了解该地区的土地利用动态变化，揭示土地利用和景观变化导致的生态环境问题，为地区农地资源的合理利用提供科学依据。近年来，因人类活动干扰强度的加大，尤其是受生态退耕、农业结构调整政策和经济建设的影响，宜昌市土地利用变化明显。1996～2003年宜昌市土地利用变化情况如图6-1所示。随着城市化进程的加快，居民点及工矿用地、交通用地、水利设施用地呈增加趋势。1996～2003年增加各类建设用地面积3747.21公顷，以居民点及工矿用地的扩张为主，占建设用地增加总量的68.97%。受农业结构调整及退耕还林政策的影响，经济效益显著的园地面积增加，生态效益明显的林地也呈现增加趋势。耕地资源作为土地转换的主体和核心部分，近年来减少趋势明显，1996～2003年宜昌地区共计减少耕地面积26 432.25公顷。其中，宜昌地区耕地资源以旱地为主，旱地面积减少 20 194.06 公顷，占耕地净减少面积的76.40%。建设扩张占用农田的同时，人类也在不断地加大对荒草地、裸土地等未利用土地的开发力度。1996～2003年宜昌地区未利用地减少1926.17公顷。可见，近年来宜昌地区农地景观变化主要呈现以下的利用趋势：一方面，受经济建设和农业结构调整的影响，农田面积在不断地减少；另一方面，人们也开始意识到生态环境管护的重要性，加大了退耕还林的力度。

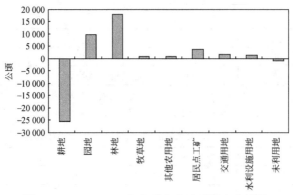

图6-1　1996～2003年宜昌市土地利用变化情况

6.2　宜昌地区农地生态与农地市场价值研究

6.2.1　宜昌地区农地资源市场价值估算

6.2.1.1　调查范围

依据宜昌市地貌特征和农地分布状况，选择夷陵区、秭归县和长阳土家族自治县作为调查区域。夷陵区东南部的鸦鹊岭、龙泉、小溪塔、分乡、黄花等乡镇海拔在500米以下，处于山地向平原的过渡地带，是粮食、油料、水果的集中产区。西陵峡谷区内的三斗坪、太平溪、乐天溪镇地处长江西陵峡，盛产柑橘、茶叶。北部及西北部的樟村坪、雾渡河、下堡坪、邓村等乡镇，海拔高度一般在 800 米以上，是典型的山区。在夷陵区各乡镇随机抽取小溪塔镇的官庄村和杨家院村作为丘陵样本地区，随机抽取邓村乡竹林湾村作为山地主要样本地区。长阳境内群山巍峨，山脉呈近东西走向，地势自西向东呈阶梯状逐级下降。山地是长阳地形的主体。同样随机选择龙舟坪镇三渔冲村和两河口村作为山地样本地区。秭归县为川东褶皱及鄂西八面山坳会合地带，地势西南高、东北低，东段为黄陵背斜，形成"八山半水一分半田"的格局。随机选择茅坪镇杨贵店村、周坪乡周坪村以及九畹堂村进行抽样调查。此次共调查 180 户农民，详细了解受访农民家庭 2004 年经营水田、旱地、园地的基本情况，包括生产成本、经济产出、农产品价格、农业税费、补贴、土地面积、种植结构等经济资料，分析不同类型农地的平均经济产出。

6.2.1.2　样本特征统计

180 位受访农民，剔除重要信息缺失或因土地流转、生态退耕已脱离农业经营的样本，可供分析的有效样本有 147 户，占调查样本的 81.67%。147 户样本农户户均耕种土地 0.2273 公顷，以经营旱地和园地或水田和部分园地为主。其中，水田经营样本有 64 户，户均面积 0.0847 公顷；耕作旱地的家庭有 112 户，占调查样本的 76.19%；果农有 55 户，户均经营园地 0.2007 公顷。宜昌山区水田稀少，受访农户经营的水田，少的仅有 0.02 公顷，最多的也只有 0.2133 公顷。水田以种植中稻为主，以满足自家的口粮需求。旱地是宜昌地区农地的主要类型，受访的 147 户农民旱地主要种植玉米、红苕、油菜等经济作物。受访农户经营的园地，多以柑橘园和茶园为主。

6.2.1.3　关于部分缺失数据的处理

1）调查时受访农户的经营成本里仅仅考虑的是化肥、农药、种子等物质资料的投入，没有包括农户的人工劳动力在内。因此，在计算农地经济产出时，人工成本按全省各类型的农地经营的平均人工成本替代。宜昌市调查区域水田主要种植水稻，旱地作物主要为露天玉米，园地主要种植柑橘和茶叶。据《2004 年湖北省农村统计年鉴》，水田的劳动力成本为 2719.65 元/公顷，旱地为 2519.25 元/公顷，园地取绿茶和柑橘劳动力成本的均值，为 5221.80 元/公顷。

2）调查发现，同一个村庄的受访农民对农业税费和农业补贴的单位发放情况反映不一，为此数据统计时对同一生产队的农业税费和农业补贴按均值进行处理。长阳县龙舟坪镇三渔冲村的每 0.0667 公顷的平均税费为 39.66 元，长阳县龙舟坪镇两河口村的土地均税费为 30 元，夷陵区小溪塔镇官庄和杨家院村 0.0667 公顷平均税费 48.13 元，夷陵区邓村乡竹林湾村水田 0.0667 公顷税费 30 元、旱地平均税费 40 元，秭归县茅坪镇杨贵店村水田 0.0667 公顷平均税费为

51. 67 元，旱地税费 35 元。秭归县周坪乡九畹堂村旱地平均税费 44 元，秭归县周坪乡仙女村按照 0.0667 公顷平均税费 28 元，秭归县周坪乡周坪村水田均值税费 68.28 元、旱地 0.0667 公顷平均税费 68.89 元。

6.2.1.4 宜昌市农地资源市场价值的估算

（1）农地年纯收益计算

通过对受访农户的农地经济产出资料进行统计，2004 年宜昌地区水田、旱地和园地的年纯收益情况如表 6-3 所示。

表 6-3　宜昌地区农地年纯收益　　　　　单位：元/公顷

农地类型 \ 指标		生产成本	人工成本	税　费	产　值	补　贴	纯收入
水　田	均值	3 257.07	2 719.65	694.5	9 788.28	225	3 342.06
	标准差	1 181.56	—	431.7	2 305.47	—	1 874.61
旱　地	均值	3 172.48	2 519.25	678.6	9 441.18	172.2	3 243.05
	标准差	1 784.98	—	384.9	3 762.45	255.15	3 000.33
园　地	均值	12 236.84	5 221.80	2 803.8	41 716.97	—	21 454.53
	标准差	15 985.24	—	2 203.65	21 917.86	—	19 152.36

（2）土地还原率确定

同前，土地还原率按 2.25% 计算。

（3）农地市场价值估算

按上述数据，可估算出宜昌地区农地的经济产出价值，如表 6-4 所示。

表 6-4　宜昌农地市场价值估算结果　　　　　单位：元/公顷

项　目		水　田	旱　地	园　地
平均纯收益		3 342.06	3 243.05	21 454.53
$t_{1-0.5\alpha}\dfrac{S^*}{\sqrt{n}}$		482.45	571.18	6 089.57
还原率/%			2.25	
农地市场价值	最低价	127 094	118 750	682 887
	平均价	148 536	144 136	953 535
	最高价	169 978	169 521	1 224 182

6.2.2　宜昌市农地生态与农地市场价值关系

6.2.2.1　种植结构对农地投入产出的影响

众所周知，不同地区农地受气候、土壤、水文、地形条件等影响，光温生产潜力存在明显的地域差异。但在同一个微观区域内，气候、土壤、地形等自然条件差异相对不明显，难以通过对光、温、水、肥生产潜力的比较来探寻影响农地经济产出的主要因子。宜昌地区农地经济产出和生态特征的关系分析，通过对受访农户的经济资料进行比较分析，结果表明区域内农地经济产出或市场价值差异的影响主要受农民家庭的农业种植结构、种植方式等因素的影响。旱地作为宜昌地区主要的耕地类型，通过对 112 户旱地经营家庭的种植结构、种植方式、作物类型等与旱地的单位生产投入、经济产出、净产值进行回归分析，结果如表 6-5 所示。以 X_1 代表农户家庭经营旱地所种植的作物类型，分别用 1、2、3、4、5 代表其家庭旱地所种植的作物数量，如 1 表示只种植一种作物，2 表示种植二种作物，如红薯和玉米，玉米和油菜等。以 X_2 表示其种植方式，其中 1 表示散作，2 表示单作，3 表示套作，4 表示轮作，5 表示轮作兼有部分套作。其中，散作是指农户对其家庭的旱地依生活需要零星种植，如农户家庭拥有 0.133 3 公顷旱地，种植玉米 0.033 3 公顷，红薯 0.066 7 公顷、油菜 0.033 3 公顷；单作是指农户只经营一种作物，并且只种一茬的方式；套作是指农户经营某种作物时，套种其他作物，如种玉米时套种红薯或土豆；轮作是指如种完油菜后种花生，或种完花生后种红薯。X_3 表示复种指数，Y_1 表示农户单位旱地的生产投入，Y_2 表示农户单位旱地的经济产出，Y_3 表示单位旱地的净产值。结果表明，单位旱地的生产投入、经济产出、净产值与农户的经营方式、种植结构、经营作物种类显著相关。其中，生产投入与复种指数和种植方式呈显著的正相关关系，表明复种指数越高，种植的方式越复杂，单位土地的生产投入越高；单位旱地的经济产出与作物种植类型、种植结构和复种指数相关，其中与种植作物种类和种植结构呈正相关关系，表明多种经营的土地经济产出要高于经营方式单一的，但与复种指数呈负相关关系，说明地力有限，土地的经济产出与经营管理和投入相关，粗放经营并不能带来高的经济产出；扣除生产投入后的单位土地净产值主要与农户的种植方式成正相关，表明在同等条件下，科学的种植方式和经营管理能够相对提高土地的净产值。

表 6-5　宜昌地区旱地投入产出的主要影响因素

	Variable	Parameter Estimate	Standard Error	T Value	Pr > T
单位投入 Y_1	Intercept	119.43	32.190 7	3.71	0.000 3 ***
	X_1	19.74	10.094 4	1.96	0.053 4 **
	X_2	2.63	0.406 8	6.46	<0.000 1 ***
	$R^2 = 0.737\ 9$ adjusted $R^2 = 0.7248$, $F = 17.95$, observed significance level $< 0.000\ 1$				
单位产值 Y_2	Variable	Parameter Estimate	Standard Error	T Value	Pr > T
	Intercept	359.50	64.864 5	5.54	<0.000 1 ***
	X_1	51.29	28.837 2	1.78	0.078 4 *

	Variable	Parameter Estimate	Standard Error	T Value	Pr > T
单位产值 Y_2	X_2	63.00	20.3402	3.10	0.0025 ***
	X_3	-3.63	0.8198	-4.43	<0.0001 ***
	$R^2 = 0.3150$ adjusted $R^2 = 0.2945$, $F = 15.33$, observed significance leve <0.0001				
	Variable	Parameter Estimate	Standard Error	T Value	Pr > T
单位净收益 Y_3	Intercept	280.0187	42.1418	6.64	<0.0001 ***
	X_3	48.6003	13.9955	3.47	0.0008 ***
	$R^2 = 0.1048$ adjusted $R^2 = 0.0961$, $F = 12.06$, observed significance leve = 0.0008				

注：***、**和*分别代表显著性水平为1%、5%和10%

6.2.2.2 不同类型农地在经营规模与经济收益之间有显著的差异性

宜昌夷陵区、秭归县和长阳土家族自治县三个调查区域地处山区，地貌类型复杂，农田稀缺。受访农户户均土地面积0.2153公顷，其中家庭拥有土地面积在0.2667公顷以上的，仅占样本农户的28.38%。农户多以经营旱地和柑橘为主，水田零星。以拥有水田和旱地的样本进行分别统计，旱地经营农户户均种植面积0.1553公顷，水田的样本农户户均耕作面积0.0833公顷，且地块分散、破碎、不规整，土地难以统一经营或管理。为此，回归分析也表明，水田和旱地的土地经营规模与其经济产出和净产值之间关系不显著。而据对家庭经营园地，并已经挂果两年以上的43个样本果农的经营资料进行分析，结果表明宜昌地区易于规模经营或相对成片经营的柑橘园地的单位经济投入、经济产出、净产值与园地经营规模呈显著的正相关关系（表6-6）。表明家庭柑橘园地面积较大的，利于经营管理，单位土地的生产投入、经济产出、净产值要明显高于经营规模小的农户。

表6-6 宜昌43个样本果农单位土地生产投入和经济产出与土地规模的关系分析

	Variable	Parameter Estimate	Standard Error	T Value	Pr > T
单位投入	Intercept	406.3278	119.3305	3.41	0.0015 ***
	园地面积	62.3327	31.7134	1.97	0.0562 **
	$R^2 = 0.0861$ adjusted $R^2 = 0.0638$, $F = 3.86$, observed significance leve = 0.0562				
单位产值	Intercept	1 662.7021	369.4251	4.50	<0.0001 ***
	园地面积	261.3110	98.1788	2.66	0.0111 ***
	$R^2 = 0.1473$ adjusted $R^2 = 0.1265$, $F = 7.08$, observed significance leve = 0.0111				
单位净产值	Intercept	1 269.5630	299.4589	4.24	0.0001 ***
	园地面积	179.9525	79.5845	2.26	0.0291 **
	$R^2 = 0.1109$ adjusted $R^2 = 0.0892$, $F = 5.11$, observed significance leve = 0.0291				

注：***、**和*分别代表显著性水平为1%、5%和10%

6.2.2.3　宜昌地区不同类型农地经济产出差异明显

农地生态特征的差异主要体现在农地类型上，从估算的农地市场价值可以直接反映出不同类型农地的经济差异。如图 6-2 所示，宜昌地区不同类型农地经济产出差异明显。宜昌地区水田和旱地的经济产出相当，仅略优于旱地，主要原因在于宜昌山区水田稀少，地块零散，缺乏资源优势。并且，宜昌地区可供耕作的农地数量有限，地块分散，形状不规整，因而耕地的规模效益并不突出。同时，受地貌特征的限制，宜昌地区农田耕作主要依靠人力以及畜力，且地块分散、不规整，田块难以进行机械化作业及规模经营，制约了农地经济产出的进一步提高。而劳力密集型的果园地相对于土地密度型的农田有比较优势，其经济产出明显高于水田和旱地，主要原因在于宜昌地区气候适宜发展园果业，并且园地相对集中连片，易于经营管理。

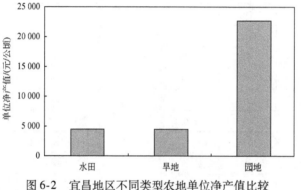

图 6-2　宜昌地区不同类型农地单位净产值比较

6.3　宜昌市农地生态与农地非市场价值研究

6.3.1　调查范围

依据宜昌市地貌特征和农地资源的分布状况，选择夷陵区、秭归县和长阳土家族自治县作为调查区域，受访农民和城镇居民的样本均在调查区域内随机抽取。三个调查区内随机抽样调查问卷 250 份（表 6-7），有效问卷占 96.80%。其中，样本农户可供分析的有效样本有 173 份；调查城镇居民 70 户，有效样本 69 份。

表 6-7　宜昌地区调查样本点分布情况

受访农户数量		受访市民数量		合　计	
调查样本	有效样本	调查样本	有效样本	调查样本	有效样本
180	173	70	69	250	242

6.3.2　宜昌受访居民的基本特征

6.3.2.1　受访农民的基本特征

宜昌受访农户可供分析的有效样本有 173 份，但完整填写了个人及家庭信息的样本仅有 148 份，占 85.55%。受访农民的性别、年龄、文化程度、家庭收入、人口等基本特征如表6-8所示。

表6-8　宜昌受访农民及家庭基本特征

变　量		频　数	比例/%	变　量		频　数	比例/%
性　别	男	89	60.14		0	18	12.16
	女	59	39.86		≤1	7	4.73
	合　计	148	100		1<L≤2	26	17.57
年　龄	20~35 岁	42	28.38	土地面积 (0.0667 公顷) $\mu=3.23$ $\delta=2.50$	2<L≤3	34	22.97
	36~50 岁	75	50.68		3<L≤4	21	14.19
	51~60 岁	28	18.92		4<L≤5	20	13.51
	61 岁以上	3	2.03		5<L≤6	8	5.41
	合　计	148	100		6<L≤7	4	2.70
文化程度	小学及以下	38	25.68		7<L≤8	3	2.03
	初　中	75	50.68		>8	7	4.73
	高中及以上	35	23.65		1	2	1.35
	合　计	148	100		2	10	6.76
是否兼业	是	91	61.49		3	60	40.54
	否	57	38.51	家庭人口 $\mu=3.55$ $\delta=1.07$	4	57	38.51
	合　计	148	100		5	14	9.46
政治面貌	党　员	18	12.16		6	3	2.03
	群　众	130	87.84		7	2	1.35
	合　计	148	100		8	0	0
是否干部	是	9	6.08	家庭老年人 口 $\mu=0.2$ $\delta=0.49$	0	125	84.46
	否	139	93.92		1	17	11.49
	合　计	148	100		2	6	4.05

农地生态与农地价值关系

变　量		频　数	比例/%	变　量	频　数	比例/%
家庭未成年人人口 $\mu=0.9$ $\delta=0.73$	0	46	31.08	2004 年家庭年收入 $\mu=11\,668.16$ $\delta=9\,629.61$	15 001～17 000 元	10	6.76
	1	72	48.65		17 001～19 000 元	8	5.41
	2	29	19.59		19 001～21 000 元	4	2.70
	3	1	0.68		21 001～23 000 元	4	2.70
家庭劳动人口 $\mu=2.44$ $\delta=0.94$	1	9	6.08		23 001～30 000 元	3	2.03
	2	82	55.41		30 001～40 000 元	4	2.70
	3	37	25.00		>40 000 元	4	2.70
	4	17	11.49	2004 年农业收入比例 $\mu=0.16$ $\delta=0.25$	0	41	27.70
	5	3	2.03		0%＜P＜10%	51	34.46
2004 年家庭年收入 $\mu=11\,668.16$ $\delta=9\,629.61$	＜1 000 元	9	6.08		10%≤P＜20%	23	15.54
	1 000～3 000 元	9	6.08		20%≤P＜30%	12	8.11
	3 001～5 000 元	17	11.49		30%≤P＜40%	3	2.03
	5 001～7 000 元	12	8.11		40%≤P＜50%	3	2.03
	7 001～9 000 元	21	14.19		50%≤P＜60%	4	2.70
	9 001～11 000 元	12	8.11		60%≤P＜80%	3	2.03
	11 001～13 000 元	16	10.81		100%	8	5.41
	13 001～15 000 元	15	10.14				

注：μ、δ 分别代表均值和标准差

6.3.2.2　受访市民的基本特征

宜昌地区实际抽样市民类问卷 70 份，体现真实意愿及关键信息可供分析的有效样本有 69 份，其中信息填写完整的有 67 份，为此仅对 67 位受访居民的基本特征进行分析，如表 6-9 所示。

表 6-9　宜昌受访市民及家庭基本特征

变　量		频　数	比例/%	变　量		频　数	比例/%
性　别	男	34	50.75	年　龄	36～40 岁	4	5.97
	女	33	49.25		41～45 岁	4	5.97
	合计	67	100		46～50 岁	7	10.45
年　龄	17～25 岁	26	38.81		51～56 岁	4	5.97
					56～60 岁	2	2.99
	26～30 岁	9	13.43		61～65 岁	0	0.00
					66 岁以上	1	1.49
	31～35 岁	10	14.93		合计	67	100

变　量		频　数	比例/%	变　量		频　数	比例/%
文化程度	小学或以下	2	2.99	家庭月收入状况	<1 000 元	15	22.39
	初中	18	26.87		1 000~2 000 元	18	26.87
	高中或中专	31	46.27		2 000~3 000 元	7	10.45
	专科	12	17.91		3 000~4 000 元	8	11.94
	本科	4	5.97		4 000~5 000 元	9	13.43
	合　计	67	100		5 000~6 000 元	0	0.00
职　业	公务员/公司领导	2	2.99		6 000~7 000 元	5	7.46
	经理人员/中高层管理人员	2	2.99		7 000~8 000 元	2	2.99
					8 000~9 000 元	1	1.49
	教师/医务人员	5	7.46		9 000~10 000 元	0	0.00
					>10 000 元	2	2.99
	私营企业家（雇工8人以上）	2	2.99		合　计	67	100
	专业技术人员	4	5.97	家庭月生活开支 $\mu=896.27$ $\delta=681.76$	<300 元	3	4.48
					300~500 元	19	28.36
					600~800 元	18	26.87
	办事人员	1	1.49		900~1 100 元	14	20.90
					1 200~1 400 元	2	2.99
	工人/服务员/业务员	23	34.33		1 500~1 700 元	6	8.96
					1 800~2 000 元	4	5.97
	个体工商户	16	23.88		2 200~3 000 元	0	0.00
					4 000~5 000 元	1	1.49
	离岗/下岗/失业人员	4	5.97	家庭人口 $\mu=3.91$ $\delta=1.22$	1	0	0.00
					2	7	10.45
					3	19	28.36
	退休人员	8	11.94		4	22	32.84
	合　计	67	100		5	14	20.90
农地情节	非常深厚	23	34.33		6	3	4.48
	有一些感情	38	56.72		7	1	1.49
	感情不深	6	8.96		8	1	1.49
	没有感情	0	0.00	家庭参加工作人口 $\mu=1.93$ $\delta=0.99$	1	17	25.37
					2	37	55.22
	合　计	67	100		3	7	10.45
					4	6	8.96

注：μ、δ 分别代表均值和标准差

6.3.3 宜昌居民对农地保护的认知调查

6.3.3.1 受访居民对农地非市场价值的认识

如表 6-10 所示,宜昌地区 242 户受访居民家庭认为农地价值不仅仅包括经济产出价值,还具有涵养水源、调节气候、保障国家粮食安全等生态服务价值,占调查样本的 72.73%。其中,因文化程度的差异,城镇居民对农地非市场价值的认识的比例要明显高于农民,农村受访居民中对此表示不清楚的占受访样本的 12.14%。

表 6-10 宜昌地区受访居民对农地非市场价值的认知

农地非市场价值是否存在	农 民		市 民		合 计	
	人 数	比例/%	人 数	比例/%	人 数	比例/%
有	114	65.90	62	89.86	176	72.73
没 有	38	21.97	2	2.90	40	16.53
不清楚	21	12.14	5	7.25	26	10.74
小 计	173	100.00	69	100.00	242	100.00

6.3.3.2 受访居民对农地生态服务功能的评价

受访居民对农地各项功能的评价如表 6-11 所示。受访农民对农地保障国家粮食安全、保证社会稳定、保育土壤、净化空气功能的评价程度最高,认为农地这些功能非常重要的占样本的 40% ~60%。对农地维护生物多样性、调节气候、涵养水源、调节洪水功能认为不重要的比例或不清楚的比例较大,约占样本的 25%。

表 6-11 宜昌地区受访居民对农地各项生态服务功能的认识 单位:%

农地功能	受访居民	非常重要	比较重要	一 般	不重要	不清楚
净化空气	农 民	39.74	33.33	14.10	5.77	7.05
	市 民	71.01	18.84	7.25	1.45	1.45
调节气候	农 民	28.85	28.85	17.95	12.82	11.54
	市 民	44.93	39.13	11.59	1.45	2.90
涵养水源	农 民	33.33	26.28	13.46	12.82	14.10
	市 民	53.62	21.74	17.39	1.45	5.80
调节洪水	农 民	33.33	20.51	20.51	11.54	14.10
	市 民	55.07	27.54	10.14	4.35	2.90
保育土壤	农 民	46.79	25.00	10.26	9.62	8.33
	市 民	75.36	11.59	8.70	1.45	2.90

农地功能	受访居民	非常重要	比较重要	一 般	不重要	不清楚
维护生物	农 民	30.77	26.92	17.31	13.46	11.54
多样性	市 民	37.68	36.23	20.29	1.45	4.35
废物处理	农 民	34.62	30.77	17.95	11.54	5.13
	市 民	23.19	44.93	24.64	1.45	5.80
农民养老	农 民	36.54	32.69	12.18	12.82	5.77
保障	市 民	33.33	39.13	15.94	7.25	4.35
保证社会	农 民	50.64	32.69	7.05	3.85	5.77
稳定	市 民	40.58	37.68	15.94	1.45	4.35
保障国家	农 民	58.33	22.44	10.90	1.92	6.41
粮食安全	市 民	57.97	34.78	4.35	1.45	1.45

6.3.3.3 对农地保护必要性的认识

宜昌受访居民88.02%认为当前需要加强农地工作，7.02%表示不需要，4.96%表示不清楚。其中，农民认为当前需要加强农地保护工作的人数有153人，占调查样本的88.44%；表示不需要加强农地保护的有15人，占7.02%；12人表示不清楚，占样本的4.96%。市民中认为当地需要加强农地保护工作的比例为86.96%，略低于农民。

6.3.3.4 对农地保护目的的认识

42.15%的宜昌居民认为当前加强农地保护的目的是因为"农地是农民生活的来源和依靠，保护农地就是保护农民的权益"；12.81%的受访居民认为保护农地是为了保证农业生产的顺利进行；有8.26%的受访居民认为是为了给子孙后代保留生存空间；18.18%的受访者认为保护农地是上述多个目的的综合。

6.3.3.5 对农地保护存在问题的认识

宜昌地区受访居民对当前农地保护存在问题的调查结果如表6-12所示，受访居民接近半数（42.15%）认为当前存在的主要问题是"农民种田收入低，大量农民外地打工"。

表6-12 宜昌居民对农地保护存在问题的认识

问 题	农 民	比例/%	市 民	比例/%	全 体	比例/%
A	32	18.50	6	8.70	38	15.70
B	74	42.77	28	40.58	102	42.15

问 题	农 民	比例/%	市 民	比例/%	全 体	比例/%
C	22	12.72	1	1.45	23	9.50
D	15	8.67	4	5.80	19	7.85
E	8	4.62	9	13.04	17	7.02
综合	22	12.72	21	30.43	43	17.77
小 计	173	100.00	69	100.00	242	100.00

注：A代表当地政府对农业的投入太少；B表示农民种田收入低，大量农民外地打工；C表示农田受污染严重，质量逐年下降；D表示耕地面积不断减少，家庭承包地逐年减少；E表示当地政府乱征、乱占农田，征地补偿低

6.3.3.6　对农地减少的影响分析

受访居民对农地减少对家庭当前、未来及后代生活是否会产生影响的预期如表6-13，约66%的受访居民认为农地减少会对家庭生活产生影响。其中，因农地是农民当前的主要生活来源及保障，为此受访农民确信农地减少会对家庭当前及未来产生影响的比例远高于城镇居民，但在确信农地减少会对后代生活的影响的预期上，市民的比例却高于农民，农民中认为不会或不清楚的比例高于城镇居民。

表6-13　宜昌地区受访居民对农地减少的影响分析　　　　单位：%

项　目	受访者	会	不　会	不清楚	合　计
农地减少是否影响家庭当前的生活	市 民	66.67	21.74	11.59	100
	农 民	71.68	22.54	5.78	100
农地减少是否影响家庭今后30年内的生活	市 民	60.87	18.84	20.29	100
	农 民	66.47	18.50	15.03	100
农地减少是否影响到子孙后代的生活	市 民	66.67	15.94	17.39	100
	农 民	64.16	16.76	19.08	100

6.3.3.7　对农地保护主体的认识

受访居民对农地保护主体的认识如表6-14所示，分别有38.43%和32.23%的受访者认为农地保护主要是政府和全体公民的责任。其中，约43.93%的受访农民认为农地保护主体是政府，而城镇居民认为是全体公民的占样本的43.48%。

表 6-14　宜昌地区受访居民对农地保护主体的认识

农地保护主体	农 民	比例/%	市 民	比例/%	全 体	比例/%
政 府	76	43.93	17	24.64	93	38.43
农 民	26	15.03	9	13.04	35	14.46
市 民	1	0.58	0	0.00	1	0.41
谁破坏谁负责	7	4.05	3	4.35	10	4.13
全体公民	48	27.75	30	43.48	78	32.23
综合选项	15	8.67	10	14.49	25	10.33
合 计	173	100.00	69	100.00	242	100.00

6.3.4　受访居民参与农地保护的响应意愿及影响因素分析

6.3.4.1　受访居民参与农地保护的情况分析

　　宜昌受访居民对耕地、园地、林地、水域等不同类型农地资源保护的参与情况如表 6-15 所示。受访居民参与农地保护的响应率达 76.45%，表明公众参与农地保护的意愿较为强烈。其中，农村居民家庭有 73.41% 愿意参与农地保护，城市受访居民家庭有 84.06% 愿意保护农地。受经济条件限制，75.68% 受访居民选择以义务劳动方式保护农地。

表 6-15　宜昌受访居民参与农地保护的支付方式及人数

受访居民	不愿意支付人数	愿意支付人数		
		捐 钱	义务劳动	合 计
农 民	46	27	100	127
市 民	11	18	40	58
小 计	57	45	140	185

6.3.4.2　受访农民参与农地保护的意愿及影响因素

　　由于每位受访者的经济社会特征及主观上对农地保护的评价标准不同，为此参与农地保护的响应意愿也存在差异。同前，运用 Logistic 模型筛选影响农民参与农地保护意愿的影响因素。结果（表 6-16）表明，宜昌地区受访农民是否愿意参与农地保护取决于受访者对农地保育土壤功能的评价和受访者的年龄。受访者对农地保育土壤功能评价越高，参与农地保护的响应意愿越强烈；年龄大的农民对土地依赖性强，恋土情节较高，因此保护农地的意愿也较为强烈。

表 6-16　宜昌受访农民农地保护响应意愿的影响因素分析

Parameter	Estimate	Standard Error	Chi-Square	Pr > ChiSP
Intercept	−0.174 2	2.101 6	0.006 9	0.933 9
Cog_1	0.154 4	0.604 9	0.065 2	0.798 5
Cog_2	−0.896 1	0.868 0	1.065 9	0.301 9
Cog_3	−0.604 2	1.271 7	0.225 7	0.634 7
Cog_4	0.771 5	1.151 0	0.449 3	0.502 7
Cog_5	0.587 8	0.270 0	4.738 4	0.029 5 **
Cog_6	0.050 5	0.212 7	0.056 4	0.812 3
Cog_7	−0.214 8	0.249 2	0.742 7	0.388 8
Cog_8	0.055 3	0.245 2	0.050 8	0.821 7
Cog_9	−0.256 7	0.304 5	0.712 1	0.398 8
Cog_{10}	−0.362 2	0.281 8	1.652 0	0.198 7
Ant_1	0.038 7	0.514 7	0.005 7	0.940 1
Ant_2	0.153 7	0.442 3	0.120 8	0.728 2
Ant_3	−0.083 1	0.216 5	0.147 3	0.701 1
Age	0.048 3	0.029 1	2.760 7	0.096 6 *
Sex	−0.102 0	0.595 1	0.029 4	0.863 9
Edu	−0.183 4	0.360 7	0.258 5	0.611 1
Cad	−0.836 8	1.470 6	0.323 8	0.569 3
Com	−0.940 3	1.026 8	0.838 6	0.359 8
Plu	0.859 6	0.635 5	1.829 7	0.176 2
Land	−0.099 7	0.113 7	0.768 1	0.380 8
Pop	1.449 1	1.245 3	1.354 0	0.244 6
Elder	−1.035 0	1.296 5	0.637 3	0.424 7
Chi	−1.333 1	1.259 4	1.120 6	0.289 8
Lab	−1.643 7	1.244 2	1.745 5	0.186 4
Inc	−8.2E−6	0.000 03	0.076 4	0.782 2
Pro	−0.638 5	1.130 1	0.319 3	0.572 1

Testing Global Null Hypothesis: BETA = 0

Test	Chi-Square	DF	Pr > ChiSq
Likelihood Ratio	30.188 6	26	0.259 9
Score	28.527 0	26	0.333 0
Wald	20.303 1	26	0.777 0

<table>
<tr><td colspan="2" style="text-align:center">各变量解释</td></tr>
<tr><td>Cog_1</td><td>受访农民对农地净化空气功能的认识，非常重要 = 5，比较重要 = 4，一般 = 3，不重要 = 2，不清楚 = 1</td></tr>
<tr><td>Cog_2</td><td>受访农民对农地调节气候功能的认识，非常重要 = 5，比较重要 = 4，一般 = 3，不重要 = 2，不清楚 = 1</td></tr>
<tr><td>Cog_3</td><td>受访农民对农地涵养水源功能的认识，非常重要 = 5，比较重要 = 4，一般 = 3，不重要 = 2，不清楚 = 1</td></tr>
<tr><td>Cog_4</td><td>受访农民对农地调节洪水功能的认识，非常重要 = 5，比较重要 = 4，一般 = 3，不重要 = 2，不清楚 = 1</td></tr>
<tr><td>Cog_5</td><td>受访农民对农地保育土壤功能的认识，非常重要 = 5，比较重要 = 4，一般 = 3，不重要 = 2，不清楚 = 1</td></tr>
<tr><td>Cog_6</td><td>受访农民对农地维护生物多样性功能的认识，非常重要 = 5，比较重要 = 4，一般 = 3，不重要 = 2，不清楚 = 1</td></tr>
<tr><td>Cog_7</td><td>受访农民对农地废物降解功能的认识，非常重要 = 5，比较重要 = 4，一般 = 3，不重要 = 2，不清楚 = 1</td></tr>
<tr><td>Cog_8</td><td>受访农民对农地生活保障功能的认识，非常重要 = 5，比较重要 = 4，一般 = 3，不重要 = 2，不清楚 = 1</td></tr>
<tr><td>Cog_9</td><td>受访农民对农地社会稳定功能的认识，非常重要 = 5，比较重要 = 4，一般 = 3，不重要 = 2，不清楚 = 1</td></tr>
<tr><td>Cog_{10}</td><td>受访农民对农地粮食安全功能的认识，非常重要 = 5，比较重要 = 4，一般 = 3，不重要 = 2，不清楚 = 1</td></tr>
<tr><td>Ant_1</td><td>受访农民对农地减少是否影响当前家庭生活的认识，会 = 3，不会 = 2，不清楚 = 1</td></tr>
<tr><td>Ant_2</td><td>受访农民对农地减少是否影响家庭未来 30 年生活的认识，会 = 3，不会 = 2，不清楚 = 1</td></tr>
<tr><td>Ant_3</td><td>受访农民对农地减少是否影响子孙后代的生活的认识，会 = 3，不会 = 2，不清楚 = 1</td></tr>
<tr><td>Age</td><td>受访农民的年龄，按实际年龄输入</td></tr>
<tr><td>Sex</td><td>受访农民的性别，男 = 1，女 = 0</td></tr>
<tr><td>Edu</td><td>受访农民的教育程度，小学及以下 = 1，初中 = 2，高中及以上 = 3</td></tr>
<tr><td>Cad</td><td>受访农民是否村干部，是 = 1，否 = 0</td></tr>
<tr><td>Com</td><td>受访农民是否党员，是 = 1，否 = 0</td></tr>
<tr><td>Plu</td><td>受访农民是否兼业经营，是 = 1，否 = 0</td></tr>
<tr><td>$Land$</td><td>受访农民家庭耕作的土地面积，按实际面积输入</td></tr>
<tr><td>Pop</td><td>受访农民的家庭人口数，按实际人数输入</td></tr>
<tr><td>Eld</td><td>受访农民家庭成员中 60 岁以上的老年人口数，按实际人口数输入</td></tr>
<tr><td>Chi</td><td>受访农民家庭成员中未成年人口数，按实际人口数输入</td></tr>
<tr><td>Lab</td><td>受访农民家庭有劳动能力的人口数，按实际人口数输入</td></tr>
<tr><td>Inc</td><td>受访农民家庭 2004 年的家庭收入，按实际金额输入</td></tr>
<tr><td>Pro</td><td>受访农民家庭 2004 年农业收入占家庭年收入的比例</td></tr>
</table>

注：***、** 和 * 分别代表显著性水平为 1%、5% 和 10%

6.3.4.3　受访市民参与农地保护的意愿及影响因素

宜昌地区受访市民有效样本有 69 份，因家庭贫困等原因拒绝参与农地保护的有 11 份，占样本的 15.94%。Logistic 模型分析（表 6-17）表明，因样本数量少，宜昌受访市民参与意愿的影响因素没有通过显著性检验。

表 6-17　宜昌受访市民参与农地保护响应意愿的影响因素分析

Parameter	Estimate	Standard Error	Chi-Square	Pr > ChiSP
$Intercept$	2.197 3	675.0	0.000 0	0.997 4
Exi	19.944 9	75.083 0	0.070 6	0.790 5
Cog_1	1.746 8	89.956 0	0.000 4	0.984 5
Cog_2	14.705 0	75.519 2	0.037 9	0.845 6
Cog_3	2.757 9	22.724 1	0.014 7	0.903 4
Cog_4	−7.063 3	34.025 9	0.043 1	0.835 6
Cog_5	−5.588 7	33.845 2	0.027 3	0.868 8
Cog_6	−4.324 9	156.4	0.000 8	0.977 9
Cog_7	−6.189 6	19.925 5	0.096 5	0.756 1
Cog_8	7.441 8	48.190 5	0.023 8	0.877 3
Cog_9	6.618 2	46.026 8	0.020 7	0.885 7
Cog_{10}	−18.608 0	98.005 4	0.036 0	0.849 4
Pro	−15.520 8	82.099 4	0.035 7	0.850 1
Ant_1	−2.534 3	33.041 6	0.005 9	0.938 9
Ant_2	11.448 0	91.484 0	0.015 7	0.900 4
Ant_3	−4.570 8	44.934 8	0.010 3	0.919 0
Sex	10.136 4	68.485 4	0.021 9	0.882 3
Age	−1.040 4	20.146 4	0.002 7	0.958 8
Pop	2.844 7	32.098 6	0.007 9	0.929 4
Lab	−4.627 1	53.314 3	0.007 5	0.930 8
Exp	−0.000 35	0.044 5	0.000 1	0.993 7
Edu	0.618 5	39.550 2	0.000 2	0.987 5
Occ	−0.028 2	19.282 6	0.000 0	0.998 8
Inc	−1.682 6	17.213 0	0.009 6	0.922 1
Emo	0.068 8	92.632 3	0.000 0	0.999 4

Testing Global Null Hypothesis：BETA = 0

Test	Chi-Square	DF	Pr > ChiSq
Likelihood Ratio	56.094 3	24	0.000 2
Score	37.146 4	24	0.042 3
Wald	0.986 3	24	1.000 0

		各变量解释
	Exi	受访市民对农地非市场价值是否存在的认识，存在 =3，不存在 =2，不清楚 =0
	Cog_1	受访市民对农地净化空气功能的认识，非常重要 =5，比较重要 =4，一般 =3，不重要 = 2，不清楚 =1
	Cog_2	受访市民对农地调节气候功能的认识，非常重要 =5，比较重要 =4，一般 =3，不重要 = 2，不清楚 =1
	Cog_3	受访市民对农地涵养水源功能的认识，非常重要 =5，比较重要 =4，一般 =3，不重要 = 2，不清楚 =1
	Cog_4	受访市民对农地调节洪水功能的认识，非常重要 =5，比较重要 =4，一般 =3，不重要 = 2，不清楚 =1
	Cog_5	受访市民对农地保育土壤功能的认识，非常重要 =5，比较重要 =4，一般 =3，不重要 = 2，不清楚 =1
	Cog_6	受访市民对农地维护生物多样性功能的认识，非常重要 =5，比较重要 =4，一般 =3，不 重要 =2，不清楚 =1
	Cog_7	受访市民对农地废物降解功能的认识，非常重要 =5，比较重要 =4，一般 =3，不重要 = 2，不清楚 =1
	Cog_8	受访市民对农地生活保障功能的认识，非常重要 =5，比较重要 =4，一般 =3，不重要 = 2，不清楚 =1
	Cog_9	受访市民对农地社会稳定功能的认识，非常重要 =5，比较重要 =4，一般 =3，不重要 = 2，不清楚 =1
	Cog_{10}	受访农民对农地粮食安全功能的认识，非常重要 =5，比较重要 =4，一般 =3，不重要 = 2，不清楚 =1
	Pro	受访市民认为当前是否需要加强农地保护，需要 =3，不需要 =2，不清楚 =1
	Ant_1	受访市民对农地减少是否影响当前家庭生活的认识，会 =3，不会 =2，不清楚 =1
	Ant_2	受访市民对农地减少是否影响家庭未来 30 年的生活的认识，会 =3，不会 =2，不清楚 =1
	Ant_3	受访市民对农地减少是否影响子孙后代的生活的认识，会 =3，不会 =2，不清楚 =1
	Sex	受访农民的性别，男 =1，女 =0
	Age	受访市民的年龄，按年龄段赋值，17～25 岁 =1，26～30 岁 =2，31～35 岁 =3，36～40 岁 =4，41～45 岁 =5，46～50 岁 =6，51～55 岁 =7，56～60 岁 =8，61～65 岁 =9，66～70 岁 =10，70 岁以上 =11
	Pop	受访市民的家庭人口数，按实际人数输入
	Lab	受访市民家庭参加工作的人口数，按实际人口数输入
	Exp	受访市民家庭的月平均生活开支情况，按实际金额输入

	各变量解释
Edu	受访市民的教育程度，文盲=1，小学=2，初中=3，高中=4，专科=5，本科=6，硕士=7，博士=8
Occ	受访市民的职业，公务员/公司领导=1，经理人员/中高层管理人员=2，教师/医务人员=3，私营企业家=4，专业技术人员=5，办事人员=6，工人/服务员/业务员=7，个体工商户=8，离岗/下岗/失业人员=9，退休人员=10
Inc	受访市民的家庭月收入状况，按收入段赋值，1000元以下为1，1001~2000元为2，2001~3000元为3，3001~4000元为4，4001~5000元为5，5001~6000元为6，6001~7000元为7，7001~8000元为8，8001~9000元为9，9001~10000为10，10000元以上为11
Emo	受访市民的农地情节，非常深厚=4，有一些感情=3，没有很深感情=2，没有感情=1

6.3.5 受访居民参与农地保护的最高支付意愿

6.3.5.1 数据处理标准

按受访城镇居民和农村居民所反馈的同期从事相关活动的机会工资，将以义务劳动方式参与农地保护的愿付数额折算成货币。宜昌受访城镇居民日均工资38.5元，标准差11元；农村居民外出打工或兼业，日平均报酬在27.12元，标准差在8.4元。

6.3.5.2 受访居民参与农地保护的最高支付意愿

宜昌地区受访居民参与各类型农地保护支付意愿情况见表6-18。调查结果表明，173户受访农民家庭愿意为保护水田而有支付意愿的有123户，占71.10%；对旱地、林地、水域和园地的支付率分别为72.25%、63.01%、58.38%和49.71%。69户受访城镇居民家庭对耕地、园地、林地、水域用地保护的支付率差别不明显。

表6-18 宜昌受访居民家庭对不同类型农地保护的支付率

受访群体	支付情况	水 田	旱 地	园 地	林 地	水 域
农 民	支付人数	123	125	109	101	86
	支付率/%	71.10	72.25	63.01	58.38	49.71
受访群体	支付情况	耕 地	园 地	林 地	水 域	
市 民	支付人数	58	58	57	57	
	支付率/%	84.06	84.06	82.61	82.61	

按上述数据处理标准，对调查数据进行了统计处理，宜昌市受访居民对不同

类型农地的最高支付意愿如表 6-19 所示。

表6-19　宜昌居民对农地非市场价值的最高支付意愿

单位：元/户·年

项　目	农地类型	平均支付意愿	标准差	最小值	最大值
农民	水　田	196.67	130.11	3	406.8
	旱　地	185.82	128.05	8	406.8
	园　地	193.86	133.85	3	500
	林　地	150.35	129.96	8	500
	水　域	152.86	132.65	3	406.8
市民	耕　地	229.41	182.76	3	500.5
	园　地	222.78	176.42	3	500.5
	林　地	209.43	178.50	3	500.5
	水　域	225.72	178.98	3	500.5

　　2003 年末宜昌市居民总户数为 1 324 034 户，其中农村居民为 838 900 户，城镇居民 485 134 户。以受访居民家庭对农地资源非市场价值的支付率和人均最高支付意愿为参考，乘以宜昌地区当前居民家庭户数，我们便可以估算出全市居民对不同类型农地资源非市场价值的保护意愿。农地资源非市场价值估算公式为：

$$农地非市场价值 = \frac{农地支付意愿总价值}{农地资源数量 \times 还原率}$$

其中：

　　农地支付意愿总价值 = 农户支付意愿总价值 + 城市居民支付意愿总价值

农户支付意愿总价值 = 农户平均年支付意愿 × 研究区域农户户数 × 农户平均支付率

市民支付意愿总价值 = 市民平均年支付意愿 × 研究区域市民户数 × 市民平均支付率

　　按上述公式及数值，可以根据调查结果估算出宜昌市农地的非市场价值，如表 6-20 所示。

表6-20　宜昌居民对各类农地非市场价值的支付意愿（WTP）

农地类型	受访群体	平均支付意愿/（元/户·年）	支付率/%	户数/户	支付意愿价值/万元	支付意愿总价值/万元	面积/公顷	单位支付意愿价值/（元/公顷）	非市场价值/（元/公顷）
耕地	农民	196.67	71.10	838 900	11 730.54	32 348.61	359 394.35	900.09	40 004
		185.82	72.25		11 262.65				
	市民	229.41	84.06	485 134	9 355.42				
园地	农民	193.86	63.01	838 900	10 247.26	19 332.31	86 531.88	2 234.13	99 294
	市民	222.78	84.06	485 134	9 085.05				

农地类型	受访群体	平均支付意愿/（元/户·年）	支付率/%	户数/户	支付意愿价值/万元	支付意愿总价值/万元	面积/公顷	单位支付意愿价值/（元/公顷）	非市场价值/（元/公顷）
林地	农民	150.35	58.38	838 900	7 363.39	15 756.70	1 276 836.09	123.40	5 485
	市民	209.43	82.61	485 134	8 393.31				
水域	农民	152.86	49.71	838 900	6 374.52	15 420.69	68 777.37	2 242.12	99 650
	市民	225.72	82.61	485 134	9 046.16				
农地合计	农民	—	—	838 900	46 978.36	82 858.31	1 791 539.69	462.50	20 555
	市民	—	—	485 134	35 879.94				

估算结果表明，从居民参与农地保护的支付意愿出发，宜昌居民每年保护农地资源的总的支付意愿为 82 858.31 万元，折合单位公顷农地资源的非市场价值 20 555 元。四种类型农地中，按居民的最高支付意愿计算，水域的非市场价值最高，每公顷水域的非市场价值 99 650 元，这是因为水域面积相对较少，因此在户均受偿意愿相差不大的情况下，最终落实到单位面积上的价值较大；园地的支付意愿价值仅次于水域，每公顷非市场价值在 99 294 元，其中城市居民对园地的户均支付意愿仅次于对耕地的支付意愿；受访居民对耕地的户均支付最高，宜昌居民对耕地资源的年保护意愿为 32 348.61 万元，折合单位公顷耕地的非市场价值为 40 004 元。

6.3.5.3 受访居民对农地非市场价值愿付数额的影响因素分析

（1）受访农民参与农地保护愿付数额的影响因素分析

理论上认为，居民对农地非市场价值的愿付数额（WTP）与受访者对农地非市场价值的认知程度、受访者的个人特征、家庭特征及相关的社会经济特性有关。诸如，受访者对农地各项生态及社会功能重要程度的理解，受访者认为农地减少对其家庭生活及子孙后代的影响，受访者的性别、年龄、职业、教育程度、支付方式，以及受访者家庭人口数、收入水平、受访者所属地区等因素都直接影响居民支付数额的大小。在实际应用中常选择支付意愿的对数正态分布作为被解释变量（张志强等，2002），因此居民对农地非市场价值的愿付数额可用函数表示：

$$\ln WTP_i = f(Cog_i, Ant_i, Per_i, Fam_i, Mod_i)$$

式中：WTP_i 表示为受访居民参与农地保护的最高支付意愿；Cog_i 表示居民对农地非市场价值的理解程度；Ant_i 表示受访居民对农地减少对家庭生活的影响分析；Per_i 表示受访居民的个人特征，如性别、年龄、教育程度等；Fam_i 表示受访居民的家庭特征，如家庭人口数、60 岁以上老年人口、未成年人人口、参加工作人数等；Mod_i 表示受访者选择支付的方式，如捐钱的表示为 1，参加义务劳动的表示为 2。

从受访农民对农地非市场价值的认知程度、受访农民个人特征、家庭特征等 26 个指标进行筛选影响农村居民家庭对非市场价值支付数额大小的决定性因素。回归分析结果如表 6-21 所示。

表 6-21 宜昌市受访农民参与农地保护愿付数额大小的影响因素回归分析

Variable	Parameter Estimate	Std. Error	F Value	Pr > F
Intercept	6.658 9	0.456 2	213.07	< 0.0001 * * *
Age	− 0.019 3	0.010 4	3.48	0.064 9 *
Sex	0.333 6	0.201 9	2.73	0.101 5 *
Land	0.063 7	0.035 4	3.24	0.074 9 *

Analysis of Variance				
Source	DF	Sum of Squares	Mean Square	F Value	Pr > F
Model	3	8.478 2	2.826 1	2.91	0.038 2
Error	101	98.098 1	0.971 3		
Corrected Total	104	106.576 3			

指标含义及解释	
Age	受访农民的年龄，按实际年龄计
Sex	受访农民的性别，男 =1，女 =0
Land	受访农民家庭耕作的农地面积，按实际面积计

注：*** 、** 和 * 分别代表显著性水平为 1%、5% 和 10%

回归分析表明，宜昌地区受访农户参与农地保护的支付意愿的大小与其家庭拥有的土地面积呈正相关关系，说明土地面积越多的家庭或依靠土地为生的家庭，其参与农地保护的意愿越强烈；与受访者的年龄呈负相关关系，表明年龄大的居民劳动能力及经济条件有限，为此参与保护的数额相对较低；与受访者的性别呈显著的正相关关系，说明男性的支付数额高于女性。

（2）受访市民参与农地保护愿付数额的影响因素分析

同理，将受访市民对农地保护的各项认识（农地保护的必要性、农地非市场价值是否存在、农地各项生态系统服务功能的重要程度认识、农地情节等）、受访市民的年龄、性别、教育程度、职业等个人特征，家庭月收入、月生活开支、家庭人口、参加工作人数、支付方式等家庭特征等 25 项指标与其愿付数额大小建立关联，通过逐步回归分析筛选决定性影响因素，回归分析结果如表 6-22

农地生态与农地价值关系

200

所示。

表6-22　宜昌地区受访市民参与农地保护愿付数额大小的影响因素回归分析

Variable	Parameter Estimate	Std. Error	F Value	Pr > F
Intercept	1. 726 6	1. 184 0	2. 13	0. 151 1
Mod	1. 537 8	0. 234 7	42. 93	< 0. 0001 * * *
Exi	− 0. 699 0	0. 284 3	6. 04	0. 017 5 * *
Cog_6	0. 517 8	0. 128 1	16. 34	0. 000 2 * * *
Sex	− 0. 449 8	0. 235 1	3. 66	0. 061 6 *
Edu	0. 530 4	0. 141 2	14. 11	0. 000 5 * * *

Analysis of Variance

Source	DF	Sum of Squares	Mean Square	F Value	Pr > F
Model	5	46. 415 70	9. 283 14	14. 24	< 0. 000 1
Error	49	31. 949 26	0. 652 03		
Corrected Total	54	78. 364 95			

指标含义及解释

Mod	受访市民采用的支付方式，捐钱 =1，义务劳动 =2
Exi	受访市民对农地非市场价值是否存在的认识，存在 =3，不存在 =2，不清楚 =1
Cog_6	受访市民对农地维护生物多样性功能的认识，非常重要 =5，比较重要 =4，一般 =3，不重要 =2，不清楚 =1
Sex	受访市民的性别，男 =1，女 =0
Edu	受访市民的文化程度，文盲 =1，小学 =2，初中 =3，高中 =4，专科 =5，本科 =6，硕士 =7

注：*** 、** 和 * 分别代表显著性水平为1%、5%和10%

　　回归分析表明，受访市民家庭参与农地保护愿付数额大小的受支付工具的影响，以义务劳动方式参与农地保护的高于以捐钱方式参与农地保护的支付意愿；受访市民对农地维护生物多样性功能评价越高，参与农地保护的愿付数额越高；受访居民文化程度越高，对农地保护的重要性认识越深，保护意愿也更强烈；宜昌地区受访市民中女性的支付意愿高于男性；受访居民参与农地保护支付数额的高低与其对农地非市场价值是否存在呈负相关关系，原因在于 90% 的受访城市居民均认为农地除经济产出价值外，还具有维护生物多样性等生态系统服务功能，也有近 7. 25% 的受访者表示不清楚，而这部分受访者文化程度普遍较低，多采用义务劳动方式参与农地保护，因此出现受访居民的支付数额与其对农地非市场价值是否存在的认识呈负相关关系。

6.3.6　受访居民参与农地保护的最低接受意愿

6.3.6.1　受访农民对农地非市场价值的最低接受意愿

从农户作为农地保护执行主体,参与农地保护接受政府相应补偿的角度出发,受访农民认为要保护水田、旱地、园地、林地和水域等农地达到理想的生态管护效果,所需要接受的补偿意愿如表 6-23 所示。结果表明,从农民接受补偿的角度出发,所折合出的各类型农地非市场价值大小与农地的经济产出、管护用工、稀缺程度密切相关。其中,园地的经济产出最高,劳动用工投入也较多,为此农民对园地保护的接受意愿也是最高的,每公顷园地的接受意愿为 1 967.23 元,折合园地的非市场价值为 87 432 元;水域用地次之,农民认为保护坑塘、河流等公共水域用地,每公顷每年最低需要接受的补偿在 1 451.10 元,折合水域用地的非市场价值为 64 493 元。

表 6-23　宜昌农户对农地资源非市场价值的最低接受意愿

单位: 元/公顷

农地类型	平均受偿意愿	标准差	还原率/%	非市场价值
水　田	1 389.20	1 980.31		61 742
旱　地	1 268.03	1 459.13		56 357
园　地	1 967.23	3 536.66	2.25	87 432
林　地	981.87	1 072.13		43 639
水　域	1 451.10	1 837.30		64 493

6.3.6.2　城镇居民对农地环境损失的最低接受意愿

由于城市居民仅仅是作为农地外部效益的受益者或者说是农地保护效益的间接受益者,与农地没有直接的关系,为此城市居民对农地受偿意愿的落实不能够像农户一样以单位土地为计算单位,仅能是按家庭为单位每年接受农地损失所带来的赔偿。因此,从城市居民受偿的角度所考虑的农地非市场价值(WTA)与农户类的有所差异,农地非市场价值的大小需要根据我们调查出来的城市居民户均的受偿意愿按城市居民户数求出一个总的受偿价值,再折算到单位农地面积上(表 6-24)。用公式表示为:

表 6-24　宜昌城市居民对农地非市场价值的受偿意愿

单位：元/户·年

农地类型	平均受偿意愿	标准差	最小值	最大值
耕　地	2 812.84	5 951.40	3	20 000
果　园	2 574.32	5 696.84	3	20 000
林　地	2 891.85	6 575.81	3	20 000
水　域	3 245.49	8 654.08	3	20 000

$$农地非市场价值（WTA）=\frac{农地的单位平均受偿价值}{还原率}$$

其中

$$农地的单位受偿价值=\frac{城市居民户均年受偿意愿×研究区城市居民户数}{农地面积}$$

按上述公式计算出从城市居民受偿意愿考虑的农地非市场价值如表 6-25 所示。

表 6-25　宜昌农地非市场价值的估算结果

农地类型	平均受偿意愿/元	家庭户数/户	受偿总价值/万元	农地面积/公顷	农地受偿价值/（元/公顷）	农地非市场价值/（万元/公顷）
耕　地	2 812.84		136 460.43	359 394.35	3 796.96	16.88
园　地	2 574.32		124 889.02	86 531.88	14 432.72	64.15
林　地	2 891.85	485 134	140 293.48	1 276 836.09	1 098.76	4.88
水　域	3 245.49		157 449.75	68 777.37	22 892.67	101.75

注：还原率同前，采用 2.25%

6.3.7　农地生态与农地非市场价值的关系分析

CVM 基于假想市场获知人们意愿或偏好的特性，决定该方法评价出的农地非市场价值是一种通过受访居民主观愿望表现出来的效益或价值。其价值量大小与农地生态的关系是通过受访者主观上对不同类型农地生态特征的认识、对不同类型农地生态系统服务功能的认识和偏好程度来揭示，通过受访地区农地资源禀赋间接显现。从宜昌受访居民对各类型农地保护的愿付数额和支付情况可见，存在一定的差异。从支付率来分析，受访农民对自家拥有经营权的耕地、园地支付率较高，对村属公共林地和水域用地则相对较低。其中对旱地的支付率最高，仅次是水田、园地、林地和水域。以对各类型农地的愿付数额比较，受访农户对水田和园地的愿付数额最高，其次是旱地，水域和林地较低。从受访农民对各类农地的愿付数额和支付率的情况可见，农民对不同类型农地非市场价值的评价与地区农地资源稀缺程度有关，与农民和不同类型农地的生活联系程度直接相关。宜昌地区水田较少，为此受访农民对其支付意愿最高；而园地的经济产出效益最佳，因此农民对其愿付数额也较高；而林地和水域经济效益不明显，因此支付率和愿付数额均是最低的。从市民参与各类型农地保护的情况来看，受访市民的环境意识、教育素质、经济条件等方面整体上要优于农民，并且他们对农地非市场价值的愿付数额高低主要取决于对当地加强农地保护必要性的认识。从支付率情况分析，受访市民对各类型农地的支付率较为接近，其中园地和耕地的支付率占样本的84.06%，略高于水域和林地的支付率。从愿付数额分析，耕地资源的最高，其次是水域、园地，林地最低（图6-3，图6-4）。这与宜昌地区林地资源丰富有关，而耕地是农地当中面积减少速度最快的用地。

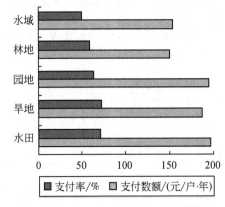

图6-3　宜昌受访农民参与各类型农地
保护的情况比较

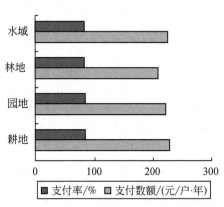

图6-4　宜昌受访市民对各类型农地保护
的支付情况分析

6.4　宜昌市农地资源价值估算

6.4.1　农地资源总价值估算

依据估算出的宜昌地区农地市场价值和非市场价值单价，可以估算出宜昌地区现有农地资源的总价值，结果见表6-26。宜昌现有农地资源的非市场价值约368.25亿元，相当于宜昌当年生产总值321.81亿元的1.14倍。耕地资源的整体保护效益达667.09亿元，其中非市场价值所占份额为21.55%，是耕地资源价值中重要的组成部分。

表 6-26　宜昌地区农地资源总价值估算

农地类型	面积/公顷	市场价值		非市场价值		总价值	
		单价/(元/公顷)	总价值/亿元	单价/(元/公顷)	总价值/亿元	单价/(元/公顷)	总价值/亿元
水　田	120 537.03	148 536	179.04	40 004	48.22	188 540	227.26
旱　地	238 857.32	144 136	344.28	40 004	95.55	184 140	439.83
园　地	86 531.88	953 535	825.11	99 294	85.92	1 052 829	911.03
林　地	1 276 836.09	—	—	5 485	70.03	—	—
水　域	68 777.37	—	—	99 650	68.54	—	—
合　计	1 791 539.69	—	—	20 555	368.25	—	—

6.4.2　1996～2003 年宜昌市农地价值变化

1996～2003 年宜昌市农地景观变化引起的农地价值变动情况如表 6-27 所示。近期虽然耕地面积减少了 26 431.25 公顷,非市场价值损失 10.57 亿元,但园地、林地及水域用地面积显著增加,为此全市农地资源的非市场价值整体上净增加 4.29 亿元。

表 6-27　1996～2003 年宜昌市农地价值变化估算

农地类型	变化面积/公顷	市场价值损失		非市场价值损失		总价值损失	
		单价/(元/公顷)	总价值/亿元	单价/(元/公顷)	总价值/亿元	单价/(元/公顷)	总价值/亿元
水　田	-4 183.27	148 536	-6.21	40 004	-1.67	188 540	-7.89
旱　地	-22 247.99	144 136	-32.07	40 004	-8.90	184 140	-40.97
园　地	8 818.42	953 535	84.09	99 294	8.76	1 052 829	92.85
林　地	16 902.3	—	—	5 485	0.93	—	—
水　域	5 187.69	—	—	99 650	5.17	—	—
合　计	4 477.15	—	—	20 555	4.29	—	—

第7章
湖北省农地生态与农地价值
关系研究

7.1 湖北省农地生态特征及景观变化

7.1.1 湖北省农地资源概况

湖北省是我国著名的商品粮、棉、油基地，对其农地价值的研究对于全国的粮食安全、长江水域生态系统和两湖平原湿地生态系统的保护有着重要的现实意义，可为协调地区经济发展和农地保护的关系提供重要的理论依据。

湖北省位于长江中游的洞庭湖以北，地处北纬 29°35′~33°08′，东经 108°41′~116°17′。全省辖 12 个地级市、24 个县级市、38 个县、2 个自治县和 1 个林区，土地面积 18.59 万平方公里，占全国总面积的 1.94%。

据 2003 年土地利用详查数据，湖北省共有各类农地面积 9 948 465 公顷。其中，耕地面积 4 718 081 公顷，土地垦殖率达 25.38%，主要分布在荆州（14.03%）、襄樊（12.79%）、荆门（8.23%）、黄冈（8.20%）、恩施（8.01%）、武汉（8.00%）、宜昌（7.62%）及孝感（7.37%）等地。湖北省耕地资源质量优良，以灌溉水田和旱地为主，分别占耕地面积的 50.92% 和 40.07%。湖北省现有园地面积 425 724.9 公顷，以果园和茶园为主，分别占园地面积的 57.57% 和 25.91%，集中分布在宜昌（20.33%）、黄冈（17.79%）、襄樊（12.89%）、十堰（11.65%）、恩施（9.12%）和咸宁（7.01%）。林地面积 7 903 142 公顷，其中有林地、灌木林地和疏林地分别占林地面积的 72.61%、14.47% 和 5.84%，主要分布在十堰（20.53%）、恩施（18.29%）、宜昌（16.16%）、襄樊（10.28%）及黄冈（8.94%）。牧草地仅有 54 596.51 公顷，重点分布在十堰（35.44%）、黄冈（17.83%）、恩施（12.26%）、武汉（12.61%）。湖北省是著名的"千湖之省"，水资源丰富，现有养殖水面、坑塘水面、河流水面及湖泊水面等水域用地 1 493 000 公顷，主要分布在荆州（20.56%）、武汉（12.99%）、黄冈（12.55%）、荆门（8.21%）、孝感（7.55%）。

7.1.2 湖北省农地自然生态特征

7.1.2.1 地貌类型复杂多样，空间差异明显

湖北省地形差异明显，地貌类型复杂多样，地势起伏较大，整体上表现为西、北、东三面高起，中间低下并向南敞开，呈现出明显的马蹄形环状结构。最外围是高山和中山带，海拔在 800 米以上，不少山峰高于 2500 米，是省内许多河流的发源地；往内是低山带，海拔在 500~800 米，相对高度一般在 500 米以下；低山带向内为海拔 200~500 米的丘陵带，地形一般比较破碎，相对高度大都小于 100 米，具有丘低谷宽的特点；再向内为平原边缘的岗地，海拔 50~200 米，岗冲相间排列，呈长条形逐步没入平原区；最内环境则为中部平原区，主要为江汉平原和鄂东沿江平原，以江汉平原为主体。境内地貌类型主要为山地、丘陵、平原，三种地貌类型分别占湖北省国土总面积的 55.5%、24.5% 和 20%。各种类型的地貌单元在空间上的组合与离散，构成 4 大地形区：鄂西山地、江汉平原、鄂东北低山丘陵和鄂东南低山丘陵（朱宜萱等，2003）。

鄂西山地属我国地形第二级阶梯的东缘部分，包括秦岭山脉的东延部分、大巴山东段的神农架、武当山、荆山、巫山等。江汉平原由一系列内陆三角洲和广阔的冲积湖平原复合而成，除边缘分布有海拔约 50 米的平缓岗地和 100 米以下的低丘外，大部分地区海拔在 50 米以下，地势低洼，湖泊众多，河网密集。从平原内部来看，地貌上存在小的空间差异，形成高亢平原与湖荡平原呈带状相间并列的地貌特征；鄂东北低山丘陵，位于鄂豫皖边境，有秦岭余脉桐柏山、大别山等，一般海拔在 500 米以下，是长江水系和淮河水系的分水岭；鄂东南低山丘陵属幕阜山脉，平行岭谷相间排列，一般海拔在 700 米以下。

7.1.2.2 典型的亚热带季风气候，但气候地域差异显著

湖北省属于典型的亚热带季风气候，除高山地区外，大部分为亚热带季风性湿润气候，光能充足、热量丰富、无霜期长、降水充沛、雨热同季；大部分地区太阳年辐射总量为 85~114 千卡/平方厘米。多年平均实际日照时数为 1100~2150 小时，其地域分布是鄂东北向鄂西南递减，鄂北、鄂东北最多，为 2000~2150 小时；鄂西南最少，为 1100~1400 小时。受纬度和地形因素的影响，湖北省各地的气温状况存在明显的空间差异，多年平均气温以三峡河谷最高，为 17~18℃；清江谷地、江汉平原和鄂东地区次之，在 16~17℃，鄂北和鄂西山地为湖北省的低温区，年均气温分布在 13~16℃，高山地区可低于 10℃，总体上全省大部分地区年平均气温分布在 14~18℃。一年之中，1 月最冷，大部分地区平均气温 2~4℃；7 月最热，除高山地区外，平均气温 27~29℃，极端最高气温

可达 40℃ 以上。无霜期达 230 ~ 300 天。

7.1.2.3 土壤类型复杂，地域差异明显

湖北省土壤具有明显的南北过渡特征，土壤类型较为复杂，主要有水稻土、潮土、黄棕壤、黄褐土、石灰（岩）土、红壤、黄壤及紫色土等，这 8 个土类占湖北省总耕地面积的 98.65%。鄂西北、鄂中、鄂北岗地及鄂东长江以北的广大地区多为黄棕壤、黄褐土，鄂东南多为红壤，鄂西南多为黄壤，江汉平原则主要为潮土、水稻土等隐域性土壤。其中水稻土占总耕地面积 50.35%，潮土19.03%，黄棕壤占 14.54%，其他 5 个土类的面积占总耕地面积比均小于 5%。水稻土是湖北省面积最大、贡献最多的耕作土壤，盛产粮、油，占全省粮食产量70%。潮土是湖北省重要的生产粮、棉、油的土壤，本区域所产棉花占全省棉花产量 80% 以上。黄棕壤广泛分布于鄂西南山区和鄂北地区，是小麦、玉米、棉花、豆类、茶叶、烟叶等粮经作物的重要产区。

7.1.2.4 "千湖之省"，水资源丰富

湖北省具有广阔的水域资源，容纳充足的水源。据湖北省水文站计算，全省多年平均降雨深为 1166 毫米，多年平均降雨量为 2167 亿立方米，多年平均径流深为 509 毫米，多年平均地表水资源 946.05 亿立方米。多年平均地下水资源35.24 亿立方米，水资源总计 981.29 立方米。湖北省水资源不但丰富，而且质量较好。地表水资源多属重碳酸盐及碳酸盐类淡水，大部分碳化度小于 1 克/升，pH 值呈中性或微碱性，硬度较小。各河泥沙含量，平均在 1 公斤/立方米以下，可广泛用于灌溉和饮用。

湖北省年降雨量在 750 ~ 1600 毫米，鄂西南和鄂东南是两个多雨区，降水量在 1200 ~ 1600 毫米；江汉平原和鄂东北为 1000 ~ 1200 毫米；鄂西北和鄂北在1000 毫米以下；有个别地方少于 750 毫米。降水量分布的总趋势是南多北少；山地多于平原、盆地。在山区，地形影响使之复杂化，一般是降水量随高度上升而增加。以降水总量来讲，完全可以满足农作物生育期的需水量；从时间分布上看，全省各地大部分降水量集中于 4 ~ 9 月，占全年降水量的 70% ~ 80%，这时正是热量充沛，作物积极生长的季节，故雨热同期，为农业生产提供极为有利的条件。

湖北省地处长江中游，地域辽阔，雨量丰沛，河流纵横，湖泊众多，水面类型多，面积大。据相关部门统计，除长江、汉水外，湖北省共有大小河流 1193条，总长度达 3500 多公里。湖泊据 1980 年的卫星图片量算，初步统计主要湖泊有 309 个，面积 2656 平方公里。现有水域面积 1493 千公顷，占湖北省土地总面积的 8.1%。

7.1.2.5　南北过渡地带，农作物资源丰富

湖北省地处南北过渡地带，境内又有明显的地域差异，为此生物资源丰富多彩。植物资源据不完全统计，仅种子植物就有170科、1036属、3717种。其中树种约1300多种，用材林占一半。主要建群树种有马尾松、杉树、华山松、油松、冷杉、山杨、楠竹等。经济林木品种亦多，主要有茶、油茶、油桐、生漆、板栗、厚朴等。此外，还有野生植物约1000多种。湖北省的粮食作物种类也颇多，主要有水稻、小麦、玉米、薯类、大麦、大豆、蚕豌豆、高粱、粟谷和绿豆等二十多种。

7.1.2.6　粮棉油生产基地，耕作制度以二熟制为主

湖北省地貌类型复杂多样，全省气候东西、南北迥异。耕作制度从一年一熟至一年三熟，以二熟制为主。据《湖北省农村统计年鉴2005》，2004年湖北省农作物耕作制度安排，水田和旱地一熟制占农作物种植面积的20.93%和21.95%，水田、旱地二熟制面积分别占农作物面积的68.66%和70.44%，水田和旱地三熟制分别占农作物面积的10.40%和7.61%。其中，水田二熟制以麦稻和油稻为主，占水田二熟制面积的48.16%；旱地二熟制以小麦棉和油棉为主，占二熟制面积的12.3%和15.7%。

7.1.3　湖北省农地生态系统能值分析

7.1.3.1　湖北省农地生态系统的能值分析

湖北省农地生态系统的能值投入产出情况如表7-1所示。2003年湖北省农地生态系统的能值年总投入1376.12×10^{20}太阳能焦耳，其中可更新环境资源、不可更新环境资源、工业辅助能、可更新有机能分别占系统能值投入的6.62%、7.56%、36.39%和49.43%。自然环境资源投入和外界经济系统的投入分别占系统投入的14%和86%，说明湖北省农业是一个依赖外界经济系统投入为主的人工开放系统。在环境资源投入中，表土流失等不可更新环境资源的投入占53.31%，占系统能值投入的7.56%，不可更新资源在系统投入的比例较高，表明受自然及人为因素的长期作用，不可更新资源的损失严重，农地生态系统环境较为敏感，需要加强水土保持和维护。工业辅助能投入是农业增产、增收的主要依赖，其中以化肥和农业机械投入为主，分别占44.47%和55.15%。同时，湖北省作为全国著名的农业大省，农村劳动力较多，劳动力和畜力仍是农业生产的主要投入。2003年湖北省农业产出总能值达$11\ 564.64 \times 10^{20}$太阳能焦耳，其中种植业、林业、畜牧业和渔业的能值产出分别占27.10%、4.55%、41.06%和

27.32%。净能值产出率为9.79，说明湖北省农地生态系统的整体运转效率较高，能值回报率高，农产品具有较高的市场竞争力，生产成本较低，以人力及畜力投入为主。

表7-1　湖北省农地生态经济系统能值投入（2003年）

项　目		原始数据/焦耳	能值转换率/（太阳能焦耳/焦耳或太阳能焦耳/克）	太阳能值/10²⁰ 太阳能焦耳
可更新环境资源	太阳能	4.14×10^{20}	1	4.14
	雨水势能	5.85×10^{17}	8 888	52
	雨水化学能	5.90×10^{17}	15 444	91.1
	小计*			91.1
区内不可更新资源	表土流失	1.66×10^{17}	6.25×10^4	104
	小　计	—	—	104
不可更新工业辅助能	电　力	2.34×10^{16}	1.59×10^5	37.2
	氮　肥	1.55×10^{12} g	4.62×10^9	71.6
	磷　肥	7.32×10^{11} g	1.78×10^{10}	130
	钾　肥	2.21×10^{11} g	2.96×10^9	6.54
	复合肥	5.22×10^{11} g	2.80×10^9	14.6
	农　药	9.99×10^{10} g	1.60×10^9	1.6
	塑　料	0.75×10^{11} g	3.80×10^8	0.29
	机械动力	3.18×10^{14}	7.50×10^7	239
	小　计	—	—	500.83
可更新有机能	人　力	6.35×10^{16}	3.80×10^5	241
	畜　力	2.99×10^{17}	1.46×10^5	437
	有机肥	11.5×10^{12} g	2.70×10^4	0.003
	种　子	3.32×10^{15}	6.60×10^4	2.19
	小　计	—	—	680.19
系统总能值投入		—	—	1 376.12
能值产出	种植业	E_{mY1}		3 133.69
	林　业	E_{mY2}		525.85
	畜牧业	E_{mY3}		4 748
	渔　业	E_{mY4}		3 160
	总能值产出	$E_{mY} = E_{mY1} + E_{mY2} + E_{mY3} + E_{mY4}$		11 564.64

注：表内数据是根据《湖北省农村统计年鉴2004》的相关数据计算得到，其中能值转换率参考相关文献（蓝盛芳等，2002），能量折算标准参考文献（严茂超等，2001）

7.1.3.2 湖北省农地生态系统主要能值指标

能值投入率、环境负荷力、系统优势度、系统稳定性等能值评价指标是衡量农地生态系统运行状况的重要工具,根据湖北省农地生态系统的投入产出状况计算,2003年的农地生态系统的主要能值指标如表7-2所示。整体上分析,湖北省农地生态系统的环境负荷力指数较高,接近日本的农地环境负荷力14.49(蓝盛芳等,2002)。主要原因在于湖北省人口众多,人均农地面积0.1653公顷,其中人均耕地仅有0.078公顷,单位土地承载的劳动力巨大。并且,工业辅助能和不可更新环境资源的投入比例较高,农地生态系统面临较大的环境压力。此外,湖北省的能值投入率为6.05,低于意大利(8.52)、日本(14.03)(蓝盛芳等,2002),应该说农业经济发展水平仍相对落后。

表7-2　湖北省农地生态系统能值指标体系(2003年)

能值评价指标	表达式	数值
环境资源比率	E_{mI}/E_{mT}	0.14
工业辅助能比率	E_{mF}/E_{mT}	0.37
有机辅助能比率	E_{mR1}/E_{mT}	0.49
购买能值比率	E_{mU}/E_{mT}	0.86
净能值产出率	E_{mY}/E_{mU}	9.79
能值投入率	E_{mU}/E_{mI}	6.05
环境负荷力	$(E_{mU}+E_{mN})/E_{mR}$	14.11
系统优势度	$\sum(E_{mYi}/E_{mY})^2$	0.3187
系统稳定性	$\sum[(E_{mYi}/E_{mY})LN(E_{mYi}/E_{mY})]$	1.2143

7.1.3.3 湖北省典型地区农地生态系统主要能值指标的比较

(1)环境资源基础比较

通过对各典型区农地生态系统环境资源能值投入的相关指标比较(表7-3)可见:宜昌市农业生产投入中环境资源的投入比率明显高于武汉、江汉平原、荆门,是湖北省平均水平的2.03倍,说明宜昌市农地经济发展水平相对较低,较多地依赖自然环境资源的投入;同时,宜昌市表土流失等不可更新资源的投入比率也明显高于其他典型地区及全省平均水平,每年表土层净肥力损失占系统总能值流动量的8.15%,可见宜昌水土流失较为严重,坡耕地面积比例较大,受陡坡开垦及自然因素的作用,农地生态环境较为敏感;而武汉、荆门及江汉平原环境投入在农业生产中贡献则相对较低,均低于全省平均水平,主要依靠外界经济系统的能值投入。

表 7-3　湖北省各典型地区农地生态系统的能值指标比较（2003 年）

地　区	武　汉	江汉平原	荆　门	宜　昌	湖北省
可更新环境资源比率	6. 16	5. 32	10. 36	20. 66	6. 62
不可更新环境资源比率	4. 27	7. 15	1. 09	8. 15	7. 56
环境资源比率	10. 43	12. 47	11. 45	28. 81	14. 18
工业辅助能比率	30. 70	42. 10	44. 95	36. 17	36. 39
可更新有机能比率	58. 87	45. 42	43. 60	35. 02	49. 43
购买能值比率	89. 57	87. 53	88. 55	71. 19	85. 82
净能值产出率	18. 12	8. 61	14. 95	17. 68	9. 79
能值投入率	8. 58	7. 01	7. 73	2. 46	6. 05
环境负荷力	15. 23	17. 76	8. 64	3. 84	14. 11
系统优势度	0. 386 8	0. 337 5	0. 303 5	0. 373 6	0. 318 7
系统稳定性	1. 027	1. 136 2	1. 247 4	1. 110 2	1. 214 3

（2）外界经济系统的投入比较

农地生态系统是受人类活动强烈干扰的开放系统，随着人类需求的不断增加，为获取更多的农产品，农地对外部经济系统的依赖程度逐渐加强。从表 7-3 可见，湖北省农地生态系统能值投入中外界经济能值占 85. 20%，表明农业生态系统的运行主要依赖于来自社会经济系统的购买能值。其中，武汉、荆门及江汉平原购买能值的投入比率略高于全省平均水平，宜昌市农地系统购买能值投入比率远低于全省平均水平。通过对外界经济系统投入结构的比较，各典型研究区农地生态系统能值投入也略有差异，武汉市农业生产更多地依赖以人力、畜力等为主的可更新有机能的投入，而江汉平原、荆门、宜昌有机能投入比率和工业辅助能投入比率基本相当，其中荆门、宜昌可更新有机能的投入比率甚至略低于工业辅助能的投入。通过外界经济系统投入的比较，表明各典型研究区以劳动密集型为主，尚未摆脱传统封闭式农业的格局，其中宜昌市在各典型地区里农业生产相对落后，更多地依赖自然资源及人工投入。

（3）净能值产出率比较

净能值产出率指标越高，说明系统整体功能较好，运转效率高，投入的能值转化率高（蓝盛芳等，2002）。各典型研究区里武汉、宜昌、荆门的净能值产出率均明显高出全省平均水平，说明这三个地区的能值投入回报率较高，系统的整体功能相对较好。

（4）能值投入率比较

武汉、荆门及江汉平原农地生态系统的能值投入率指标均高于全省平均水平，与宜昌相比较，表明这三个典型地区每单位无偿环境的利用投入了较多的购买能值，更多地依赖外界经济系统的投入。

（5）环境负荷力指标比较

武汉及江汉平原农地生态系统的环境负荷力指标高于全省平均水平，荆门及宜昌低于全省平均负荷，表明武汉及江汉平原的农业发展水平相对较高，系统对可更新环境资源的利用程度相对较低，农地环境压力较高；而荆门及宜昌则相反，系统生产的环境压力相对不高，可以进一步加大能值投入。

（6）系统优势度比较

农业生态系统的系统优势度指标反映结构总体的生产单元均衡性。湖北省农业生产系统优势度指标为0.3187，因林业子系统的能值产出少，系统整体均衡性相对较差。其中，武汉、江汉平原、宜昌农业生态系统的优势度指标均高于全省平均水平，说明这三个典型区农业生态系统的均衡性相对优于全省平均水平。

（7）系统稳定性比较

系统稳定性指数系统生产稳定性的大小，指数越高，说明农业系统的自控、调节能力强，有更大的自稳定性。从表7-3可见，荆门地区农地生态系统的系统稳定性指数最高，说明荆门地区农地生态系统有更大的自稳定性，系统的自控、调节、反馈作用较强。而武汉、江汉平原及宜昌农业生态系统连接网络相对不佳，应继续加强系统的结构调整，增强其稳定性。

7.1.4 湖北省农地生态足迹及承载力分析

20世纪90年代初，Rees和Wackernagel等学者提出生态足迹的分析方法。它通过测定人类维护自身生存而使用的自然生态系统的数量来评估人类对生态系统的影响，是一种可持续发展状况的定量测度，反映出人类对自然的利用程度。农地生态系统是人类赖以生存和发展的重要物质基础，更是一个受人类活动强烈干扰的开放系统。人类要实现对农地资源的持续合理利用，必须考虑生态系统的承载力。为此，对研究区农地生态与农地价值的关系研究，首先需要分析农地的生态承载力是否在合理的范围，农地资源是否处于可持续利用状态。

7.1.4.1 农地生态足迹

根据生态足迹的理论方法，结合2004年湖北省农村统计数据，对湖北省农地的生态足迹及生态承载力进行计算，计算过程详见本书附表。将各种农产品的消费项目折算成耕地、园地、林地和水域四种农地的生产面积，并对各种生产面积乘以相应的均衡因子，便可调整为具有全球生态系统平均生产力的、可以直接相加的生态系统的面积。按世界平均生态空间计算的湖北省2004年各市、州的生态足迹如表7-4所示。从表7-4可见，湖北省要维持2004年的农产品需求，其人均的农地生态足迹为0.8333公顷。其中，荆州、荆门、仙桃、潜江、孝感、襄樊等地的人均农地生态足迹超出全省的平均水平。

表 7-4　湖北省各市、州 2004 年的生态足迹及生态承载力

地　区	2004 年总人口/万人	人均生态足迹/（公顷/人）	人均生态承载力/（公顷/人）	人均生态盈余/赤字/（公顷/人）	总的生态足迹/（万公顷）	2004 年GDP/亿元	万元 GDP 的生态足迹/（公顷/万元 GDP）
湖北省	6 016.1	0.833 3	0.538 6	− 0.294 7	50 685 643	6 309.92	0.80
武　汉	785.9	0.616 6	0.274 9	− 0.341 7	4 846 229	1 956	0.25
黄　石	254.9	0.584 9	0.286 6	− 0.298 3	1 490 969	316.98	0.47
十　堰	341.8	0.308 1	0.746 8	0.438 7	1 052 916	290.96	0.36
荆　州	640.1	1.304 5	0.575 1	− 0.729 4	8 350 207	430.02	1.94
宜　昌	398.5	0.715 5	0.763 3	0.047 8	2 851 440	588.68	0.48
襄　樊	578.8	0.857 1	0.657 5	− 0.199 6	4 960 721	557.88	0.89
鄂　州	105	0.081	0.339 2	0.258 2	85 027	141.92	0.06
荆　门	298.4	1.440 1	0.803 9	− 0.636 2	4 297 294	379.46	1.13
孝　感	507.2	0.914 7	0.388 7	− 0.526 0	4 639 523	381.29	1.22
黄　冈	726.3	0.784 3	0.386 6	− 0.397 7	5 696 107	432.4	1.32
咸　宁	277	0.757 3	0.521 3	− 0.236 0	2 097 797	205.01	1.02
随　州	257.7	0.665 4	0.601 1	− 0.064 3	1 714 835	189.67	0.90
恩　施	382.7	0.451 1	0.825 0	0.373 9	1 726 255	164.19	1.05
仙　桃	159.7	1.528	0.438 8	− 1.089 2	2 440 293	138.47	1.76
天　门	176.8	0.77	0.447 8	− 0.322 2	1 361 350	127.4	1.07
潜　江	101.5	1.188 1	0.566 3	− 0.621 8	1 205 917	106.43	1.13
神农架	7.9	0.218 8	3.755 7	3.536 9	17 285	4.55	0.38

7.1.4.2　农地生态承载力

　　人均农地生态承载力即人均农地生态足迹的供给，将地区人均拥有的各类农地面积乘以均衡因子和产量因子，便可转化为按世界平均生态空间计算的人均生态承载力。产量因子依据湖北省各类型农地生产空间的生产力与全球平均生产力的比较得到。其中，耕地产量因子为 1.96，园地和林地为 1.35，水域为 8.69。出于谨慎考虑，农地生态承载力计算时扣除 12% 的生物多样性保护面积（Wack-ernagel et al.，1997；1999）。湖北省 2004 年各市、州的农地生态承载力如表 7-4 所示。其中，十堰、荆州、宜昌、襄樊、恩施、神农架等市州现有农地的生态空间供给大于湖北省平均水平。

7.1.4.3　农地生态盈余/赤字分析

　　农地的生态盈余或生态赤字反映区域人口对农地的利用状况。区域的农地

足迹需求超出区域所能提供的生态供给，则出现生态赤字；如果农地的生态需求小于生态承载力，则表现为盈余。从表7-4可以比较出湖北省各市、州2004年农地生态需求与生态承载力之间的相互关系。从计算结果可见，2004年湖北省人均农地生态赤字0.2947公顷，农地生态赤字总面积达1772.95万公顷，是湖北全省现有农地面积的1.2倍。生态赤字的存在表明当前人类社会经济活动对农地的干扰强度及消费需求均超出农地生态系统的承载能力，湖北省农地生态系统处于人类的过度开发利用和压力之下。湖北省17个市、州，十堰、宜昌、鄂州、恩施、神农架五个市、州的经济相对落后，林地面积丰富，出现生态盈余。武汉、黄石、荆州、荆门、孝感、黄冈、仙桃、天门、潜江等城市化进程较快、经济发展水平较高的地区，人均农地生态赤字均超出了全省平均水平。如以湖北省人均农地生态承载力作为底线或生态阈值，武汉、黄石、荆州、荆门、孝感、黄冈、仙桃、天门、潜江在省级尺度上农地利用均处于不可持续利用状况。

7.1.4.4　万元GDP的农地生态足迹及农地利用利用效率

万元GDP的农地生态足迹是反映区域农地资源的利用强度的一个重要指标。万元GDP的生态足迹占用越小，表明区域农地的生产效率越高。为反映湖北省农地资源的利用状况，将各区域总人口生态足迹除以地区生产总值，可计算出各市州的足迹需求，如表7-4所示。其中，武汉、黄石、十堰、宜昌、鄂州、神农架六个地区万元GDP的农地生态足迹明显低于湖北省平均水平，说明这些地区农地利用效益较好。计算结果表明湖北省各市州在农地资源利用效益方面存在明显差别，并且万元GDP农地生态足迹的需求与各市州的农地资源状况和经济发展水平密切相关。万元GDP农地生态足迹高的市州基本可以归为两类：一类是城市化进程较快、经济发展水平较高的地区，如武汉、黄石；另一类是林地资源丰富的山区，如十堰、宜昌、鄂州、神农架。此外，经济相对落后、第一产业仍占主要份额的市州，万元GDP的生态足迹需求较大。

7.1.4.5　不同类型农地的生态盈余/赤字分析

同理，按生态足迹的理论方法，可对不同类型农地的生态承载力和生态足迹分别计算，比较各类型农地的生态供需状况（表7-5）。从表7-5可见，不同类型农地中，各市县林地资源均为生态盈余，说明近年受生态退耕政策的影响，林地利用状况较好，处于可持续利用状态。为此，林地资源丰富的鄂西山区农地利用总体处于生态盈余状态。各市县出现生态赤字面积较大的农地主要有水域用地、园地及耕地。其中，耕地资源利用程度超过全省平均水平的有黄石、荆州、襄樊、荆门、孝感、黄冈、仙桃，说明这些市州耕地资源的负荷相对较重。

表 7-5　湖北省各市州 2004 年各类型农地的生态盈余/赤字分析

地　区	耕　地	园　地	林　地	水　域
湖北省	− 0.089 1	− 0.028 0	0.113 5	− 0.291 3
武　汉	− 0.031 0	− 0.021 6	0.008 3	− 0.297 4
黄　石	− 0.128 0	− 0.007 4	0.042 8	− 0.205 7
十　堰	0.055 7	0.000 0	0.416 2	− 0.033 2
荆　州	− 0.122 1	− 0.027 9	0.008 9	− 0.588 3
宜　昌	− 0.013 4	− 0.064 6	0.279 4	− 0.153 7
襄　樊	− 0.106 0	− 0.060 0	0.121 9	− 0.155 4
鄂　州	0.166 0	0.001 1	0.015 3	0.075 8
荆　门	− 0.219 7	− 0.055 9	0.111 6	− 0.472 3
孝　感	− 0.148 8	− 0.026 6	0.022 7	− 0.373 2
黄　冈	− 0.224 8	− 0.004 0	0.081 8	− 0.250 6
咸　宁	− 0.068 8	− 0.028 4	0.131 5	− 0.270 4
随　州	− 0.045 6	− 0.027 0	0.154 6	− 0.146 4
恩　施	0.054 9	− 0.007 4	0.330 6	− 0.004 1
仙　桃	− 0.147 5	− 0.058 0	0.002 2	− 0.885 9
天　门	− 0.036 5	− 0.014 3	0.002 1	− 0.273 5
潜　江	− 0.033 1	− 0.035 0	0.004 1	− 0.557 8
神农架	0.224 7	0.004 0	3.286 8	0.021 4

7.1.5　湖北省农地景观变化

7.1.5.1　1996～2003 年湖北省农地景观变化

1996～2003 年湖北省土地利用变化情况如图 7-1 所示，其中耕地、林地、居民点及工矿用地、荒草地面积变化较为明显。1996～2003 年，湖北省耕地面积净减少 231 453.85 公顷，耕地是园地、林地、其他农用地和建设用地增加的直接来源。同期，耕地资源中灌溉水田、望天田、水浇地、菜地和旱地减少情况如图 7-2 所示，其中灌溉水田占耕地减少面积的 78%。近年来，受生态退耕政策的影响，湖北省加大造林力度，林地面积逐年增加。1996～2003 年湖北省净增加林地面积 207 914.21公顷，其中未成林造林地面积净增加 207 740.18 公顷，占林地增加面积的 99.92%。其他农用地、居民点及工矿用地、交通用地、水利设施用地面积呈不断增加趋势。未利用地中的荒草地、沼泽地、裸土地、裸岩石砾地、苇地和滩涂面积在不断减少，其中 1996～2003 年荒草地面积净减少 53 667.29 公顷。

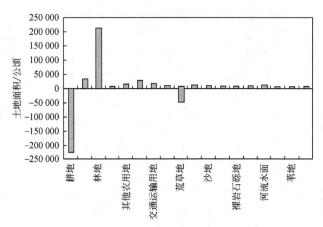

图 7-1　1996～2003 年湖北省土地利用变化情况

7.1.5.2　典型研究地区农地利用优势度及复杂度分析

（1）农地利用优势度（LAD）

土地利用优势度是反映典型地区的土地利用类型在整个研究区域相对重要性的量度指标，通常采用比较优势指数公式来表达（刘彦随等，2005），即：

$$LAD_{ik} = (a_{ik} / \sum_{i=1}^{n} a_{ik}) / (A_{i0} / \sum_{i=1}^{n} A_{i0})$$

式中：LAD_{ik} 为某时该区域 k 中土地利用类型 i 的优势度；a_{ik} 为区域 k 土地类型 i 的面积；A_{i0} 为整个区域土地利用类型 i 的面积。

根据上述公式，可计算出湖北省各典型研究地区农地利用的优势度指标（表7-6）。结果表明，湖北省的耕地及林地在农地类型中占据重要的比例份额。与湖北全省农地利用水平比较，江汉平原的耕地、水域资源较为丰富，具有明显的利用优势，但其园地、林地则相对稀缺，不具备资源优势；荆门地区水田面积较多，占地区农地面积的 36.40%，具有明显的比较优势，但旱地、园地、林地及水域资源占农地的比例均低于全省平均水平；宜昌地处山区，园地及林地资源优势明显，但耕地、水域资源较为稀缺，不具备利用优势（图7-2）。

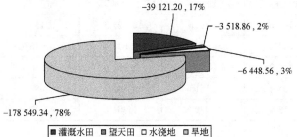

-39 121.20，17%

-3 518.86，2%

-6 448.56，3%

-178 549.34，78%

■ 灌溉水田　■ 望天田　□ 水浇地　■ 旱地

图 7-2　1996～2003 年湖北省耕地减少情况

表7-6　各典型研究地区农地景观优势度指标

景观类型	农地比例/%					农地利用优势度（LAD）			
	湖北省	武汉	江汉平原	荆门	宜昌	武汉	江汉平原	荆门	宜昌
水　田	16.52	35.25	36.40	30.53	6.73	2.13	2.20	1.85	0.41
旱　地	15.93	25.18	28.74	14.14	13.33	1.58	1.80	0.89	0.84
耕　地	32.45	60.43	65.14	44.67	20.06	1.86	2.01	1.38	0.62
园　地	2.92	2.04	1.91	2.22	4.83	0.70	0.65	0.76	1.65
林　地	54.35	12.23	10.28	44.96	71.27	0.23	0.19	0.83	1.31
水　域	10.28	25.30	22.67	8.15	3.84	2.46	2.21	0.79	0.37
合　计	100	100	100	100	100	5.25	5.06	3.76	3.96

（2）农地利用复杂度（LCD）

土地利用复杂度是反映特定区域多种土地利用类型空间组合的复杂性及变异性的量度指标，通常采用信息论中的 Shannon 公式来表述（刘彦随等，2005），即：

$$\mathrm{LCD}_k = -\sum_{i=1}^{n} P_i \lg P_i$$

式中：LCD_k 为 k 时刻区域土地利用类型组合复杂度；P_i 为区域土地利用类型 i 占土地面积的比率。LCD 越大，表示地区景观多样性程度越高；反之，说明一种或少数几种土地利用类型在景观中占据主导地位或控制地位。根据公式，可分析湖北省各典型地区农地利用的复杂度指标（表7-7）。分析结果表明，武汉、江汉平原、荆门及宜昌的农地利用结构复杂程度均低于全省平均水平，其中宜昌地区林地资源占农地总量的71.27%，在农地景观中具有支配和控制地位，因此农地利用结构复杂度最低。

表7-7　各典型研究地区农地利用复杂度指标

景观类型	农地利用复杂度（LCD）				
	湖北省	武汉	江汉平原	荆门	宜昌
耕　地	0.158 6	0.132 2	0.121 3	0.156 3	0.140 0
园　地	0.044 8	0.034 5	0.032 8	0.036 7	0.063 6
林　地	0.143 9	0.111 6	0.101 6	0.156 1	0.104 8
水　域	0.101 6	0.151 0	0.146 1	0.088 7	0.054 4
合　计	0.448 9	0.429 3	0.401 8	0.437 9	0.362 7

7.2 湖北省农地生态与农地市场价值研究

农地作为土地资源的精华部分,具有稀缺性、固定性、个别性、永续性等特性,生产者或农民耕种土地不仅能够提供现时的纯收益或农产品,而且利用得当还能够期待在未来年期源源不断地继续取得。为此鉴于数据的可取性及农地的特性,同前,采用收益还原法评估湖北省农地资源的市场价值。

7.2.1 农地经济数据的获取

首先,根据湖北省农地分布及生态特征差异划分研究区域的生态类型。其次,在各生态类型区域内按经济发展水平和城市规模大小,选取有代表性的市县作为调查研究范围,进行抽样调查。此次研究根据湖北省农地分布及生态特征,选择武汉、宜昌、荆门、汉川、仙桃 5 个典型市县的 40 多个乡镇进行调查。样本数量及分布根据各市县农户户数按一定比例随机抽取,总样本 896 份。通过入户调查方式,详细了解受访农户家庭人口、土地面积、种植结构、生产投入、农业税费、产值、补贴等经济资料,为分析农地资源的经济产出、经济价值提供了翔实可靠的数据源。其中,武汉市选取江夏(郑店、流芳、纸坊)、黄陂(横店镇、滠口镇)、蔡甸(玉贤镇、爹山镇)、东西湖(径河农场、新沟农场)4 个调查区,分别走访郑店、流芳、纸坊、横店、滠口、玉贤、爹山、径河农场、新沟农场 9 个乡镇或农场 18 个村庄及生产单位的 265 户农户;汉川市调查走访新河、刘隔、分水、沉湖、脉旺、城隍六镇的 20 多个村庄,回收有效样本 176 份;仙桃市调查走访干河、西流河、长埫口、沙湖、彭场及胡场 6 个乡镇 18 个村庄的农民,回收有效调查问卷 123 份;荆门地区选择荆门市漳河镇、沙洋县后港镇、京山县宋河镇、罗店镇等乡镇为调查区域,在 3 个区域内按一定比例随机抽样调查农户 160 户,经整理,回收有效样本 152 份;宜昌地区根据地貌特征选择夷陵区、秭归县和长阳土家族自治县作为调查子区域,走访茅坪镇、周坪镇、龙盘坪镇、小溪塔镇、邓村乡 5 个乡镇 14 个村庄的 180 户农户。

7.2.2 样本分布

湖北省各典型调查区域内,通过资料整理,可用于分析水田、旱地、菜地、园地和养殖水面等各类型农地经济产出的样本分布如表 7-8 所示。其中,水田和旱地是湖北省主要的农地类型,受访农户的调查样本较多。为此,在分析农地生态与农地市场价值的关系时,重点分析研究区水田和旱地的经济产出与农地生态特征的关系。

表7-8 湖北省各类型农地的样本农户情况　　　　　　单位：户

典型地区	水　田	旱　地	菜　地	园　地	鱼　塘
仙　桃	102	74	7	1	10
汉　川	135	125	0	0	0
武　汉	176	90	10	13	33
荆　门	132	73	0	2	2
宜　昌	64	112	0	55	0
小　计	609	474	17	71	45

7.2.3　湖北省农地资源市场价值估算

在前文，已经分别对武汉、江汉平原、鄂中丘陵、鄂西山地等典型地区农地的市场价值进行估算，结果见表7-9。不同类型地区农地市场价值差异明显，并与地区农地的资源优势密切相关。按农地利用优势度指标分析，荆门地区水田资源优势明显，为此其水田经济产出价值最高，江汉平原次之，鄂西山地最低；江汉平原地势平坦、水资源丰富，灌溉条件较好，旱地资源具有相对优势，因此其经济产出价值高于丘陵地区，明显高于鄂西山地。园地和水域用地在各类型农地中的经济产值最高，这也是近年来大量耕地被调整为园地和养殖水面的内在原因。湖北省地貌类型复杂多样，山地、丘陵及平原分别占56%、24%和20%。为此，按山地、丘陵、平原各地貌类型的权重系数，乘以典型调查地区所估算的农地价值，可以粗略地求出湖北省农地市场价值的均值。其中，菜地和水产养殖户的调查样本较少，并且鄂西山地缺少水产养殖户的调查样本，为此水域用地的经济产值按江汉平原和鄂中丘陵的估算结果简单平均加权求取，菜地的市场价值按江汉平原的估算结果计算。

表7-9 湖北省典型地区农地资源市场价值估算结果

单位：元/公顷

地　区	水　田	旱　地	菜　地	园　地	水　域
江汉平原	197 871	210 489	926 992	862 945	505 213
鄂中丘陵	380 305	183 543	—	196 133	541 778
鄂西山地	148 536	144 136	—	953 535	—
平均值	214 028	166 868	926 992	753 641	523 496

7.2.4 湖北省农地生态与农地市场价值关系分析

7.2.4.1 典型地区农地生态与农地市场价值的关系

（1）水田市场价值与农地生态特征的关系分析

根据表 7-10 中仙桃、汉川、武汉、荆门和宜昌 5 个研究区单位公顷水田的生产投入、税费、经济产出、纯收入资料进行聚类分析，结果如图 7-3 所示。依据聚类分析结果，当 $\lambda = 0.50$ 时，5 个地区水田的生产情况可以分为三大类型：荆门地区为一类；仙桃、汉川、武汉在生产投入、经济产出、单位纯收入方面较为接近归为一类；宜昌归为一类。如果再进行细化的话，仙桃、汉川二个地区水田的生产情况和武汉仍有区别，其中仙桃、汉川可归为一小类，武汉单独作一小类。聚类分析结果表明，水田的经济产出、生产投入等有明显的地域分异规律，与资源禀赋、耕作制度及生态环境密切相关。单位水田净收益比较，荆门 > 武汉 > 仙桃 > 汉川 > 宜昌，即鄂中丘陵地区水田产出 > 平原地区 > 山地。水田市场价值的高低与其利用优势度一致，呈现出由鄂中丘陵（荆门）向平原中心（武汉、汉川、仙桃）及最外围层山地（宜昌）依次递减的趋势（图 7-3）。这主要是因为丘陵地区是以水田利用为主，灌溉水田占荆门耕地面积的 68.30%，资源优势明显，并且主要分布在滨湖平原、丘陵坡脚、岗岭的中下部和山麓部位，其土壤类型主要是潴育型黄棕壤第四纪黏土泥田，水源条件好，一般种植油稻、肥稻、麦稻等。而江汉平原容易受洪涝灾害影响，为此水田产出水平低于荆门地区。而宜昌地区水田仅占地区耕地面积的 32.22%，不具有资源优势，受访样本农户户均拥有水田面积仅有 0.076 7 公顷，在 5 个研究地区里最低。

表 7-10　五个典型研究区水田经济价值的各项指标

单位：元/公顷

地区（编号）	户均面积/公顷	单位投入	单位税费	单位产值	单位净收益	产投效率
仙桃（OB1）	0.301 3	7 237.45	1 214.27	12 530.59	4 278.38	1.73
汉川（OB2）	0.324 7	6 730.65	929.10	11 808.09	4 353.86	1.75
武汉（OB3）	0.212 7	6 456.90	0	10 860.00	4 628.10	1.68
荆门（OB4）	0.642 7	6 054.87	737.55	14 997.52	8 556.86	2.48
宜昌（OB5）	0.084 7	5 976.72	694.5	9 788.28	3 342.06	1.64

注：单位投入包括生产投入和用工投入

此外，调查结果还表明，各调查区水田的产投效率与经营规模呈明显的正相关关系。荆门受访农户户均水田面积最多，户均面积 0.642 7 公顷，多为种田大户，且地块连片、规整，经营油稻、麦稻和一季中稻，为此其水田的平均产投效率达 2.48，在 5 个市县里最高。而宜昌地区水田稀缺，户均面积仅有 0.084 7 公

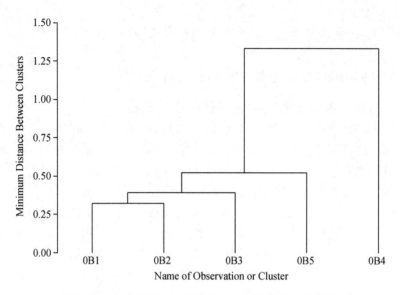

图 7-3 5 个研究区水田生产投入、产出聚类分析结果

顷，地块零散、破碎，仅以种植中稻满足农户的口粮需求，生产经营较多地依赖自然环境的投入，产投效率最低。可见，受资源禀赋和耕作制度的影响，各地农地的经济产出差异明显。

（2）旱地市场价值与农地生态特征的关系分析

同前，根据仙桃、汉川、武汉、荆门和宜昌 5 个研究区域单位公顷旱地的生产投入、税费、经济产出、纯收入情况进行聚类分析，结果显示如图 7-4 所示。当 $\lambda = 0.75$ 时，5 个地区可归成两类：汉川和仙桃旱地的单位生产投入、税费、经济产出、纯收入较为接近，归为一类；武汉、宜昌和荆门 3 个地区的旱地生产情况归为一类，其中又以武汉和宜昌的旱地生产情况较为接近，与荆门有所差距，可另划分为一小类。对 5 个典型地区单位旱地的生产投入、税费、产出、纯收入四项经济指标进行聚类得到的结果，与这 5 个地区根据地貌划分的生态类型是比较吻合的。诸如，汉川和仙桃的旱地生产情况较为接近归为一类，而这两个地区属于典型平原湖区；武汉市郊的蔡甸区、江夏区属丘陵地区，黄陂属低山地貌类型，因此其与宜昌和荆门地区的旱地生产投入、产出情况较为接近。由此可见，旱地的生产情况与地区的生态环境或生态类型紧密联系。

对武汉、汉川、仙桃、荆门 4 个调查区旱地的单位净收益与资源禀赋进行比较，可以发现，旱地资源禀赋越大的地区其旱地的单位净收益越高，资源禀赋对农地单位净收益有正的影响，说明经营规模越大的农户为提高经济效益，对农地的生产投入和管理加强，依市场需求合理安排耕作制度。此外，从表 7-11 可见，与水田的经营情况相反，旱地的产投效率与经营规模之间呈负相关关系。诸如，仙桃、汉川的旱地面积较武汉、荆门丰富，然而其产投效率却低于武汉和荆门。原因在于，武汉、荆门旱地面积相对较少，农户主要经营花生、芝麻等投入低、易于管理的经济作物，满足自家需求。而仙桃、汉川的旱地多种植物质投入较多、经济效益较好的棉花，且规模越大的农户为提高产出，兼套种油菜、小麦、大豆等作物，为此虽然其单位土地净收益最高，但产投效率较低。而宜昌山区旱地多为坡耕地，地块零散、不规整，种植玉米、红苕等经济效益较低的作物，为此其产投效率较低（图7-4）。

表7-11　5个典型研究区旱地经济价值的各项指标　　单位：元/公顷

地区（编号）	户均面积/公顷	单位投入	单位税费	单位产值	单位净收益	产投效率
仙桃（0B1）	0.214 7	9 521.69	1 198.62	15 788.92	5 068.61	1.66
汉川（0B2）	0.324 0	9 659.15	921.45	15 976.86	5 396.26	1.65
武汉（0B3）	0.129 3	4 567.12	0	8 112.60	3 545.48	1.78
荆门（0B4）	0.172 7	4 326.34	646.30	8 982.92	4 129.72	2.08
宜昌（0B5）	0.155 3	5 691.73	678.60	9 441.18	3 243.05	1.66

注：单位投入包括生产投入和用工投入。

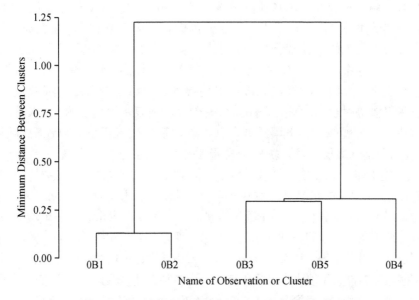

图7-4　5个研究区旱地生产投入、产出聚类分析结果

综上分析，江汉平原、鄂中丘陵、鄂西山地农田（包括水田和旱地）的市场价值有明显的区域差异。水田的市场价值按高至低排列序列依次为：鄂中丘陵 > 江汉平原 > 山地。旱地的市场价值按高至低的排列顺序依次为：江汉平原 >

鄂中丘陵＞鄂西山地。从地区分析，无论是水田还是旱地，鄂西山区农地资源条件较差，农田的经济产出价值最低。武汉市纯农区的农田经营以种植粮食及油料作物为主，不具备优势，农地产出甚至低于江汉平原和鄂中丘陵。

7.2.4.2　主导生态因子与农地市场价值的关系

生态因子（ecological factor）是指环境中对生物的生长、发育、行为和分布有着直接或间接影响的环境要素，诸如温度、湿度、食物、氧气、二氧化碳和其他相关生物，是生物存在所不可缺少的环境条件，也称为生物的生存条件（唐建荣，2005）。通常，生态因子也可以认为是环境因子中对生物起决定作用的因子。

任何一种生物的生存环境中都存在很多的生态因子，这些因子在性质、特征和强度方面各不相同，彼此之间相互制约，相互组合，构成了多种多样的生存环境。农地生态系统是人类为了满足生存需要，积极干预自然系统，依赖土地资源，利用农作物的生长繁殖来获得产品物质而形成的半自然人工系统，是由农作物及其周围环境构成的物质转化和能量流动系统。它建立在自然系统基础之上，又"叠加"了人类的经济活动而形成的更高层次上的自然与经济的统一体，具有自然和社会双重属性（夏伦旺，2000；王凤仙，1995；乔家君，2004）。影响农地价值的生态因子主要有三个方面的因素所组成：①非生物因素，即物理因素，如光、温、水、风、矿物质养分等；②生物因素，包括耕作制度、种植结构、农田内部生态系统等；③人为因素，包括农地资源禀赋、环境污染等因素。农地资源价值是各种生态因子综合作用的结果，但在具体情况下，总有少数几个生态因子起主导作用。目前，在我国农地分等定级规程中所考虑的农地自然条件主要包括以下几方面：①气候条件：平均温度、积温、降水量、蒸发量、无霜期、灾害气候等因素；②水文条件：水源类型（地表水、地下水）、水量、保证率、水质；③土壤条件：土壤类型、有机质含量（表层土壤，耕地指耕层有机质）、土壤质地（表层土壤，耕地指耕层质地）、土层厚度（土壤 A 和 B 层的厚度）、土壤盐碱状况、土壤污染状况、土体构型（障碍层次数量、主要障碍层的厚度及埋深）、土壤侵蚀状况（土壤风蚀与水蚀状况）、土壤养分状况（表层土壤，耕地指耕层土壤的养分状况）、土壤污染状况、土壤保水供水状况、土壤中砾石含量等；④地貌条件：地貌类型（山地、丘陵、平原等）、海拔、坡度、坡向、坡型、地形部位（在坡的上部、中部、下部）；⑤农田基本建设情况：灌溉条件、排水条件、田间道路条件、田块大小及平整度等。但各种农地自然条件或生态因子对农地价值的影响只能通过专家评分等方法定性权衡，难以对各因子的贡献度予以量化。结合我国农地分等定级的实际情况及资料情况，通过统计资料分析湖北省各市县农地产出与农地生态的关系，探寻影响农地经济产出的主导性因子。

7.2.4.3 主导生态因子与水田产出的关系分析

（1）相关数据

湖北省水田的耕作以麦稻和油稻二熟制为主，占水田二熟制面积的48.16%。实地调查仅以不同地貌类型的5个典型地区作为研究对象，调查各典型区农地的经济产出。调查以农户为单位，为此在分析农地经济产出与农地生态特征的关系时，仅能笼统地体现地貌类型差异、农户土地资源禀赋、耕作制度安排对农地生产投入、产出和净产值的影响，而气候、温度、土壤、农田基本建设等因素对农地产出的影响则难以体现。为此，限于调查资料的局限性，在分析各市县的水田经济产出时结合《湖北省农村统计年鉴》里的相关数据资料（表7-12），以中稻作为水田的基准作物，用各市县的水稻平均产量代表水田经济产出能力，分析影响水田经济产出的主要影响因子及其贡献度。

表7-12 湖北省各市县中稻产量及可能影响指标

地 区	中稻单产/（公斤/公顷）	农业人口人均耕地 x_1/（0.0667公顷/人）	25度坡耕地比例 x_2/%	有效灌溉保收耕地面积比例 x_3/%	机耕面积比例 x_4/%	中稻光温潜力 x_5
黄陂区	5 828	0.85	0.00	59.70	60.59	1 806
大冶市	5 301	1.38	1.04	30.15	39.51	1 754
阳新县	6 309	1.05	0.00	23.36	21.19	1 795
丹江口	4 788	0.92	0.00	35.70	40.10	1 754
郧　县	4 987	1.30	17.87	13.18	15.62	1 767
郧西县	6 585	1.59	9.61	11.43	14.16	1 735
竹山县	5 750	1.45	37.33	15.21	13.18	1 669
竹溪县	6 717	1.52	25.15	14.32	16.17	1 600
房　县	5 373	1.33	17.83	22.08	25.20	1 599
松滋市	7 752	2.13	0.00	49.22	66.80	1 799
公安县	8 975	2.04	0.00	56.42	65.33	1 798
石首市	9 398	1.70	0.00	58.91	34.04	1 790
监利县	6 689	2.44	0.00	46.16	43.72	1 865
洪湖市	8 645	2.70	0.24	74.76	43.43	1 863
宜都市	6 758	1.28	1.95	29.76	32.85	1 738
枝江市	8 552	1.87	0.00	85.64	75.54	1 740
当阳市	8 018	2.78	1.02	44.45	58.90	1 775
远安县	7 081	1.60	1.62	47.33	47.27	1 781
兴山县	5 817	2.71	5.76	9.77	3.97	1 694
秭归县	5 724	1.44	10.27	18.59	5.18	1 735
长阳县	6 033	2.16	24.60	5.43	1.87	1 645

地 区	中稻单产/ （公斤/公顷）	农业人口人 均耕地 x_1/ （0.0667 公顷/人）	25 度坡 耕地比 例 x_2/%	有效灌溉保 收耕地面积 比例 x_3/%	机耕面积 比例 x_4/%	中稻光温潜力 x_5
五峰县	4 952	2.26	46.77	2.42	1.10	1 288
老河口	8 682	2.00	6.94	38.27	61.48	1 701
枣阳市	7 738	2.08	0.24	53.26	78.91	1 796
南漳县	7 205	1.36	5.21	51.40	72.93	1 750
谷城县	7 634	1.03	0.00	60.18	53.80	1 703
保康县	5 806	1.39	29.92	23.13	14.02	1 621
京山县	6 935	1.90	3.32	55.05	85.28	1 810
安陆县	9 931	1.50	10.46	49.75	41.34	1 847
云梦县	9 764	0.92	0.00	83.23	81.47	1 812
应城市	8 639	1.21	0.00	65.09	65.51	1 798
汉川市	7 927	1.33	0.00	65.82	89.01	1 834
红安县	9 439	0.78	0.47	9.61	75.21	1 780
麻城市	7 300	0.92	1.10	53.72	112.17	1 828
罗田县	6 912	0.82	9.27	48.51	39.58	1 800
英山县	8 045	0.50	1.16	0.00	118.50	1 811
浠水县	5 486	0.83	4.35	81.42	63.23	1 798
蕲春县	6 020	0.68	0.44	70.07	79.77	1 851
武穴市	7 134	0.82	0.41	91.34	74.53	1 781
黄梅县	5 562	1.17	8.79	69.50	51.43	1 801
咸安区	6 200	1.23	13.19	39.64	91.16	1 752
嘉鱼县	4 201	1.38	0.00	69.49	0.00	1 807
赤壁市	5 897	1.15	0.00	58.48	69.32	1 775
通城县	5 800	1.06	29.87	47.65	62.66	1 821
崇阳县	4 627	1.47	23.20	22.80	7.12	1 738
通山县	4 076	1.21	47.09	16.48	5.49	1 762
恩施市	6 128	1.30	1.02	13.85	5.81	1 538
建始县	6 234	1.31	5.23	5.16	10.02	1 505
巴东县	5 271	1.71	20.50	0.00	4.10	1 714
利川县	5 720	1.20	0.47	21.88	6.93	1 161
宣恩县	5 852	2.00	12.28	14.71	6.28	1 436
咸丰县	6 630	1.80	31.83	16.33	10.48	1 313

农地生态与农地价值关系

地　区	中稻单产/ （公斤/公顷）	农业人口人 均耕地 x_1/ （0.0667 公顷/人）	25 度坡 耕地比 例 x_2/%	有效灌溉保 收耕地面积 比例 x_3/%	机耕面积 比例 x_4/%	中稻光温潜力 x_5
来凤县	6 556	1.59	17.59	22.13	12.21	1 490
鹤峰县	6 339	1.42	14.98	9.56	6.38	1 413
仙桃市	9 539	1.36	0.00	80.56	78.34	1 853
天门市	6 977	1.41	0.00	76.36	99.86	1 820
潜江市	9 662	1.88	0.00	81.22	78.72	1 806
神农架	4 650	2.19	12.31	6.84	9.99	1 213

（2）可能影响水田产出的因子分类

对可能影响水田产出的农业人口人均耕地面积、坡耕地比例系数、有效灌溉保收耕地面积比例、机耕面积比例、中稻光温生产潜力指数五个指标进行主成分分析。各指标的相关系数、特征值与贡献率、特征向量分别见表 7-13 ~ 表 7-15。由表 7-14 可知，第 1 个主成分的特征根为 2.747 1，方差贡献率 54.94%，代表了全部性状信息的 54.94%，是最重要的主成分；第 2 个主成分代表了全部线状信息的 19.07%，仅次于第一个主成分；第 3、4 个主成分的贡献率分别为 11.54% 和 7.8%。前三个主成分的累积贡献率达到 85.55%，表明前三个主成分把影响水稻产量的可能性指标的信息反映出来，因此可以选择前三个主成分作为分析影响水田经济产出的综合指标。根据前 3 个主成分中因子负荷量的大小，可以对各因子指标进行分类。

表 7-13　水稻经济产出影响变量间的相关系数（N = 58）

	x_1	x_2	x_3	x_4	x_5
x_1	1.000 0	0.109 4	− .132 7	− .284 8	− .198 6
x_2	0.109 4	1.000 0	− .546 4	− .541 0	− .417 0
x_3	− .132 7	− .546 4	1.000 0	0.647 5	0.582 6
x_4	− .284 8	− .541 0	0.647 5	1.000 0	0.593 0
x_5	− .198 6	− .417 0	0.582 6	0.593 0	1.000 0

表 7-14　水稻产出的主成分分析的特征值与贡献率

主成分	特征值	贡献率/%	累积贡献率/%
Prin1	2.747 1	54.94	54.94
Prin2	0.953 3	19.07	74.01
Prin3	0.576 8	11.54	85.55
Prin4	0.390 2	7.80	93.35
Prin5	0.332 5	6.65	100

表 7-15　水稻产出主成分分析的前 3 个主成分的因子负荷量

项　目	Prin1	Prin2	Prin3
农业人口人均耕地/（0.0667 公顷/人）	−.205 9	0.949 0	0.156 7
坡耕地比例/%	−.447 1	−.241 5	0.753 4
有效灌溉保收耕地比例/%	0.507 9	0.195 7	0.096 6
机耕耕地比例/%	0.522 0	−.046 2	0.037 7
中稻光温生产潜力	0.476 7	0.025 5	0.630 2

第一主成分中，因子负荷量较大的变量是有效灌溉保收面积占耕地总面积的比例和机耕地面积占耕地面积比例两个指标。有效灌溉保收面积反映地区农田的灌溉条件、排水条件，机耕面积反映田间道路条件、田块大小及平整度等农田基本建设情况。因此，可将第一主成分认为是表现"农田基本建设状况"的性质的因子。

第二主成分中，因子负荷量较大的变量是农业人口人均耕地面积，反映地区的土地资源禀赋情况。因此，第二主成分可以认为是表现"土地资源禀赋"特征的因子。

第三主成分中，因子负荷量较高的是坡耕地面积比例和中稻光温生产潜力指数。坡耕地占耕地面积的比例系数反映地区的地貌特征，通常市县的坡耕地比例越大，说明该市县的地势条件愈复杂，地貌类型多为山地或丘陵。光温生产潜力是指在农业生产条件得到充分保证，水分、CO_2 供应充足，其他环境条件适宜情况下，理想作物群体在当地光、热资源条件下，所能达到的最高产量。即在假定土壤没有任何限制因子，管理水平最佳，养分和水分充分满足作物生长要求情况下的作物生产潜力。其计算公式为：

$$Y_{mp} = 0.5 \times B_{gm} \times CL \times CN \times CH \times N$$

式中：Y_{mp} 为光温生产力，B_{gm} 为作物干物质总产量（千克/公顷·天），即作物生育期白天平均温度条件下，作物以最大光合速率，在最大叶面积指数出现时所达到的最大总生物生长率；CL 为叶面积生长校正系数，叶面积系数就是能够进行光合作用的有效叶面积占全部叶面积的比例，它与作物产量成正比；CN 为作物在生长期内日平均温度下呼吸消耗的净干物质产量的校正系数；CH 为收获指数，反映作物经济产量高低的重要参数，也就是作物的经济收获部分（籽实部分）的干物质量与整个作物生物产量的比值；N 为指定作物生长期长度。实际上，所测算的作物光温生产潜力指数反映了作物生长的气候适宜性。因此，第三主成分表现的是地区的地貌条件和气候条件等"自然环境条件"特征的因子。

根据各指标与主成分因子的载荷关系，建立各因子的数学模型，分别为：

Prin1 $= -0.2059x_1 - 0.4471x_2 + 0.5079x_3 + 0.5220x_4 - 0.4767x_5$

Prin2 $= 0.9490x_1 - 0.2415x_2 + 0.1957x_3 - 0.0462x_4 + 0.0255x_5$

Prin3 $= 0.1567x_1 + 0.7533x_2 + 0.0966x_3 + 0.0377x_4 + 0.6302x_5$

根据上述公式,可计算出湖北省58个市县的因子得分(表7-16)。

表7-16 湖北省各市县水稻产量影响因子得分

地 区	编 码	中稻单产/（公斤/公顷）	Prin1	Prin2	prin3
黄陂区	0B3	5 828	922.70	55.74	1 166.87
大冶市	0B5	5 301	871.32	49.86	1 124.17
阳新县	0B6	6 309	878.39	50.36	1 141.61
丹江口	0B7	4 788	875.00	50.74	1 124.07
郧县	0B8	4 987	848.92	43.83	1 134.38
郧西县	0B9	6 585	835.65	45.01	1 107.32
竹山县	0B10	5 750	793.23	37.29	1 086.59
竹溪县	0B11	6 717	766.88	38.23	1 034.98
房县	0B12	5 373	778.37	40.89	1 032.96
松滋市	0B14	7 752	917.01	54.44	1 163.98
公安县	0B15	8 975	919.44	55.81	1 163.48
石首市	0B16	9 398	900.63	57.21	1 146.84
监利县	0B17	6 689	934.81	56.89	1 196.63
洪湖市	0B18	8 645	948.07	62.64	1 198.25
宜都市	0B20	6 758	859.63	49.37	1 112.21
枝江市	0B21	8 552	912.00	59.42	1 133.57
当阳市	0B22	8 018	898.44	53.63	1 146.29
远安县	0B23	7 081	896.67	53.62	1 146.24
兴山县	0B24	5 817	811.43	46.11	1 074.77
秭归县	0B25	5 724	834.34	46.53	1 105.11
长阳县	0B26	6 033	776.46	39.03	1 056.78
五峰县	0B27	4 952	594.42	24.12	847.94
老河口	0B28	8 682	858.88	48.24	1 104.37
枣阳市	0B30	7 738	923.86	54.49	1 167.22
南漳县	0B31	7 205	895.79	51.35	1 139.43
谷城县	0B32	7 634	870.26	53.70	1 099.47
保康县	0B33	5 806	778.13	39.30	1 051.82
京山县	0B36	6 935	933.43	53.99	1 180.91
安陆县	0B39	9 931	922.33	53.82	1 192.48
云梦县	0B40	9 764	948.39	59.60	1 180.80
应城市	0B41	8 639	924.11	56.71	1 164.26

农地生态与农地价值关系

地 区	编 码	中稻单产/（公斤/公顷）	Prin1	Prin2	Prin3
汉川市	0B42	7 927	953.88	56.80	1 195.88
红安县	0B44	9 439	892.29	44.42	1 151.49
麻城市	0B45	7 300	956.56	52.56	1 200.42
罗田县	0B46	6 912	899.04	52.10	1 161.07
英山县	0B47	8 045	924.54	40.90	1 186.88
浠水县	0B48	5 486	929.35	58.60	1 168.19
蕲春县	0B49	6 020	959.26	57.77	1 203.76
武穴市	0B50	7 134	933.95	60.53	1 159.73
黄梅县	0B51	5 562	916.51	56.14	1 167.89
咸安区	0B52	6 200	896.75	46.21	1 152.41
嘉鱼县	0B53	4 201	896.40	60.99	1 145.70
赤壁市	0B54	5 897	911.79	54.59	1 150.55
通城县	0B55	5 800	911.41	46.66	1 198.47
崇阳县	0B56	4 627	833.13	44.25	1 117.88
通山县	0B57	4 076	829.88	37.68	1 149.74
恩施市		6 128	742.51	42.65	973.75
建始县	0B58	6 234	722.67	38.90	956.87
巴东县	0B59	5 271	809.68	40.19	1 097.42
利川县	0B60	5 720	567.72	34.59	736.93
宣恩县	0B61	5 852	689.39	38.14	918.32
咸丰县	0B62	6 630	625.07	30.22	857.25
来凤县	0B63	6 556	719.70	39.02	959.23
鹤峰县	0B64	6 339	674.77	35.34	905.31
仙桃市	0B67	9 539	964.86	60.69	1 205.27
天门市	0B68	6 977	958.21	58.08	1 192.18
潜江市	0B69	9 662	942.87	60.10	1 175.93
神农架	0B70	4 650	580.97	30.92	778.47

（3）水稻产量与各主导因子的关系。

为了进一步分析和评价各主导因子与水田产出的定量关系，需要先计算出各市县的因子得分，然后将市县的标准因子得分和水稻产量分别作为自变量和因变量，进行逐步回归分析，得到回归方程。设方程为：

$$Yield_{rice} = b_0 + b_1 Prin1 + b_2 Prin2 + b_3 Prin3$$

入选和剔除变量的显著性水平 $a = 0.05$，分析得到的最佳模型为：

$$Yield_{rice} = 4364.1580 + 7.9644 Prin1 + 41.2064 Prin2 + 57.3288 Prin3$$

表7-17　湖北省各市县水稻产量与因子回归分析结果

Variable	Parameter Estimate	Standard Error	t Value	Pr > t
Intercept	4 364.158 0	1 917.311 9	2.28	0.026 8**
Prin1	7.964 4	2.554 9	3.12	0.002 9***
Prin2	41.206 4	11.748 2	3.51	0.000 9***
Prin3	57.328 8	18.631 4	3.08	0.003 3***

Analysis of Variance

Source	DF	Sum of Squares	Mean Square	F Value	Pr > F
Model	3	47 279 972	15 759 991	10.33	<.0001
Error	54	82 364 385	1 525 266		
Corrected Total	57	129 644 357			

	Root MSE	1235.01676	R-Square	0.8647
	Dependent Mean	6768.1034 5	Adj R-Sq	0.829 4
	Coeff Var	18.24760		

注：＊＊＊和＊＊分别代表显著性水平为1%、5%

回归方程中各因子的回归系数（表7-17）表明，基本农田建设情况、土地资源禀赋、农地自然条件三个因子对水稻产量或水田产出的影响显著。其中，地区的气候和地貌等自然条件对水田产出的影响及贡献度最大，其次是土地资源禀赋，最后是农田基本建设情况。

（4）受地貌条件影响，农地产出存在明显的地域差异规律。

以水稻作为基准作物，按2004年湖北省各市县水稻单位产量进行聚类分析，结果如图7-5所示。

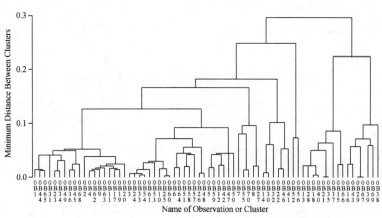

图7-5　湖北省70个市县水稻产量的聚类图

当 $\lambda = 0.1$ 时，70 个市县的农地产出分成七类；$\lambda = 0.3$ 时，分成两类，如表 7-18 所示。可见，单纯从地貌类型分析，平原地势低平、起伏较小，水稻单位产量较高；丘陵地区其次，山地的水稻产量最低。

表 7-18　湖北省 70 个市县水稻产量的聚类分析结果

		市县范围	地貌	平均单产
$\lambda = 0.3$	$\lambda = 0.1$			
第一类	第 1 类	蔡甸、红安、曾都、南漳、远安、荆门、蕲春、京山、麻城、天门、江夏、新洲、咸丰、郧西、来凤、竹溪、监利、夷陵、宜都	平原及低丘	6 982
	第 2 类	黄陂、兴山、保康、赤壁、宣恩、嘉鱼、竹山、秭归、利川、阳新、鹤峰、黄梅、建始、通山、长阳、浠水、大冶、巴东、房县、汉川、英山、武穴	山地及部分平原区	5 895
	第 3 类	丹江口、通城、神农架、郧县、五峰	山地	5 035
	第 4 类	松滋、枣阳、谷城、当阳、罗田、应城	丘陵	7 782
	第 5 类	咸安、崇阳	山地	5 413
第二类	第 6 类	江陵、老河口、洪湖、云梦、枝江、沙洋、孝感、公安、广水	平原、低丘	8 644
	第 7 类	石首、团风、襄阳、仙桃、安陆、潜江、孝昌	平原	8 900

7.2.4.4　主导生态因子和旱地产出的关系分析

湖北省旱地二熟制占农作物面积的 70.44%，旱地二熟制以小麦棉和油棉为主，分别占二熟制面积的 12.3% 和 15.7%。鉴于资料，旱地以小麦作为基准作物，分析小麦产量或旱地单位产出与农地生态特征的关系。

（1）相关数据资料

按《湖北省农村统计年鉴 2005》搜集各省市的小麦产量及其相关指标，如表 7-19 所示。

表 7-19　湖北省各市县小麦产量及相关指标数据

地　区	小麦单产/（公斤/公顷）	农业人口人均耕地 x_1/（0.0667公顷/人）	25 度坡耕地面积比例 x_2/%	有效灌溉保收面积比例 x_3/%	机耕耕地面积比例 x_4/%	冬小麦气候潜力指数 x_5
黄陂区	2 087	0.85	0	31.33	31.8	854
大冶市	2 832	1.38	0.5	14.5	19	914
阳新县	2 783	1.05	0	13.23	12	852

地　区	小麦单产/ （公斤/公顷）	农业人口人均 耕地 x_1/（0.0667 公顷/人）	25度坡耕 地面积比例 x_2/%	有效灌溉 保收面积比例 x_3/%	机耕耕地 面积比例 x_4/%	冬小麦气 候潜力指 数 x_5
丹江口	3 108	0.92	0	7.3	8.2	998
郧　县	2 328	1.30	7.32	5.4	6.4	1 009
郧西县	1 969	1.59	4.07	4.84	6	833
竹山县	2 205	1.45	14.73	6	5.2	950
竹溪县	1 211	1.52	7.34	4.18	4.72	874
房　县	2 542	1.33	6.46	8	9.13	874
松滋市	2 662	2.13	0	43.11	58.5	884
公安县	4 775	2.04	0	59.33	68.7	872
石首市	2 164	1.70	0	27	15.6	850
监利县	1 426	2.44	0	79.18	75	875
洪湖市	1 962	2.70	0.25	77.47	45	900
宜都市	2 118	1.28	0.46	7.02	7.75	875
枝江市	2 403	1.87	0	35.43	31.25	857
当阳市	2 313	2.78	0.64	28	37.1	853
远安县	3 343	1.60	0.27	7.9	7.89	844
兴山县	3 082	2.71	1.48	2.51	1.02	1 094
秭归县	2 032	1.44	3.17	5.74	1.6	1 166
长阳县	2 409	2.16	12.51	2.76	0.95	1 038
五峰县	2 075	2.26	12.73	0.66	0.3	723
老河口	2 307	2.00	2.71	14.94	24	991
枣阳市	2 530	2.08	0.23	51.5	76.3	1 014
南漳县	3 023	1.36	2.13	21	29.8	784
谷城县	2 702	1.03	0	15.66	14	987
保康县	1 968	1.39	6.83	5.28	3.2	947
京山县	5 510	1.90	1.81	30	46.48	853
安陆县	2 346	1.50	5.39	25.63	21.3	848
云梦县	3 281	0.92	0	21.79	21.33	831
应城市	2 982	1.21	0	25.93	26.1	810
汉川市	2 821	1.33	0	42.15	57	840
红安县	3 062	0.78	0.13	2.67	20.9	1 040

地 区	小麦单产/（公斤/公顷）	农业人口人均耕地 x_1/（0.0667公顷/人）	25 度坡耕地面积比例 x_2/%	有效灌溉保收面积比例 x_3/%	机耕耕地面积比例 x_4/%	冬小麦气候潜力指数 x_5
麻城市	2 826	0.92	0.6	29.31	61.2	1 101
罗田县	3 221	0.82	2.39	12.5	10.2	1 114
英山县	2 547	0.50	0.12	0	12.3	1 131
浠水县	1 948	0.83	2	37.47	29.1	912
蕲春县	2 294	0.68	0.16	25.21	28.7	901
武穴市	1 998	0.82	0.13	28.8	23.5	876
黄梅县	3 325	1.17	5.06	40	29.6	902
咸安区	2 250	1.23	3.4	10.22	23.5	874
嘉鱼县	2 617	1.38	0	17.9	0	897
赤壁市	3 718	1.15	0	16.03	19	880
通城县	1 787	1.06	7.56	12.06	15.86	845
崇阳县	2 770	1.47	8.14	8	2.5	821
通山县	2 609	1.21	12.86	4.5	1.5	811
恩施市	1 768	1.30	0.51	6.91	2.9	958
建始县	1 959	1.31	2.09	2.06	4	912
巴东县	1 056	1.71	10.01	0	2	1 066
利川县	1 255	1.20	0.27	12.59	3.99	648
宣恩县	1 153	2.00	4.89	5.86	2.5	889
咸丰县	1 181	1.80	11.54	5.92	3.8	736
来凤县	1 580	1.59	4.61	5.8	3.2	904
鹤峰县	894	1.42	2.82	1.8	1.2	887
仙桃市	1 921	1.36	0	76.1	74	879
天门市	3 145	1.41	0	83.1	108.68	859
潜江市	2 328	1.88	0	54	52.34	837
神农架	2 205	2.19	0.9	0.5	0.73	702

（2）可能影响旱地产出的因子分类

对可能影响旱地产出的农业人口人均耕地面积、坡耕地比例系数、有效灌溉保收耕地面积比例、机耕面积比例、小麦光温生产潜力指数五个指标进行主成分分析。各指标的相关系数、特征值与贡献率、特征向量分别见表 7-20 ~ 表 7-22。由表 7-21 可知，前三个主成分的累积贡献率达到 87.54%，表明前三个主成分把影响小麦产量的可能性指标的信息反映出来，因此可以选择前三个主成分作为分析影响水田经济产出的综合指标。但第四个主成分能够将小麦气候潜力指数和坡耕地比例两个指标分离出来，为此前四个主成分的信息较为全面。根据前四个主

农地生态与农地价值关系

成分中因子负荷量的大小，可以将各因子指标进行分类。

表 7-20　小麦产量影响指标的相关系数矩阵

	x_1	x_2	x_3	x_4	x_5
x_1	1.000 0	0.126 8	0.237 4	0.158 3	−.156 2
x_2	0.126 8	1.000 0	−.445 9	−.455 5	−.036 1
x_3	0.237 4	−.445 9	1.000 0	0.909 3	−.139 5
x_4	0.158 3	−.455 5	0.909 3	1.000 0	−.037 3
x_5	−.156 2	−.036 1	−.139 5	−.037 3	1.000 0

表 7-21　小麦产量相关指标的主成分特征值及贡献率

主成分	特征值	贡献率/%	累积贡献/%	主成分
Prin1	2.278 5	1.053 7	45.57	45.57
Prin2	1.224 9	0.351 3	24.50	70.07
Prin3	0.873 6	0.332 9	17.47	87.54
Prin4	0.540 6	0.458 3	10.81	98.35
Prin5	0.082 4		1.65	100

表 7-22　小麦产量主成分分析的前四个主成分的因子负荷量

项　目	Prin1	Prin2	Prin3	Prin4
农业人口人均耕地（0.0667 公顷/人）	0.163 9	0.686 3	0.525 4	−0.472 1
坡耕地比例/%	−0.422 8	0.433 3	0.247 3	0.756 3
有效灌溉保收耕地比例/%	0.630 9	0.064 0	0.051 5	0.283 2
机耕耕地比例/%	0.622 4	−0.039 69	0.100 6	0.353 1
小麦气候生产潜力	−0.095 04	−0.579 34	0.806 2	0.013 5

从表 7-22 可见，五个对小麦产量可能产生影响的指标可归为四类因子：

第一主成分中，因子负荷量较大的变量是有效灌溉保收面积占耕地总面积的比例和机耕地面积占耕地面积比例两个指标。有效灌溉保收面积反映地区农田的灌溉条件、排水条件，机耕面积反映田间道路条件、田块大小及平整度等农田基本建设情况。因此，同前，可将第一主成分认为是表现"农田基本建设状况"的性质。

第二主成分中，因子负荷量较大的变量是农业人口人均耕地面积，反映地区的土地资源禀赋情况。因此，第二主成分可以认为是表现"土地资源禀赋"特征的因子。

第三主成分中，因子负荷量较大的是小麦气候生产潜力指数。在自然条件下，地区的降水量经常不能满足作物对水分的需求，而且由于水分条件的限制，作物的光温生产潜力会大大降低。灌溉水田通常水源条件较好，因此以光温生产潜力的大小可以反映水田的气候适宜性。而相对缺乏灌溉条件、靠天收的旱地需要对作物的光温生产潜力进行水分的限制性修正，即在光温生产潜力的基础上通过水分修正，得到作物的气候生产潜力。因此，可见气候生产潜力指数的高低反映的是作物生产的"气候适应性"特征。

第四主成分中，因子负荷量较大的变量是坡耕地比例系数。坡耕地比例的大小反映市县的地貌条件，为此将第三主成分认为是表现"地貌"特征的因子。

根据各指标与主成分因子的载荷关系，建立各因子的数学模型，分别为：

$$Prin1 = 0.1639x_1 - 0.4228x_2 + 0.6309x_3 + 0.6224x_4 - 0.0950x_5$$
$$Prin2 = 0.6863x_1 + 0.4333x_2 + 0.0640x_3 - 0.0397x_4 - 0.5793x_5$$
$$Prin3 = 0.5254x_1 + 0.2473x_2 + 0.0515x_3 + 0.1006x_4 + 0.8062x_5$$
$$Prin4 = -0.4721x_1 + 0.7563x_2 + 0.2832x_3 + 0.3531x_4 + 0.0135x_5$$

根据上述公式，计算出湖北省 58 个市县的因子得分，如表 7-23 所示。

表 7-23   湖北省 58 个市县因子得分情况

地 区	小麦单产/（千克/公顷）	Prin1	Prin2	Prin3	Prin4
黄陂区	2 087	−41.43	−493.40	693.75	31.23
大冶市	2 832	−65.84	−528.14	740.37	22.88
阳新县	2 783	−64.95	−492.47	689.32	18.99
丹江口	3 108	−84.95	−577.37	806.27	18.00
郧 县	2 328	−91.35	−580.36	816.87	22.33
郧西县	1 969	−73.81	−479.63	674.26	17.06
竹山县	2 205	−89.22	−542.78	771.13	26.82
竹溪县	1 211	−80.31	−502.00	707.92	19.48
房 县	2 542	−74.81	−502.45	708.25	21.55
松滋市	2 662	−20.02	−510.20	721.91	43.79
公安县	4 775	−2.32	−502.68	714.04	51.87
石首市	2 164	−53.73	−490.13	689.12	23.83
监利县	1 426	13.91	−503.12	718.33	59.57
洪湖市	1 962	−8.28	−516.24	735.58	48.89
宜都市	2 118	−73.86	−505.67	707.35	16.28
枝江市	2 403	−39.31	−494.15	696.86	31.75
当阳市	2 313	−40.09	−491.64	694.48	31.72
远安县	3 343	−70.14	−487.52	682.54	15.87
兴山县	3 082	−101.89	−631.13	884.00	15.68
秭归县	2 032	−107.26	−672.80	942.03	19.65
长阳县	2 409	−101.21	−594.27	841.30	23.57

地　区	小麦单产/（千克/公顷）	Prin1	Prin2	Prin3	Prin4
五峰县	2 075	−73.09	−411.74	587.28	18.61
老河口	2 307	−70.60	−571.54	803.85	27.19
枣阳市	2 530	−16.11	−585.62	828.96	54.41
南漳县	3 023	−43.36	−452.15	637.38	28.02
谷城县	2 702	−75.00	−570.62	798.48	22.22
保康县	1 968	−87.30	−544.47	766.48	19.92
京山县	5 510	−33.63	−491.98	695.36	36.90
安陆县	2 346	−53.17	−487.09	689.24	29.60
云梦县	3 281	−51.77	−480.22	673.70	24.49
应城市	2 982	−44.15	−467.78	657.62	26.92
汉川市	2 821	−17.51	−485.26	685.81	42.78
红安县	3 062	−84.03	−602.54	841.13	21.91
麻城市	2 826	−48.12	−637.47	895.92	44.79
罗田县	3 221	−92.47	−643.35	900.80	23.60
英山县	2 547	−99.76	−655.28	913.34	19.47
浠水县	1 948	−45.60	−525.64	741.04	34.32
蕲春县	2 294	−51.78	−520.94	730.97	29.24
武穴市	1 998	−50.34	−505.94	710.54	27.99
黄梅县	3 325	−43.98	−518.15	734.10	37.23
咸安区	2 250	−63.19	−504.27	709.00	24.98
嘉鱼县	2 617	−73.70	−517.54	724.81	16.53
赤壁市	3 718	−61.47	−508.72	712.80	22.59
通城县	1 787	−65.82	−485.36	685.88	25.64
崇阳县	2 770	−74.59	−470.66	665.34	19.69
通山县	2 609	−78.51	−463.18	658.03	21.91
恩施市	1 768	−84.85	−553.53	773.80	15.69
建始县	1 959	−83.52	−526.54	736.97	15.27
巴东县	1 056	−103.98	−612.10	862.98	21.86
利川县	1 255	−51.05	−373.80	524.16	13.36
宣恩县	1 153	−80.94	−511.23	719.53	17.30
咸丰县	1 181	−68.40	−419.90	597.85	20.83
来凤县	1 580	−81.92	−520.35	731.40	17.71
鹤峰县	894	−83.34	−511.58	716.76	14.37
仙桃市	1 921	10.79	−506.34	720.73	58.91
天门市	3 145	38.70	−495.65	708.48	72.84
潜江市	2 328	−12.56	−482.21	683.82	44.19
神农架	2 205	−65.94	−404.77	567.42	9.52

（3）主导因子与农地产出的关系分析

为了进一步分析和评价各主导因子与旱地产出的定量的关系，需要先计算出各市县的因子得分，然后将市县的标准因子得分和水稻产量分别作为自变量和因变量，进行逐步回归分析，得到回归方程。设方程为：

$$Yield_{rice} = b_0 + b_1 prin1 + b_2 prin2 + b_3 prin3 + b_4 prin4$$

回归分析结果见表 7-24，当入选和剔除变量的显著水平 $a = 0.10$，仅有土地资源禀赋和小麦气候生产潜力指数两个因子通过显著性检验。农田基本建设因子和地貌因子未达到显著水平。回归分析结果表明，受各市县气候因素和土地资源禀赋的影响，旱地产出水平会产生差异。

$$Yield_{rice} = 4364.1580 + 7.9644 prin1 + 41.2064 prin2 + 57.3288 prin3$$

表 7-24 湖北省 58 个市县小麦产量与主导因子的回归分析

Variable	Parameter Estimate	Standard Error	t Value	Pr > t
Intercept	2375.397 9	1 030.171 2	2.31	0.025 1 * *
Prin1	−22.935 8	29.194 1	−0.79	0.435 6
Prin2	−185.361 0	104.529 1	−1.77	0.081 9 *
Prin3	−137.038 1	79.678 43	−1.72	0.091 3 *
Prin4	96.370 7	79.690 0	1.21	0.231 9

Analysis of Variance

Source	DF	Sum of Squares	Mean Square	F Value	Pr > F
Model	4	5 944 779	1 486 195	2.44	0.058 1
Error	53	32 289 284	609 232		
orrected Total	57	38 234 063			

Root MSE	780.533 01		R − Square	0.155 5
Dependent Mean	2 426.137 93		Adj R − Sq	0.091 7
Coeff Var	32.171 83			

注：＊＊、＊分别代表显著性水平为 5% 和 10%

（4）受地貌条件影响，旱地产出有明显的地域差域

以小麦作为旱地的基准作物，按 2004 年湖北省各市县小麦单位产量进行聚类分析，结果如图 7-6 所示。

当 $\lambda = 0.1$ 时，70 个市县的旱地产出分成 4 类；$\lambda = 0.5$ 时，分成 2 类，如表 7-25 所示。可见，单纯从地貌类型分析，鄂中丘陵的荆门地区和部分平原湖区，包括京山、沙洋、荆门、新洲、公安、孝昌小麦产量最高，平均小麦单产达到 4907 千克/公顷，归为一类；团风、南漳、天门、应城、远安、黄梅、云梦、罗

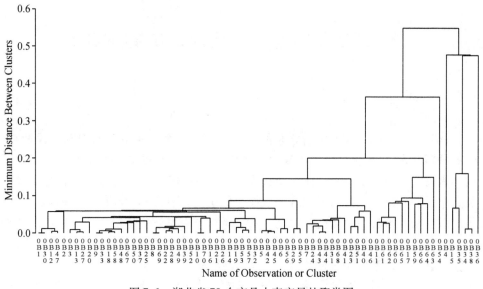

图 7-6　湖北省 70 个市县小麦产量的聚类图

田、赤壁等平原湖区和丹江口、兴山、红安 3 个丘陵市县，小麦产量每公顷平均在 3196 千克，归为一类；竹溪、宣恩、咸丰、利川、曾都、巴东、广水、鹤峰、来凤等山区市县小麦产量最低，归为一类，平均小麦单位产量在 1285 千克，平原湖区的监利县洪涝灾害严重，小麦产量也较低；其他的平原湖区和山地平均产量达到 2280 千克，归为一类。从聚类结果可见，丘陵地区小麦产量较高，平原湖区仅次，山地的旱地产出最低。

表 7-25　湖北省各市县按小麦单产的聚类结果

		市县范围	地　貌	平均单产/千克
λ = 0.5	λ = 0.1			
第一类	第 1 类	蔡甸、枣阳、房县、英山、江夏、黄陂、江陵、五峰、郧西、保康、洪湖、建始、浠水、仙桃、武穴、孝感、秭归、郧县、潜江、当阳、老河口、蕲春、安陆、咸安、竹山、神农架、石首、枝江、长阳、松滋、夷陵、嘉鱼、通山、谷城、大冶、汉川、麻城、阳新、崇阳、襄阳、通城	山地及部分平原	2 280
	第 2 类	丹江口、兴山、团风、红安、南漳、天门、应城、远安、黄梅、云梦、罗田、赤壁	平原及部分丘陵、山地	3 196
	第 3 类	竹溪、宣恩、咸丰、利川、曾都、监利、巴东、广水、鹤峰、来凤	山地	1 285
第二类	第 4 类	新洲、公安、沙洋、荆门、孝昌、京山	丘陵	4 907

7.3 湖北省农地生态与农地非市场价值研究

7.3.1 调查范围

针对受益群体与农地生活联系的紧密程度，调查对象分为农户和市民两类，样本分布如表 7-26 所示。受访农户选择农地资源分布较多且生态类型不同的武汉、宜昌、荆门、汉川、仙桃 5 个典型市县的 40 多个乡镇进行调查，样本数量及分布根据各市县农村居民家庭户数按比例确定，总样本 860 份。城镇居民的受访户数根据 5 市县城市居民的家庭户数，结合调查群体的年龄、文化程度、职业类型等个人特征进行随机抽样，样本 445 份。由于采用的是面对面的调查方式，调查问卷的反馈率很高，回收有效问卷 1248 份，占调查问卷的 95.63%。其中，农村居民的调查回收有效问卷 826 份，占样本量的 96.05%；城市居民调查回收有效问卷 422 份，占样本的 94.83%。

表 7-26　湖北省调查样本点分布情况

调查区域	受访农户数量		受访市民数量		合　计	
	调查样本	有效样本	调查样本	有效样本	调查样本	有效样本
武　汉	210	202	210	206	420	408
汉　川	180	176	45	39	225	215
仙　桃	130	123	50	43	180	166
荆　门	160	152	70	65	230	217
宜　昌	180	173	70	69	250	242
合　计	860	826	445	422	1 305	1 248

7.3.2 受访居民的基本特征

7.3.2.1 受访农民的基本特征

受访农民的性别、年龄、文化程度、政治面貌、土地资源禀赋、家庭人口、经济状况等基本特征如表 7-27 所示。部分样本存在个人特征信息填写不全，但其保护意愿或接受意愿等关键信息完整的情况，为此仍可作为有效问卷分析。但也因此造成了在受访农民的基本特征分析中存在分析频数与受访有效样本数不符的情况，如性别信息填写完整的样本有 785 份，仅占有效样本的 95.04%。

表 7-27　湖北省受访农民及家庭主要特征

变量		频数	比例/%	变量	频数	比例/%
性　别	男	616	78.47	1	14	1.78
	女	169	21.53	2	55	7.01
年　龄	20～35 岁	150	19.16	3	198	25.22
	36～50 岁	410	52.36	4	312	39.75
	51～60 岁	172	21.97	家庭人口 $\mu=3.89$ $\delta=1.47$	5	134	17.07
	61 岁以上	51	6.51	6	48	6.11
文化程度	小学及以下	207	26.37	7	10	1.27
	初中	441	56.18	8	7	0.89
	高中及以上	137	17.45	9	4	0.51
是否兼业	是	422	53.76	10	3	0.38
	否	363	46.24	小计	785	100.00
政治面貌	党员	58	7.39	0	626	79.75
	群众	727	92.61	家庭 60 岁以上人口 $\mu=0.28$ $\delta=0.59$	1	99	12.61
是否干部	是	43	5.48	2	59	7.52
	否	742	94.52	3	1	0.13
土地面积 (0.0667 公顷) $\mu=7.35$ $\delta=7.98$	0	52	6.64	小计	785	100.00
	≤1	15	1.92	0	283	36.10
	1＜L≤2	74	9.45	家庭未成年人人口 $\mu=0.9$ $\delta=0.81$	1	314	40.05
	2＜L≤3	99	12.64	2	171	21.81
	3＜L≤4	86	10.98	3	16	2.04
	4＜L≤5	78	9.96	小计	784	100.00
	5＜L≤6	60	7.66	1	58	7.39
	6＜L≤7	51	6.51	2	334	42.55
	7＜L≤8	43	5.49	3	155	19.75
	8＜L≤9	36	4.60	家庭劳动力人口 $\mu=2.79$ $\delta=1.32$	4	172	21.91
	9＜L≤10	32	4.09	5	46	5.86
	10＜L≤11	17	2.17	6	13	1.66
	11＜L≤12	21	2.68	7	7	0.89
	12＜L≤13	15	1.92	小计	785	100.00
	13＜L≤14	11	1.40	2004 年家庭年收入 $\mu=14\,775.3$ $\delta=11\,345.2$	<1 000 元	23	2.90
	14＜L≤15	15	1.92	1 000～3 000 元	54	6.80
	15＜L≤20	32	4.09	3 001～5 000 元	68	8.56
	20＜L≤30	31	3.96	5 000～7 000 元	62	7.81
	≥30	15	1.92			

变 量		频 数	比例/%	变 量		频 数	比例/%
2004 年家庭年收入 μ=14 775.3 δ=11 345.2	7 001~9 000 元	69	8.69	2004 年家庭年收入 μ=14 775.3 δ=11345.2	40 001~50 000 元	17	2.14
	9 001~11 000 元	69	8.69		>50 000 元	12	1.51
	11 001~13 000 元	78	9.82		小 计	794	100.00
	13 001~15 000 元	68	8.56	2004 年农业收入占家庭收入比例 μ=0.369 1 δ=0.35	0	105	13.29
	15 001~17 000 元	53	6.68		0%<P<10%	137	17.34
	17 001~19 000 元	45	5.67		10%≤P<20%	120	15.19
	19 001~21 000 元	32	4.03		20%≤P<30%	92	11.65
	21 001~23 000 元	38	4.79		30%≤P<40%	53	6.71
	23 001~25 000 元	31	3.90		40%≤P<50%	51	6.46
	25 001~28 000 元	21	2.64		50%≤P<60%	37	4.68
	28 001~31 000 元	24	3.02		60%≤P<70%	32	4.05
	31 001~35 000 元	18	2.27		70%≤P<80%	9	1.14
	35 001~40 000 元	12	1.51		80%≤P<99%	22	2.78
					100%	132	16.71
					小 计	790	100.00

注：μ、δ 分别代表均值和标准差

7.3.2.2 受访市民基本特征

受访市民的性别、年龄、文化程度、职业、家庭收入状况、生活开支水平、家庭人口状况等基本特征，如表 7-28 所示。受访市民个人信息有效样本占可供分析样本的 98.82%。

表 7-28 湖北省受访市民及家庭主要特征

变 量		频 数	比例/%	变 量		频 数	比例/%
性 别	男	234	56.12	文化程度	小学及以下	11	2.64
	女	183	43.88		初中	55	13.19
年 龄	18~25 岁	109	26.14		高中或中专	127	30.46
	26~30 岁	80	19.18		专科	84	20.14
	31~35 岁	63	15.11		本科	118	28.30
	36~40 岁	36	8.63		硕士	22	5.28
	41~45 岁	44	10.55	职 业	公务员/公司领导	28	6.75
	46~50 岁	37	8.87				
	51~56 岁	27	6.47		经理人员/中高层管理人员	21	5.06
	56~60 岁	10	2.40				
	61~65 岁	8	1.92				
	65 岁以上	3	0.72				

变　量		频　数	比例/%	变　量		频　数	比例/%
职　业	教师/医务人员	35	8.43	家庭月开支 $\mu=1203.44$ $\delta=726.91$	<300 元	4	0.96
	私营企业家 (雇工 8 人以上)	7	1.69		300~500 元	51	12.26
					600~800 元	89	21.39
	专业技术人员	52	12.53		900~1 100 元	109	26.20
	办事人员	84	20.24		1 200~1 400 元	27	6.49
	工人/服务员/ 业务员	99	23.86		1 500~1 700 元	60	14.42
					1 800~2 000 元	52	12.50
	个体工商户	40	9.64		2 200~3 000 元	18	4.33
	离岗/下岗/ 失业人员	20	4.82		4 000~5 000 元	6	1.44
					小　计	416	100.00
	退休人员	29	6.99	家庭人口 $\mu=3.96$ $\delta=1.54$	1	2	0.48
农地情节	非常深厚	129	31.31		2	22	5.28
	有一些感情	211	51.21		3	167	40.05
	没有很深的感情	61	14.81		4	111	26.62
	没有感情	11	2.67		5	74	17.75
家庭月 收入	<1 000 元	46	11.08		6	24	5.76
	1 000~2 000 元	118	28.43		7	11	2.64
	2 000~3 000 元	86	20.72		8	4	0.96
	3 000~4 000 元	73	17.59		9	1	0.24
	4 000~5 000 元	45	10.84		10	1	0.24
	5 000~6 000 元	21	5.06		小　计	417	100.00
	6 000~7 000 元	10	2.41	家庭工 作人口 $\mu=2.31$ $\delta=1.02$	1	65	15.59
	7 000~8 000 元	7	1.69		2	221	53.00
	8 000~9 000 元	1	0.24		3	76	18.23
	9 000~10 000 元	3	0.72		4	42	10.07
	>10 000 元	5	1.20		5	10	2.40
					6	3	0.72
					小　计	417	100.00

注：μ、δ 分别代表均值和标准差

第 7 章　湖北省农地生态与农地价值关系研究

243

7.3.3　受访居民对农地保护的认知调查

7.3.3.1　对农地保护必要性及主体的认识

从公众对农地保护必要性及主体的认识可以直接反映出其参与农地保护的热情和积极性。调查结果显示，91.79%的受访居民认为所在地目前需要加强农地保护，仅有3.67%的居民认为没有必要，4.54%的居民表示不清楚。其中，91.96%的农村居民认为所在地目前有必要加强农地保护工作，4.32%的农民认为没有必要，3.72%的农民表示不清楚；91.47%的城镇居民认为所在地目前有必要加强农地保护，2.37%的城镇居民认为没有必要，6.16%的城镇居民表示不清楚。这说明，90%以上的受访公众对农地保护有较为深刻的认识，农地保护工作有坚实的群众基础。

57.45%的受访公众认为保护农地主要是政府的责任，8.69%的受访公众认为是农民的责任，4.70%的受访者认为谁破坏谁负责，24.22%认为是全体人民的责任，4.94%的公众认为保护农地是政府与农民或政府与全体人民的共同责任。其中，62.06%的农民认为保护农地主要是政府的责任，有9.96%的农民认为是保护农地是农民的责任，2.88%的农民认为谁破坏谁负责，18.61%的农民认为是全体人民的责任，有2.52%的农民认为保护农地是政府和农民共同的责任，有3.48%的农民认为是政府和全体人民的责任。而城镇居民中有44.31%认为是政府的责任，6.16%认为是农民的责任，35.31%认为是全体人民的责任，8.29%认为谁破坏谁负责，5.92%认为是政府和全体人民或政策与农民的共同责任。结果说明公众普遍认同农地保护是政府领导下的公众行为，是关系千秋万代的公益事业。

7.3.3.2　对农地外部效益及功能的认知

调查表明，1248户受访居民中有78.09%的受访者认为农地除了具有经济效益之外，还具有保障国家粮食安全和保护环境等外部效益。其中，城镇居民中有86.97%的受访者认为农地具有保护环境和保障国家粮食安全等外部效益，5.45%的受访者认为没有，7.58%的受访者认为不清楚；农村居民中有73.59%的受访者认为农地具有保障国家粮食安全和保护环境等外部效益，13.10%左右的受访者分别表示没有或不清楚。整体上，城镇居民对农地外部效益及功能的认知程度略高于农民。

受访公众对农地资源净化空气、调节气候、涵养水源、调节洪水、保育土壤、维护生物多样性、废物处理、保证社会稳定、保障国家粮食安全十项功能重

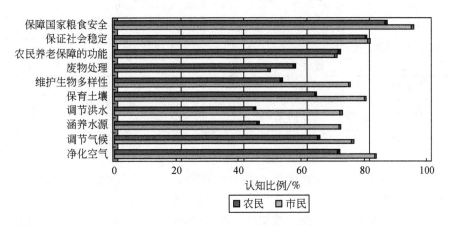

图 7-7　公众对农地各项功能重要性的认知

要程度的评价如图 7-7 所示。

　　依据受访农民对农地十大功能及效益的评价，将农地资源的上述功能按重要性程度依次排名为：保障国家粮食安全、保证社会稳定、农民养老保障、净化空气、调节气候、保育土壤、废物处理、维护生物多样性、涵养水源、调节洪水。受访市民认为农地资源的上述功能按重要性程度依次排名为：保障国家粮食安全、净化空气、保证社会稳定、保育土壤、调节气候、维护生物多样性、调节洪水、涵养水源、农民养老保障、废物处理。结果表明，无论是市民还是农民，受访公众均把农地资源保障国家粮食安全的功能放在首位，90%的受访者认为农地保障国家粮食安全重要；有80%左右的受访者认为农地作为农民养老保障的功能重要。调查过程中虽然要求调查人员采用通俗、易于理解的表述对农地的各项功能给受访居民进行介绍和说明，但是调查结果表明仍然有近一成左右的受访农民表示对农地涵养水源、调节洪水和安定河流、防止水土流失和保育土壤、维护生物多样性四项功能不清楚或不理解，主要原因可能有两个方面：一是农民文化素质普遍较低，二是部分调查人员在语言表述上不够通俗。此外，调查过程中还发现农村居民和城市居民在农地维护生物多样性、涵养水源、调节洪水、保育土壤四个功能的重要性上有明显的差距（图 7-7），除上述原因之外，另一个重要的原因在于农民普遍认为如今农药、化肥的过度施放，加大对农地、水源的污染，造成一定程度的生态环境影响。

7.3.3.3　对农地减少的影响认知

　　受访公众对农地减少的影响预期见表 7-29。

表 7-29　受访农民对农地减少的影响预期　　　　　　　单位：%

项　目	受访者	会	不会	不清楚	合　计
农地减少是否影响家庭当前生活	市　民	68.72	25.83	5.45	100.00
	农　民	78.63	17.17	4.20	100.00
农地减少是否影响家庭今后 30 年内的生活	市　民	77.25	17.06	5.69	100.00
	农　民	70.71	15.49	13.81	100.00
农地减少是否影响到子孙后代的生活	市　民	85.55	8.06	6.40	100.00
	农　民	72.15	12.24	15.61	100.00

　　由于农民和市民与农地生活联系的紧密程度不同，因此调查结果有所差异。城市居民中有 85.55% 的受访者认为农地减少会影响到子孙后代的生活，77.25% 的受访者认为农地减少会影响到家庭未来 30 年的生活，68.72% 的受访者认为农地减少会影响家庭当前的生活。受访城市居民认为农地减少对家庭当前生活、未来生活及子孙后代生活产生影响的人数比例依次增大。而农村居民中认为农地减少会影响到自己家庭生活的有 78.63%，认为会影响到今后 30 年内生活的占 70.71%，72.15% 的受访农民认为农地减少会影响到子孙后代的生活。调查数据表明，农民更看重的实际现象，认为长远或未来的许多事情他们无法掌握或预料。有接近 17.17% 的受访农民认为农地减少不会影响到自己当前及今后的生活，原因在于他们认为"种田收入低，可以靠打工或副业维持生活"，或者认为"农田面积太少，影响不大"；认为农地减少影响不到后代的生活，是因为"种田收入低，年轻人可以到外面打工"或"年轻人不愿意种田"。而市民普遍认为农地保护的形势会越来越严峻，农地减少对家庭生活的影响会逐年增大。

7.3.3.4　对农地保护目的认知

　　湖北省 1248 名受访居民对农地保护目的"保证农业生产的顺利进行"、"保护农民的权益"、"保护环境"、"为子孙后代保留生存空间"和"保障国家的粮食安全"的调查结果如图 7-8 所示。

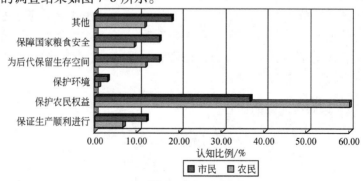

图 7-8　公众对农地保护目的的认知

其中，农村居民中有近六成（59.9%）的受访者认为"农田是农民生活的一切来源和保证，保护农地的目的是为了保护农民的权益"，城市居民有接近四成（36.49%）的受访者认同此观点；11.88%的受访农民认为保护农地的目的是为了"给子孙后代保留生存空间"，城市居民认同此观点的比例（15.17%）略高于农民；受访市民中有15.17%认为保护农地的目的是为了"保障国家的粮食安全"，该比例与市民认同保护农地是为了"给子孙后代保留生存空间"的相同，而农民中仅有9.12%的受访者选择此观点；分别有6.60%和12.09%的受访农民和市民认为保护农地的目的是为了"保证农业生产的顺利进行"，有11.64%和18.01%的受访农民和市民认为保护农地的目的是上述选项的综合结果。

7.3.3.5　农地保护存在问题的认知

类似地，我们根据预调查的反馈结果，把当前湖北省农地保护存在的严重问题归结为五项：当地政府对农业投入不足，农民种田收入低，农地受污染严重，农地面积逐年减少，当地政府乱征占农地、征地补偿低。调查表明（图7-9），城市居民对此五个问题排名依次为：38.10%的受访市民认为当前保护农地面临最严重的问题是"农民种田收入低"，21.33%的城市居民认为"当地政府乱征占农地、征地补偿低"是最严重的问题，14.79%的受访者选择"政府对农业投入不足"是最严重的问题，11.37%的受访者分别选择"农地受污染严重"和"农地面积逐年减少"作为最严重的问题。农村居民对此的看法与城市居民有所差异，农民受访者中有30.37%的受访者认为"农民种田收入低"是最严重的问题，22.58%的受访者认为政府对农业投资不足，22.05%的受访者认为"政府乱征占农地，征地补偿低"是当前农地保护面临的最严重问题，仅有5.28%的农民受访者认为农地受到污染严重。其次，农民受访者中有4%认为上述五个问题目前在所属村庄都不存在，原因在于目前政府实施种粮补贴，取消农业税费，农民种田的积极性高涨。他们认为目前存在的问题是水利设施差、村集体没有发挥作用及农资涨价过快、粮价下跌等其他问题。

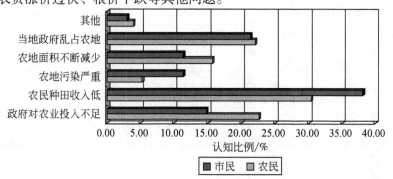

图7-9　公众对当前农地保护存在问题的认识

7.3.4 湖北省受访公众参与农地保护的响应意愿及影响因素分析

7.3.4.1 公众参与农地保护的响应意愿分析

回收的 1248 份有效问卷中，表示愿意参与农地保护活动，并且每年为农地保护基金会捐钱、出力的家庭有 1052 户，占 84.29%；不愿意为保护农地捐钱、出力的家庭有 196 户，占 15.71%。其中，农民家庭里表示每年愿意参与农地保护活动、为农地保护基金会捐钱或参加义务劳动的有 719 户，占调查样本的 87.05%；认为活动起不到作用或家庭贫困等原因不愿意为保护农地支付的家庭有 107 户，占 12.95%。城市居民家庭表示每年愿意为保护农地支付的有 333 份，占调查样本量的 78.91%；不愿意为保护农地出钱、出力的有 89 份，占 21.09%。调查表明，公众参与农地保护的积极性和意愿是强烈的，受访公众有 84.29% 的成员愿意选择捐资或以义务劳动的方式参加农地保护，其中接近九成的农民表示愿意参与农地保护，调查结果见表 7-30。如果政府能够将公众保护农地的积极性注入我国农地保护实践工作中，将会在全国范围内掀起一股自下而上的农地保护热潮和良好氛围，对促进我国农地保护工作、缓解农地资源流失产生积极的作用。

表 7-30　公众参与农地保护的响应意愿调查结果

地　区	受访居民	愿意支付人数	义务劳动	捐　钱	不愿意支付人数
武　汉	农　民	175	149	26	27
	市　民	161	72	89	45
	小　计	336	221	115	72
汉　川	农　民	161	124	37	15
	市　民	31	17	14	8
	小　计	192	141	51	23
仙　桃	农　民	114	75	39	9
	市　民	35	13	22	8
	小　计	149	88	61	17
荆　门	农　民	142	97	45	10
	市　民	48	31	17	17
	小　计	190	128	62	27
宜　昌	农　民	127	100	27	46
	市　民	58	40	18	11
	小　计	185	140	45	57

地 区	受访居民	愿意支付人数	义务劳动	捐 钱	不愿意支付人数
合 计	农 民	719	545	174	107
	市 民	333	173	160	89
	小 计	1 052	718	334	196

7.3.4.2 湖北省受访居民参与农地保护响应意愿的影响因素分析

受访居民保护农地的响应意愿（参加或不参加）一定程度上受其对农地保护重要性的认知程度、对农地减少的影响评价、受访居民的个人特征、家庭特征及相关的社会经济特性所影响。诸如，受访居民对农地各项生态及社会功能重要程度的理解，受访居民认为农地减少对其家庭生活及子孙后代的影响，受访居民的性别、年龄、职业、教育程度、支付方式，以及受访居民家庭人口、收入水平、受访居民所属地区等因素都可能直接影响居民保护农地的参与和响应意愿。为此，拟以 Logistic 模型处理所得数据，估计全省受访居民对农地保护参与或响应意愿的模型。将愿意为农地保护支付的赋值为 1，不愿意支付的赋值为 0。受访居民对农地保护的参与意愿可用函数表示：

$$prob\ (event)\ = \frac{e^z}{1+e^z}$$

$$Z = f\ (Cog_i,\ Ant_i,\ Per_i,\ Fam_i)$$

式中：Cog_i 表示居民对农地外部效益重要性的理解程度；Ant_i 表示受访居民对农地减少的影响评价；Per_i 表示受访居民的个人特征，如性别、年龄、教育程度等；Fam_i 表示受访居民的家庭特征，如家庭人口数、60 岁以上老年人口、未成年人人口、参加工作人数、经济状况等。同时，考虑农村居民与城市居民在对农地的外部效益认识、个人特征和家庭特征方面存在一定的差别，分别对两类群体参与农地保护响应意愿的影响因素进行分析。

（1）受访农民参与农地保护的意愿及影响因素

将受访农民个人及其家庭的特征变量等 24 个可能影响因素（表 7-31）作为解释受访农民参与农地保护响应意愿的参数。在各因素的预期作用方向上，通常认为受访居民对农地外部效益如环境保育功能、社会稳定功能及粮食安全功能等的认识程度越高，会更愿意参与农地保护，花费更多的支出去换取农地资源的存在，因此认知程度对参与意愿及愿付价值通常有正的影响；同理，受访居民认为农地减少的预期也应当与参与农地保护的响应意愿呈正相关关系，受访居民认为农地减少对家庭当前生活、未来生活及后代生活的影响恶劣的话，为规避将来出现的风险，会愿意预先支付或参与农地保护，防范风险；受访者年龄与参与意愿的关系，参照前人研究，正相关和负相关的可能性均存在，如陈恭钧（1994）对沼泽区保育效益的评估研究发现年龄与愿付价值呈显著的负相关关系，而 Bennett（1984）对荒野保育效益研究则发现年龄与参与意愿呈正相关关系；受访者的性别对参与意愿的影响方向也是不确定的，如 Jordan（1993）对水质研究发现女性的愿付价值高于男性，而陈凯俐（2003）对台湾湿地的研究发现男性有较高的支付意愿。通常，教育程度与参与意愿呈正相关关系，受访者所受教育愈高，越能得知资源保护的重要性，对农地非市场价值的评价也越高，相关研究如 Walsh 等（1984）；受访者家庭人口特征，如家庭未成年人口数、老年人口数等对参与意愿的影响预期方向不确定，既可能因家庭人口多经济负担重出现愿付价值与人口特征呈负相关关系，也有研究受访者的参与意愿与家庭人口特征呈正相关关系，如 Walsh 等的研究（1984）。

表 7-31　决定受访农户是否参与农地保护的解释变量的描述

影响变量	定　义	预期方向
受访农民对农地外部效益及功能的认知变量		
净化空气功能 Cog_1		+
调节气候功能 Cog_2		+
涵养水源功能 Cog_3		+
调节洪水功能 Cog_4		+
保育土壤功能 Cog_5	非常重要 = 5　比较重要 = 4	+
维护生物多样性功能 Cog_6	一般 = 3　不重要 = 2　不清楚 = 1	+
废物降解功能 Cog_7		+
生活保障功能 Cog_8		+
社会稳定功能 Cog_9		+
粮食安全功能 Cog_{10}		+
农地减少的影响认识		
影响当前家庭生活 Ant_1		+
影响家庭未来 30 年生活 Ant_2	会 = 3　不会 = 2　不清楚 = 1	+
影响子孙后代的生活 Ant_3		+
受访农民的个人特征变量		
年龄 Age	按实际年龄输入	?
性别 Sex	男 = 1　女 = 0	?
教育程度 Edu	小学及以下 = 1，初中 = 2，高中及以上 = 3	+
是否兼业 Plu	兼业 = 1，非兼业 = 0	?
受访农民的家庭特征变量		
家庭耕作的土地面积 $Land$	按实际面积输入	?
家庭人口 Pop	按实际人口数输入	?
家庭 60 岁以上老年人口 Eld	按实际人口数输入	?

影响变量	定　义	预期方向
受访农民的家庭特征变量		
家庭中未成年人人口 Chi	按实际人口数输入	?
家庭劳动力人口 Lab	按实际人口数输入	+
2004 年家庭年收入 Inc	按实际调查金额输入	+
2004 年农业收入占家庭收入的比例 Por	按计算比例输入	?

　　运用 SAS 统计软件进行处理，按上述 Logistic 模型筛选影响农民决定是否参与农地保护意愿的显著因素，模型分析结果如表 7-32。回归分析表明，湖北省受访农民是否愿意保护农地取决于其环境意识、年龄及性别。其中，受访者的年龄对参与意愿有正向影响，表明年龄越大的农民，其保存农地的意愿较为强烈；与受访者的性别呈显著的负相关关系，女性受访者更愿意保护农地。其次，受访者对农地保育土壤功能的评价对其参与意愿有正向影响，与预期方向吻合。但受访者对农地生活保障功能及保障国家粮食安全功能的评价与其参与意愿呈负相关关系，则与预期不吻合。主要原因在于受访农民中包括愿意不参与农地保护的，绝大多数均认为农地上述两项功能重要。

表 7-32　湖北省受访农民参与农地保护响应意愿的 Logit 模型回归结果

Parameter	Estimate	Standard Error	Chi-Square	Pr > ChiSq
Intercept	0.408 5	0.997 5	0.167 7	0.682 2
Cog_1	0.120 8	0.155 5	0.603 7	0.437 2
Cog_2	-0.144 6	0.128 7	1.263 3	0.261 0
Cog_3	-0.054 2	0.127 6	0.180 4	0.671 0
Cog_4	-0.055 8	0.132 5	0.177 4	0.673 6
Cog_5	0.228 6	0.127 9	3.193 1	0.073 9 *
Cog_6	0.054 9	0.113 6	0.233 5	0.628 9
Cog_7	-0.049 3	0.116 7	0.178 8	0.672 4
Cog_8	-0.364 5	0.104 4	12.186 3	0.000 5 ***
Cog_9	-0.007 61	0.137 9	0.003 1	0.956 0
Cog_{10}	-0.338 9	0.141 0	5.776 0	0.016 2 **
Ant_1	-0.303 7	0.258 7	1.378 2	0.240 4
Ant_2	0.271 0	0.217 6	1.551 7	0.212 9

Parameter	Estimate	Standard Error	Chi-Square	Pr > ChiSq
Ant_3	-0.092 5	0.175 7	0.277 0	0.598 7
Age	0.031 7	0.012 0	6.974 8	0.008 3 ***
Sex	-0.828 1	0.271 3	9.318 2	0.002 3 ***
Edu	-0.000 57	0.009 76	0.003 4	0.953 8
Plu	0.060 5	0.075 4	0.644 8	0.422 0
$Land$	-0.011 1	0.024 6	0.204 4	0.651 2
Pop	0.032 2	0.090 7	0.126 2	0.722 4
Eld	0.000 29	0.001 29	0.050 3	0.822 6
Chi	-0.000 43	0.004 73	0.008 3	0.927 6
Lab	-0.000 07	0.000 151	0.238 5	0.625 3
Inc	-0.000 02	0.000 014	1.625 9	0.202 3
Por	-0.715 8	0.448 8	2.544 2	0.110 7

注：***、**和*分别代表显著性水平为1%、5%和10%

（2）受访市民参与农地保护的响应意愿及影响因素

所调查的422户市民家庭，愿意向农地保护基金会捐钱、参加义务劳动的居民家庭有333户，占有效样本的78.91%；因家庭贫困等其他原因不愿意参与农地保护活动的有89户，占有效样本的21.09%。从受访市民的个人特征及家庭特征、受访市民对农地非市场价值的理解程度等可能影响支付意愿的24个指标中筛选决定因素（表7-33），将愿意参与农地保护的赋值为1，不愿意参与农地保护的赋值为0。Logistic回归分析（表7-34）表明，湖北省受访市民是否参与农地保护的意愿主要取决于其对农地养老保障及社会稳定功能的认识及评价，还取决于受访者的性别、教育程度及家庭成员中参加工作人数。其中，参与意愿与受访市民对农地养老保障功能的认识呈正相关关系，表明受访者认为农地基本生活保障功能越重要的，则更愿意参与农地保护，反之则相反；然而，受访市民参与农地保护意愿却与其对农地促进社会稳定功能的认识呈负相关关系，与预期不吻合，原因可能在于不愿意参与农地保护的多数受访市民仍认为农地保护促进社会稳定功能及保育土壤的功能是重要；与受访市民的性别和文化程度呈正相关，说明城镇居民中男性居民保护农地的响应意愿高于女性，文化程度越高对农地非市场价值的认知程度越高，保护意愿越强；与居民家庭中参加工作人口呈负相关，说明参加工作人口多的家庭受劳动力富余程度的影响，保护的意愿越低。

农地生态与农地价值关系

表 7-33　决定受访市民家庭是否参与农地保护的解释变量的描述

影响变量	定　义	预期方向
受访市民对农地外部效益及功能的认知变量		
农地非市场价值是否存在 Exi		+
净化空气功能 Cog_1		+
调节气候功能 Cog_2		+
涵养水源功能 Cog_3	存在 =1，不存在 =2，不清楚 =3	+
调节洪水功能 Cog_4	非常重要 =5　比较重要 =4	+
保育土壤功能 Cog_5	一般 =3　不重要 =2　不清楚 =1	+
维护生物多样性功能 Cog_6	需要 =3，不需要 =2，不清楚 =1	+
废物降解功能 Cog_7		+
生活保障功能 Cog_8		+
社会稳定功能 Cog_9		+
粮食安全功能 Cog_{10}		+
当前是否需要加强农地保护 Pro		+
农地减少的影响认识		
影响当前家庭生活 Ant_1		+
影响家庭未来 30 年的生活 Ant_2	会 =3　不会 =2　不清楚 =1	+
影响子孙后代的生活 Ant_3		+
受访农民的个人特征变量		
性别 Sex	男 =1　女 =0	?
年龄 Age	按年龄段赋值，18～25 岁 =1，26～30 岁 =2，31～35 岁 =3，36～40 岁 =4，41～45 岁 =5，46～50 岁 =6，51～55 岁 =7，56～60 岁 =8，61～65 岁 =9，66～70 岁 =10，70 岁以上 =11	?
教育程度 Edu	文盲 =1，小学 =2，初中 =3，高中 =4，专科 =5，本科 =6，硕士 =7，博士 =8	+
职业 Occ	公务员/公司领导 =1，经理人员/中高层管理人员 =2，教师/医务人员 =3，私营企业家 =4，专业技术人员 =5，办事人员 =6，工人/服务员/业务员 =7，个体工商户 =8，离岗/下岗/失业人员 =9，退休人员 =10	?

受访农民的家庭特征变量		
家庭人口数 Pop	按实际人口数输入	?
家庭成员中参加工作人数 Lab	按实际人口数输入	?
家庭月生活开支 Exp	按实际金额输入	+
家庭月收入状况 Inc	按收入段赋值，1000 元以下为 1，1001～2000 元为 2，2001～3000 元为 3，3001～4000 元为 4，4001～5000 元为 5，5001～6000 元为 6，6001～7000 元为 7，7001～8000 元为 8，8001～9000 元为 9，9001～10 000 元为 10，10 000 元以上为 11	+
受访市民的农地情节 Emo	非常深厚 =4，有一些感情 =3，没有很深感情 =2，没有感情 =1	+

表 7-34　湖北省受访市民参与农地保护响应意愿的 Logit 模型回归结果

Parameter	Estimate	Standard Error	Chi-Square	Pr > ChiSq
Intercept	2.448 6	1.698 9	2.077 2	0.149 5
Exi	−0.247 3	0.235 3	1.104 1	0.293 4
Cog_1	−0.236 1	0.183 3	1.659 2	0.197 7
Cog_2	0.116 5	0.172 5	0.456 1	0.499 4
Cog_3	−0.007 26	0.176 3	0.001 7	0.967 2
Cog_4	−0.205 9	0.186 1	1.224 2	0.268 5
Cog_5	−0.209 0	0.176 1	1.482 7	0.223 4
Cog_6	0.123 4	0.158 3	0.607 8	0.435 6
Cog_7	0.024 7	0.140 4	0.031 0	0.860 2
Cog_8	0.297 7	0.162 5	3.357 2	0.066 9 *
Cog_9	−0.315 7	0.170 9	3.414 1	0.064 6 *
Cog_{10}	−0.367 6	0.233 3	2.482 5	0.115 1
Pro	−0.173 7	0.279 3	0.386 9	0.533 9
Ant_1	0.060 1	0.086 9	0.478 5	0.489 1
Ant_2	−0.196 4	0.274 4	0.512 3	0.474 2
Ant_3	−0.014 0	0.299 6	0.002 2	0.962 6
Sex	0.161 3	0.265 0	0.370 5	0.542 7
Age	0.671 0	0.284 8	5.552 9	0.018 5 **
Pop	−0.048 5	0.068 0	0.510 0	0.475 2
Lab	0.263 1	0.143 6	3.359 0	0.066 8 *
Exp	0.038 6	0.066 7	0.334 4	0.563 1

续表

Parameter	Estimate	Standard Error	Chi-Square	Pr > ChiSq
Edu	0.076 8	0.088 0	0.761 2	0.383 0
Occ	− 0.375 8	0.163 9	5.253 8	0.021 9 ＊＊
Inc	3.235E^{-6}	0.000 22	0.000 2	0.988 3
Emo	− 0.164 7	0.183 0	0.809 9	0.368 1

注：＊＊＊、＊＊和＊分别代表显著性水平为1%、5%和10%

7.3.5 湖北省农地资源非市场价值估算

7.3.5.1 湖北省农地资源非市场价值（WTP）估算

进行价值处理时，需要将选择参加义务劳动方式的参与意愿按地区日平均工资标准折算成货币价值。日平均工资按受访填写的同期外出打工或从事相关工作的平均机会工资折算，武汉、汉川、仙桃、荆门和宜昌五个调查区农民和城镇居民的日工资折算标准如表7-35所示。

表7-35　调查地区日均工资折算标准　　　　单位：元/天

地　区	受访居民	日平均工资	标准差	最高工资	最低工资
武　汉	农　民	31.53	8.02	50	10
	市　民	40.83	27.23	150	5
汉　川	农　民	25.12	6.23	50	15
	市　民	32.08	23.68	100	15
仙　桃	农　民	28.63	7.35	50	10
	市　民	31.18	11.66	50	15
荆　门	农　民	30.71	12.15	60	15
	市　民	43.40	15.61	80	20
宜　昌	农　民	27.12	8.4	50	10
	市　民	38.50	11	80	15

按上述数据处理标准，对调查数据进行了统计处理，分析湖北省受访居民对不同类型农地资源保护的支付意愿，结果如表7-36所示。各类型农地中，受访农民愿意为保护水田和园地的支付意愿最高，其次水域用地和旱地，对公共林地的年支付意愿最低。农村居民对不同类型农地支付意愿的大小与农地的生态特征和权属性质有关，水田在产出、肥力等方面较旱地优良，为此农民对水田的支付意愿明显高于对旱地的支付意愿；农民对自家拥有使用权或经营权的用地支付意愿高，对于公共用地如林地和水域用地则支付意愿相对较低。

表 7-36　受访公众对农地保护的支付意愿调查统计结果

单位：元/户·年

地　区	农地类型	支付人数	支付率	平均支付意愿	标准差
农　民	水　田	677	81.96	85.59	60.87
	旱　地	569	68.89	74.65	57.12
	园　地	283	34.26	86.18	90.96
	林　地	346	41.89	67.94	63.83
	水　域	421	50.97	79.06	78.11
市　民	耕　地	329	77.96	164.97	147.12
	园　地	322	76.30	157.06	137.66
	林　地	328	77.73	155.89	138.38
	水　域	326	77.25	156.93	141.68

　　各种类型农地资源中，受访市民对保存耕地的支付意愿最高，水域、园地和林地则较为接近。城市居民的支付意愿明显高于农村居民的支付意愿，一方面在于数据处理上对于城市居民出工的折算，城市居民的日平均工资折算标准要高于农村居民的折算标准；另一方面，在文化程度、经济条件等方面城市居民要优越于农民，因此参与农地保护的支付意愿相对较高。

　　按《湖北省统计年鉴 2004》，湖北省现有农村居民 997.85 万户，城市居民 705.84 万户。同前，还原率为 2.25%。按对受访公众参与农地保护的支付意愿及支付率计算，湖北省全省居民参与农地保护的意愿价值如表 7-37 所示。

表 7-37　湖北省农地资源非市场价值（WTP）估算结果

农地类型	受访群体	平均支付意愿/（元/户·年）	支付率/%	户数/万户	支付意愿价值/万元	支付意愿总价值/万元	面积/公顷	单位支付意愿价值/（元/公顷）	非市场价值/（元/公顷）
耕地	农民	85.59	81.96	997.85	69 998.74	212 093.08	4 718 080.70	449.53	19 979
	农民	74.65	68.89		51 315.82				
	市民	164.97	77.96	705.84	90 778.51				
园地	农民	86.18	34.26	997.85	29 461.79	114 047.38	425 724.85	2 678.90	119 062
	市民	157.06	76.30	705.84	84 585.59				
林地	农民	67.94	41.89	997.85	28 398.88	113 927.84	7 903 142.00	144.16	6 407
	市民	155.89	77.73	705.84	85 528.96				
水域	农民	79.06	50.97	997.85	40 210.24	125 778.12	1 840 279.70	683.47	30 377
	市民	156.93	77.25	705.84	85 567.87				
农地合计	农民			997.85	219 385.47	565 846.41	14 887 227	380.09	16 893
	市民			705.84	346 460.94				

估算结果表明，从居民保护农地的支付意愿出发，湖北省各类型农地资源中，园地的非市场价值最高，其次是水域用地，耕地及林地较低。单位农地非市场价值的高低与资源禀赋显著相关，资源越丰富、利用优势明显的农地类型，非市场价值愈低；反之，越稀缺的资源，非市场价值愈高。湖北省居民每年保护农地资源的支付意愿总价值合计为 565 846.41 万元，折合单位公顷农地资源的非市场价值 16 893 元。其中，四种类型农地中园地的非市场价值最高，每公顷园地的非市场价值为 119 062 元，这是因为园地面积相对较少，因此即便是公众对园地的户均支付意愿与对耕地资源的支付意愿相差不大的情况下，最终落实到单位面积上的非市场价值较大；水域的非市场价值仅次于园地，湖北省素有"千湖之省"之称，水资源丰富，包括河流、湖泊、内陆水面等水域面积 1 840 279.70 公顷，全省现有居民 1703.69 万户数，结合此次调查农村居民和城镇居民保护农地的支付意愿和支付率估算，湖北省居民对水域资源总的支付意愿为 125 778.12 万元，折合单位公顷水域用地的非市场价值 30 377 元；公众对耕地资源的年支付意愿是最高的，居民每年保护耕地资源的支付意愿为 212 093.08 万元，占农地保护总支付意愿的 32.98%，相当于 2004 年农业产业增加值的 9.57%，但耕地资源在农地中面积较多，最后摊到每公顷耕地资源上的非市场价值仅有 19 979 元；湖北省人均林地生态盈余 0.113 5 公顷，利用优势明显，林地资源丰富，每年湖北省居民保护林地支付意愿 113 927.84 万元，折合单位公顷林地非市场价值约 6 407 元。

7.3.5.2 湖北省受访居民对农地资源非市场价值的最低接受意愿

从受访农民保护农地接受政府补贴的角度出发，全省受访农户对不同类型农地的受偿意愿及按此估算的农地的非市场价值见表 7-38。

表 7-38　湖北省受访农户对农地资源非市场价值的最低接受意愿

农地类型	平均受偿意愿	标准差	还原率/%	非市场价值
水　田	848.97	1 309.90		37 732
旱　地	835.33	1 276.63		37 126
果　园	1 110.09	2 373.73	2.25	49 337
林　地	724.37	1 088.27		32 194
水　域	840.47	1 135.48		37 354

而假设农地环境受损，从居民接受补偿的角度出发，受访市民的受偿意愿调查结果如表 7-39 所示。

表 7-39　湖北省城市受访居民对农地非市场价值的受偿意愿

表 7-39　湖北省城市受访居民对农地非市场价值的受偿意愿

单位：元/户·年

农地类型	平均受偿意愿	标准差	最小值	最大值
耕　地	1 883.61	4 680.81	3	50 000
果　园	2 005.60	5 422.02	3	50 000
林　地	2 207.23	6 386.63	3	50 000
水　域	1 900.05	5 497.76	3	50 000

以 2.25% 的还原率，按受访市民接受农地环境受损的补偿意愿可估算出农地的非市场价值，如表 7-40 所示。

表 7-40　湖北省农地非市场价值的估算结果

农地类型	平均受偿意愿/元	家庭户数/万户	受偿总价值/万元	农地面积/公顷	农地受偿价值/（元/公顷）	农地非市场价值/（万元/公顷）
耕　地	1 883.61		1 329 527.28	4 718 080.7	2 817.94	12.52
园　地	2 005.60	705.84	1 415 632.70	425 724.85	33 252.29	147.79
林　地	2 207.23		1 557 951.22	7 903 142	1 971.31	8.76
水　域	1 900.05		1 341 131.29	1 840 279.7	7 287.65	32.39

注：还原率同前，采用 2.25%

7.3.6　受访居民支付意愿的影响因素分析

理论上认为，居民对农地非市场价值的愿付数额（WTP）高低受受访者对农地非市场价值的认知程度、受访者的个人特征、家庭特征及相关的社会经济特性所影响。诸如，受访者对农地各项生态及社会功能重要程度的理解，受访者认为农地减少对其家庭生活及子孙后代的影响，受访者的性别、年龄、职业、教育程度、支付方式，以及受访者家庭人口数、收入水平、受访者所属地区等因素都直接影响居民支付数额的大小。实际应用中常选择支付意愿的对数正态分布作为被解释变量（张志强等，2002），居民对农地非市场价值的愿付数额可用函数表示：

$$\ln WTP = f(Cog_i, Ant_i, Per_i, Fam_i, Mod_i)$$

式中：WTP 表示为农地保护的最高支付意愿；Cog_i 表示居民对农地非市场价值的理解程度；Per_i 表示受访居民的个人特征，如性别、年龄、教育程度等；Ant_i 表示受访居民对农地减少对家庭当前、未来、后代生活的影响分析；Fam_i 表示受访居民的家庭特征，如家庭人口数、60 岁以上老年人口、未成年人人口、参加工作人数等；Mod_i 表示受访者选择支付的方式，如捐钱的表示为 1，参加义务劳动的表示为2。因为农村居民和城市居民在家庭特征、受访者个人特征以及对农地非市场价值的理解方面有诸多的差异，为此分别对决定农民和市民愿付数额大小的因素进行分析。

7.3.6.1 受访农户愿付数额高低的影响因素分析

根据调查问卷设计的内容，将农民受访者对农地非市场价值认知程度里受访农民对农地各项生态及社会功能重要程度理解的十个问题，受访者认为农地减少对其家庭当前、未来及子孙后代生活的影响预期，受访者的性别、年龄、教育程度、支付方式，以及受访者家庭的人口数、家庭年收入、农业收入比例等27个指标列入筛选范围。运用SAS统计软件进行逐步回归，最终通过显著性检验的指标有17个，回归结果如表7-41所示。

表7-41　湖北省受访农民参与农地保护愿付数额大小的影响因素回归分析

Variable	Parameter Estimate	Std. Error	F Value	Pr > F
Intercept	6.312 0	0.349 3	326.59	<.000 1 * * *
Cog$_1$	0.100 5	0.046 6	4.65	0.031 4 * *
Cog$_4$	0.107 4	0.039 3	7.47	0.006 4 * * *
Cog$_9$	0.086 8	0.055 0	2.49	0.115 2
Cog$_{10}$	−0.161 0	0.065 7	6.00	0.014 6 * *
Age	−0.021 7	0.004 4	24.06	<.000 1 * * *
Cad	0.485 8	0.190 33	6.52	0.010 9 * * *
Eld	−0.185 8	0.080 4	5.35	0.021 1 * *

Analysis of Variance

Source	DF	Sum of Squares	Mean Square	F Value	Pr > F
Model	7	99.467 1	14.209 6	10.49	<.000 1
Error	662	897.087 6	1.355 1		
Corrected Total	669	996.554 7			

指标含义及解释

Cog$_1$	受访农民对农地净化空气功能的认识，不清楚 =1，不重要 =2，一般 =3，比较重要 =4，非常重要 =5
Cog$_4$	受访农民对农地调节洪水功能的认识，不清楚 =1，不重要 =2，一般 =3，比较重要 =4，非常重要 =5

	指标含义及解释
Cog_9	受访农民对农地保证社会稳定功能的认识，不清楚 =1，不重要 =2，一般 =3，比较重要 =4，非常重要 =5
Cog_{10}	受访农民对农地保障粮食安全功能的认识，不清楚 =1，不重要 =2，一般 =3，比较重要 =4，非常重要 =5
Age	受访农民的年龄
Cad	受访农民是否村干部，是 =1，否 =0
Eld	受访农民家庭成员中 60 岁以上的老年人人口数，按实际人口数输入

注：＊＊＊、＊＊和＊分别代表显著性水平为1%、5%和10%

回归分析结果表明，在15%的显著水平下，受访农户对农地非市场价值愿付数额高低与其对农地净化空气、调节洪水、保证社会稳定功能的评价呈正相关关系，说明受访者对农地生态系统服务功能认识越强的，对农地非市场价值的支付数额也越高；与受访农民的年龄及其家庭60岁以上老年人人口呈负相关关系，受限于家庭劳动力的不足，年龄大或老年人口多的家庭支付意愿较低；受访农民中村干部的支付意愿略高于普通群众。然而，支付数额与受访农民对农地保障国家粮食安全功能的评价呈负相关，与预期不吻合，主要原因在于受访者绝大多数人认为农地保障国家粮食安全的功能是重要的。

7.3.6.2 受访市民愿付数额高低的影响因素分析

回归结果表明，湖北省受访市民参与农地保护支付数额的高低除受支付工具影响外，主要取决于受访市民对农地调节洪水功能的评价、受访市民的文化程度及家庭收入状况（表7-42）。受支付方式及其折算标准影响，以捐赠货币方式参与农地保护的支付数额低于以义务劳动方式参与保护的，原因在于我国目前劳动力相对富余，而居民的经济状况仍相对较低，因此居民愿意以义务劳动方式参与农地保护活动的偏好，且劳动天数普遍在 5～10 天，而捐钱的受经济状况及收入水平限制，为此相对较低。支付数额的高低与受访市民对农地调节洪水功能的认识呈正相关关系，说明受访市民对农地外部效益评价越高，保护资源的支付数额越高；受访市民的支付数额与受访者的文化程度相关，文化程度较高的居民对农地外部效益的认识较高，愿意花更多的费用去保存农地；与受访居民的家庭月收入状况呈正相关关系，说明随着家庭经济收入的增加，受访者对环境或资源的偏好也在增强。

表 7-42　受访市民愿付数额高低的决定性因素

Variable	Parameter Estimate	Std. Error	F Value	Pr > F
Intercept	1.696 9	0.371 2	20.90	<.000 1 * * *
Mod	1.992 4	0.113 9	305.99	<.000 1 * * *
Cog$_4$	0.097 6	0.053 2	3.37	0.067 5 *
Edu	0.121 8	0.048 7	6.26	0.012 8 * *
Inc	0.065 0	0.030 7	4.47	0.035 3 * *

Analysis of Variance

Source	DF	Sum of Squares	Mean Square	F Value	Pr > F
Model	4	321.864 3	80.466 1	80.37	<.0001
Error	315	315.363 1	1.001 2		
Corrected Total	319	637.227 4			

指标含义及解释

Mod	受访市民对农地非市场价值的支付方式，出钱 = 1，参加义务劳动 = 2
Cog$_4$	受访市民对农地调节洪水功能的认识，不清楚 = 1，不重要 = 2，一般 = 3，比较重要 = 4，非常重要 = 5
Edu	受访市民的教育程度，文盲 = 1，小学 = 2，初中 = 3，高中 = 4，专科 = 5，本科 = 6，硕士 = 7，博士 = 8
Inc	受访市民的家庭月收入状况，按收入段赋值，1000 元以下为 1，1001 ~ 2000 元为 2，2001 ~ 3000 元为 3，3001 ~ 4000 元为 4，4001 ~ 5000 元为 5，5001 ~ 6000 元为 6，6001 ~ 7000 元为 7，7001 ~ 8000 元为 8，8001 ~ 9000 元为 9，9001 ~ 10 000 元为 10，10 000 元以上为 11

注：* * *、* * 和 * 分别代表显著性水平为 1%、5% 和 10%

7.3.7　拒付样本特征及拒付原因

CVM 研究及数据处理时通常习惯将抗议性样本剔除，或因抗议性样本数量不足难以单独分析其样本特征而剔除。在对武汉、荆门、宜昌地区的抗议样本处理时，虽样本数量相对不足仅分析了拒付原因及响应意愿的影响因素。但是湖北省的调查样本数充足，5 个调查区域共有 196 份抗议性样本，其中农户类 107 份，市民类 89 份，为此足够对抗议性样本进行单独分析。

7.3.7.1　农民拒付样本特征及拒付原因

受访农民拒绝参与农地保护的样本特征均值如表 7-43 所示。从拒付样本对农地生态系统服务功能的认知情况可见，对农地涵养水源功能和调节洪水功能认识的均值小于3，说明拒付农民普遍认为此两项功能不重要或不清楚，但对农地生态系统服务的其他功能均高于3，表明拒付农民整体上对农地生态系统净化空气、调节气候、保育土壤、维护生物多样性、废物降解、生活保障、社会稳定、粮食安全功能普遍认为一般或重要，尤其对农地保障国家粮食安全、促进社会稳定和净化空气的功能认识水平要高于对其他功能的认知。且拒付农民普遍认为农地减少会对家庭当前生活、未来生活和后代的生活带来影响。从此可知，拒付农民对农地生态系统服务功能的认知程度和对农地生活的依赖性仍然是较高，认知程度对其响应意愿有一定程度影响，但其不愿意参与农地保护的真正原因并不主要取决于个人农地保护的认知程度。拒付农民的文化程度整体水平介于小学和初中之间，其中小学及以下教育素质的占样本的32.97%，初中文化程度的占46.15%，高中的占20.88%。拒付农民不愿意参与农地保护活动的原因如表7-44，主要原因是因为受访农民家庭经济条件所限，有51.96%的认为因为家里没有多余的钱和时间来参与活动；其次，是因为担心村干部贪污、因为自家田少或水利设施不全对当地政府工作不满意等原因拒绝参与农地保护活动，占到样本的13.73%；还有12.75%认为农地保护是政府的责任，与自己无关（表7-44）。

表 7-43　拒付农民对农地保护的认知程度及基本特征

变量符号	均　值	标准差	变量定义
Cog_1	3.71	1.20	对农地净化空气功能的认识，非常重要 =5，比较重要 =4，一般 =3，不重要 =2，不清楚 =1
Cog_2	3.40	1.42	对农地调节气候功能的认识，非常重要 =5，比较重要 =4，一般 =3，不重要 =2，不清楚 =1
Cog_3	2.96	1.48	对农地涵养水源功能的认识，非常重要 =5，比较重要 =4，一般 =3，不重要 =2，不清楚 =1
Cog_4	2.99	1.41	对农地调节洪水功能的认识，非常重要 =5，比较重要 =4，一般 =3，不重要 =2，不清楚 =1
Cog_5	3.73	1.42	对农地保育土壤功能的认识，非常重要 =5，比较重要 =4，一般 =3，不重要 =2，不清楚 =1
Cog_6	3.36	1.39	对农地维护生物多样性功能的认识，非常重要 =5，比较重要 =4，一般 =3，不重要 =2，不清楚 =1
Cog_7	3.39	1.22	对农地废物降解功能的认识，非常重要 =5，比较重要 =4，一般 =3，不重要 =2，不清楚 =1
Cog_8	3.46	1.43	对农地基本生活保障功能的认识，非常重要 =5，比较重要 =4，一般 =3，不重要 =2，不清楚 =1

变量符号	均　值	标准差	变量定义
Cog_9	3.95	1.29	对农地社会稳定功能的认识,非常重要 =5,比较重要 =4,一般 =3,不重要 =2,不清楚 =1
Cog_{10}	4.04	1.24	对农地粮食安全功能的认识,非常重要 =5,比较重要 =4,一般 =3,不重要 =2,不清楚 =1
Ant_1	2.70	0.53	对农地减少是否影响家庭当前生活的认识,会 =3,不会 =2,不清楚 =3
Ant_2	2.58	0.71	对农地减少是否会影响家庭未来 30 年生活的认识,会 =3,不会 =2,不清楚 =3
Ant_3	2.52	0.77	对农地减少是否会影响子孙后代生活的认识,会 =3,不会 =2,不清楚 =3
Age	45.33	11.74	受访农民的年龄,按实际年龄取值
Sex	0.64	0.48	受访农民的性别,男 =1,女 =0
Edu	1.88	0.73	受访农民的文化程度,小学及以下 =1,初中 =2,高中 =3
Plu	0.54	0.50	受访农民是否兼业经营(外出打工、经商、从事手工业等),是 =1,否 =0
$Land$	5.52	6.42	受访农民家庭耕作的土地面积,按实际面积输入
Pop	3.83	1.58	受访农民的家庭人口数
Eld	0.38	0.73	受访农民家庭成员中 60 岁以上老年人口数
Chi	0.90	0.82	受访农民家庭成员中未成年人人口数
Lab	2.64	1.35	受访农民家庭中有劳动能力的人口数
Inc	13 034.06	11 102.55	受访农民的家庭 2004 年家庭年收入情况(元)
Por	0.32	0.36	受访农民家庭收入中农业收入的比例

表 7-44　受访居民拒付原因分析

拒绝参与的原因	农　民		市　民		小　计	
	频　数	比例/%	频　数	比例/%	频　数	比例/%
农地保护不重要	2	1.96	1	1.03	3	1.51
农地保护是政府的责任,与我无关	13	12.75	21	21.65	34	17.09
没有多余的钱和时间来参与农地保护	53	51.96	39	40.21	92	46.23
谁破坏谁支付	10	9.80	26	26.80	36	18.09
活动没有多大作用	10	9.80	5	5.15	15	7.54
其他原因	14	13.73	5	5.15	19	9.55
小计	102	100.00	97	100.00	199	100.00

7.3.7.2 市民拒付样本特征及拒付原因

受访市民拒付样本对农地保护的认识及其相关的社会经济特征如表7-45。从样本特征可见，受访市民的拒付样本对农地生态系统服务功能的认识均值远高于3，说明拒付市民对农地生态系统服务功能的重要性仍是有较高认识的。受访市民拒绝参与农地保护的原因，主要有三个方面：近40.21%认为是因为没有多余的钱和时间来参与活动；有26.80%认为谁破坏谁负责；21.65%认为应当是政府的责任。

表 7-45 受访市民抗议性样本的特征值

变量符号	均　值	标准差	变量定义
Exi	2.71	0.65	受访市民对农地非市场价值是否存在的认识，有 =3，没有 =2，不清楚 =1
Cog_1	4.03	0.95	对农地净化空气功能的认识，非常重要 =5，比较重要 =4，一般 =3，不重要 =2，不清楚 =1
Cog_2	3.97	0.85	对农地调节气候功能的认识，非常重要 =5，比较重要 =4，一般 =3，不重要 =2，不清楚 =1
Cog_3	3.80	1.09	对农地涵养水源功能的认识，非常重要 =5，比较重要 =4，一般 =3，不重要 =2，不清楚 =1
Cog_4	3.76	1.02	对农地调节洪水功能的认识，非常重要 =5，比较重要 =4，一般 =3，不重要 =2，不清楚 =1
Cog_5	4.00	0.97	对农地保育土壤功能的认识，非常重要 =5，比较重要 =4，一般 =3，不重要 =2，不清楚 =1
Cog_6	3.93	1.03	对农地维护生物多样性功能的认识，非常重要 =5，比较重要 =4，一般 =3，不重要 =2，不清楚 =1
Cog_7	3.28	1.10	对农地废物降解功能的认识，非常重要 =5，比较重要 =4，一般 =3，不重要 =2，不清楚 =1
Cog_8	4.05	0.82	对农地基本生活保障功能的认识，非常重要 =5，比较重要 =4，一般 =3，不重要 =2，不清楚 =1
Cog_9	4.03	0.95	对农地社会稳定功能的认识，非常重要 =5，比较重要 =4，一般 =3，不重要 =2，不清楚 =1
Cog_{10}	4.50	0.76	对农地粮食安全功能的认识，非常重要 =5，比较重要 =4，一般 =3，不重要 =2，不清楚 =1
Pro	2.81	0.54	对当地农地是否需要保护的认识，需要 =3，不需要 =2，不清楚 =0

变量符号	均　值	标准差	变量定义
Ant_1	1.34	1.06	对农地减少是否影响家庭当前生活的认识，会 =3，不会 =2，不清楚 =1
Ant_2	1.48	1.04	对农地减少是否会影响家庭未来 30 年生活的认识，会 =3，不会 =2，不清楚 =1
Ant_3	1.57	1.01	对农地减少是否会影响子孙后代生活的认识，会 =3，不会 =2，不清楚 =1
Sex	0.67	0.47	受访市民的性别，男 =1，女 =0
Age	3.09	2.23	受访市民的年龄，按年龄段赋值：18 ~25 岁 =1，26 ~30 岁 =2，31 ~35 岁 =3，36 ~40 岁 =4，41 ~45 岁 =5，46 ~50 岁 =6，51 ~55 岁 =7，56 ~60 岁 =8，61 ~65 岁 =9，66 ~70 岁 =10，70 岁以上 =11
Pop	3.90	1.27	受访市民的家庭人口数
Lab	2.16	0.88	受访市民家庭中参加工作人口数
Exp	1239.53	658.57	受访市民的家庭月生活开支情况（元）
Edu	5.05	1.32	受访市民的文化程度，文盲 =1，小学 =2，初中 =3，高中 =4，专科 =5，本科 =6，硕士 =7，博士 =8
Occ	5.74	2.32	受访市民的职业，公务员/公司领导 =1，经理人员/中高层管理人员 =2，教师/医务人员 =3，私营企业家 =4，专业技术人员 =5，办事人员 =6，工人/服务员/业务员 =7，个体工商户 =8，离岗/下岗/失业人员 =9，退休人员 =10
Inc	3.60	2.00	受访市民的家庭月收入状况，按收入段赋值，1000 元以下为 1，1001 ~2000 元为 2，2001 ~3000 元为 3，3001 ~4000 元为 4，4001 ~5000 元为 5，5001 ~6000 元为 6，6001 ~7000 元为 7，7001 ~8000 元为 8，8001 ~9000 元为 9，9001 ~10 000 为 10，10 000 元以上为 11
Emo	2.98	0.75	受访市民的农地情节，非常深厚 =4，有一些感情 =3，没有很深感情 =2，没有感情 =1

7.3.8　农地生态与农地非市场价值的关系

　　CVM 方法基于构建假想市场来获知人们意愿的特性决定其所推估的农地非市场价值是一种透过受访者主观愿望所表现出来的价值或效益，为此其价值量的大小与农地生态的关系实质是受访者主观上对不同类型农地生态服务功能的认识或偏好程度的直接反映，间接地通过受访者生活所在地区的农地生态特征及地区不同的农地资源禀赋来显现。

　　首先，从平原、丘陵、山地及大城市（武汉市）等不同类型地区受访群体对农地年均的支付意愿分析（图7-10、图7-11），因受访群体与不同类型农地生活联系的紧密程度不同，农户和城市居民对不同类型农地（如耕地、园地、林地、水域用地）有着不同的支付意愿和偏好。从相似之处来看，无论是平原地区，还是丘陵或山地地区的农户普遍对水田和旱地的支付意愿较高，对园地、水域、林地的支付意愿相差不多，略低于耕地。原因之一在于这些地区农民主要以经营耕地为主，虽兼有少量园地或鱼塘，但普遍认为对耕田的水利设施维护、道路沟渠的维护等要花费比园地、鱼塘的时间多，且耕地是多数农民的主要的生活来源，因此对保护耕地支付意愿或参加劳动的时间较多；原因之二在于林地和水域通常属于集体公共财产，经营权承包给少数人或仍属于集体，多数情况下属于散放和无人管理的状态，为此农户普遍对林地和水域的支付意愿较低。从平原、丘陵、山地农民对水田的年支付意愿比较，丘陵地区农民的支付意愿＞山地农民的支付意愿＞平原地区农民的支付意愿，丘陵地区（荆门地区）水田的经济产出高于山地和江汉平原，为此农民对水田的支付意愿也较高；而宜昌地区水田资源面积稀少，农民对水田偏好要优于其他类型农地。与其他地区不同的是武汉市受访农户对园地、林地和水域的支付意愿较高，原因在于大城市（武汉市）调查样本中园地和鱼塘以东西湖区居多，而东西湖区径河农场等多数地区已经划为房地产开发区，土地属于待征地，受访职工作为失地农民或待失地农民希望保存土地，为此对他们拥有的园地支付意愿都较高。从四个类型区市民对农地保护的年均支付意愿分析，市民对耕地的偏好程度最高。

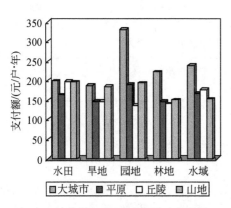

图7-10　不同类型区农户保护农地年均
愿付数额比较

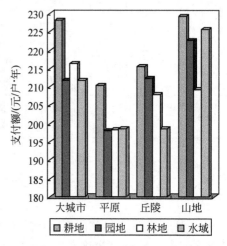

图7-11　不同类型区市民保护农地年均
愿付数额比较

其次，从不同地貌类型区（城市边缘、平原、丘陵、山地）受访农民对保护农地接受政府补偿的调查结果（图7-12）表明，不同地区农民对于保护农地每年接受政府的补贴存在较大的差异。从地貌类型分析，以四个地区受访农民认为保护单位公顷耕地每年需要接受政府补贴的数额从高至低排列依次为：山地＞大城市（武汉）＞平原＞丘陵。其中，鄂西山地（样本地区为宜昌）的农民认为保护农地需要接受的政府补贴数额在四个类型区里是最高，园地、水域、林地和水田的补贴均远远高于其他地区。江汉平原受访农民认为水田、旱地、园地、林地和水域五种类型用地中，按保护需要补贴的数额高低依次排名为：旱地＞水域＞园地＞水田＞林地。

平原、丘陵、山地及大城市（武汉）四个地区受访城市居民对地区农地被建设用地占用导致的环境损失每年愿意接受的赔偿，也存在一定的差异（图7-13）。从地貌类型分析，鄂西山地的受访市民对农地消失认为需要接受的补偿较其他地区高，丘陵地区受访市民对农地损失的受偿意愿最低，平原及武汉二个类型区受访市民的受偿意愿相差不多。从地类分析，鄂西山地受访市民对水域的偏好程度最高，其次是林地和耕地，最低的是园地；丘陵地区的受访市民对耕地、园地、林地和水域四种类型用地的偏好依次为：水域＞林地＞耕地＞园地，整体偏好趋势与鄂西山地居民的意愿一致；江汉平原地区的受访市民对四种类型农地的偏好基本相当，按喜好程度依次为林地＞耕地＞园地＞水域；大城市（武汉）受访市民对四种农地的受偿意愿相差不大，其中林地的受偿意愿最高，其次是园地、耕地，水域用地最低。

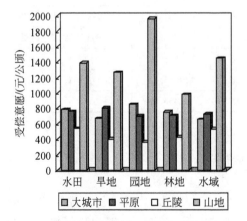

图7-12　各类型区农户对单位公顷农地
受偿意愿比较

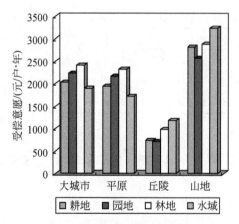

图7-13　不同类型区市民对农地损失
的受偿意愿比较

7.4 湖北省农地资源总价值估算

7.4.1 湖北省农地资源总价值估算

综合湖北省农地资源经济价值和非市场价值的计算结果，可以核算出湖北省不同类型农地资源的整体价值，结果见表7-46。湖北省外在于市场目前无法用价格表现的农地资源非市场价值约2456.23亿元，相当于湖北省2004年生产总值的40.67%。湖北省耕地资源的整体保护效益折合11 617.26亿元，是2004年全省生产总值的1.8倍。其中，耕地资源的非市场价值942.63亿元，约占耕地价值的8.11%；园地资源的整体保护效益约3715.27亿元，目前无法用市场价格体现的非市场价值约占园地价值的13.64%。

表7-46 湖北省不同类型农地资源整体价值估算

农地类型	面积/千公顷	市场价值		非市场价值		总价值	
		单价/（元/公顷）	总价值/亿元	单价/（元/公顷）	总价值/亿元	单价/（元/公顷）	总价值/亿元
水　田	2 402.32	214 028	5 135.37	19 979	479.96	234 007	5 621.60
旱　地	2 124.97	166 868	3 764.38	19 979	424.55	186 847	4 188.93
菜　地	190.79	926 992	1 768.61	19 979	38.12	946 971	1 806.73
小　计	4 718.08	—	10 456.14	19 979	942.63	19 979	11 617.26
园　地	425.72	753 641	3 208.40	119 062	506.87	872 703	3 715.27
林　地	7 903.14	—	—	6 407	506.35	—	—
水　域	1 493.00	523 496	7 815.80	30 377	453.53	553 873	8 269.33
合　计	14 539.94	—	—	16 893	2 456.23	—	—

7.4.2 1996~2003年湖北省农地资源价值变化

1996~2003年湖北省耕地面积净减少231 453.85公顷，价值损失479.93亿元，其中非市场价值损失46.25亿元。近期，湖北省农地资源除了耕地减少外，园地、林地、水域均呈增加趋势，为此农地非市场价值整体上净增加了7.53亿元，说明近年受生态退耕及农业结构调整的调整，农地的保护效益有所增加（表7-47）。

表 7-47   1996～2003 年湖北省农地资源价值变化

农地类型	变化面积/公顷	市场价值		非市场价值		总价值	
		单价/(元/公顷)	总价值/亿元	单价/(元/公顷)	总价值/亿元	单价/(元/公顷)	总价值/亿元
水　田	-39 121.20	214 028	-83.73	19 979	-7.82	234 007	-91.55
旱　地	-188 516.76	166 868	-314.57	19 979	-37.66	186 847	-352.24
菜　地	-3 815.89	926 992	-35.37	19 979	-0.76	946 971	-36.14
小　计	-231 453.85	—	-433.68	19 979	-46.25	19 979	-479.93
园　地	27 069.47	753 641	204.01	119 062	32.23	872 703	236.24
林　地	207 914.21	—	—	6 407	13.32	—	—
水　域	27 091.80	523 496	141.82	30 377	8.23	553 873	150.05
合　计	30 621.63	—	—	16 893	7.53	—	—

第8章
研究结论及政策建议

8.1　研　究　结　论

8.1.1　结论一：不同类型地区农地资源市场价值及其规律

通过对武汉市、江汉平原、鄂中丘陵、鄂西山地等不同类型地区的826户样本农户的生产经营情况进行实证调研，搜集不同耕作制度及资源禀赋条件下农户经营水田、旱地、园地、养殖水面等农地的生产投入、经济产出等相关资料。运用收益还原法较为详实地评估出不同类型地区农地资源的市场价值，估算结果如表8-1。各类型农地的经济价值差异明显，劳动相对密集的园地经济产出价值最高，湖北省平均每公顷园地市场价值约75.36万元，约是水田市场价值的3.52倍；水域用地次之，平均每公顷市场价值52.35万元，是水田市场价值的2.45倍；水田和旱地的经济产出价值较低，平均每公顷市场价值在16万～21万元。园地、养殖水面经济产值高，耕地比较效益低下，这也正是近年农业结构调整中耕地流转为园地、养殖水面的内在驱动机制—经济利益趋向。从不同类型地区分析，鄂中丘陵水田的市场价值最高，江汉平原次之，鄂西山地最低。农田的经济产出价值与资源禀赋及资源优势呈显著的正相关关系，地区农田资源禀赋越丰富，资源越具有比较优势，易于经营管理和依据市场需求安排合理的耕作制度，经济产出价值较高。诸如，结合农地利用优势度指标分析，荆门地区水田资源优势明显，为此其水田经济产出价值在不同类型地区中最高；江汉平原地势平坦、水资源丰富，旱地和水域资源具有比较优势，其旱地和水域用地的经济产出价值也明显高于丘陵地区，高于鄂西山地；鄂西山地园地优势明显，其经济产值在不同类型地区中最高。

表8-1　不同生态类型区农地资源的市场价值　　单位：元/公顷

农地类型	武　汉	江汉平原	鄂中丘陵	鄂西山地	湖北省
水　田	205 693	197 871	380 305	148 536	214 028
旱　地	157 577	210 489	183 543	144 136	166 868

农地类型	武　汉	江汉平原	鄂中丘陵	鄂西山地	湖北省
园　地	888 300	862 945	196 133	953 535	753 641
水　域	537 267	505 213	541 778	—	523 496

8.1.2　结论二：不同类型地区农地资源非市场价值及其规律

非市场价值是农地资源价值中无法忽略的重要组成。在前期调查的基础上进行偏差分析，尽可能地降低偏差影响，设计 WTP（willingness to pay）和 WTA（willingness to accept）两套调查问卷，根据我国现行的农地产权安排，运用 CVM 从不同的受益群体（农民和市民）、不同的假想市场（保护意愿和受偿意愿）分别对武汉市、江汉平原、鄂中丘陵、鄂西山地、湖北省等不同生态类型地区各类型农地非市场价值进行较为科学的全面评估，估算结果分别见表8-2～表8-4。研究结果表明：①从受访居民保护农地的支付意愿出发，各类型农地资源园地的非市场价值最高，其次是水域用地，耕地或林地较低。农地非市场价值的高低与资源禀赋显著相关，资源越丰富的农地，非市场价值愈低；反之，越稀缺的资源，非市场价值愈高。②从农民作为农地保护执行主体参与农地保护需要接受政府补偿（willingness to accept，WTA）的角度出发，湖北省平均每公顷水田的非市场价值达37 732元，是目前国家鼓励农民种植粮食作物发放补贴（中稻225元/公顷，折合无限年期价值4978元/公顷）的7.58倍。并且，农地生态系统脆弱、农地景观破碎度较高、农地保护形势严峻的城市（武汉市）农地生态系统服务维护及改善的价值明显高于江汉平原、鄂中丘陵的农地非市场价值。农地资源生态环境敏感、人均禀赋资源较少的鄂西山地，维护和改善农地资源生态系统服务的价值远远高于生态环境及资源禀赋状况较好的江汉平原、鄂中丘陵。这充分说明了从维护及改善农地资源生态系统服务功能的角度估算的农地非市场价值是符合地区资源的生态特征，有重要的参考价值。③从城市居民作为农地保护的间接受益者，假设受访居民在农地资源非农转用和财富效用之间做出相应的偏好抉择，一方面是农地非农化所带来的一系列不可逆转的环境损失，另一方面是居民在当前经济状况下接受农地城市流转所愿意得到的最低经济补偿（willingness to accept，WTA）。调查结果表明，不同经济发展阶段、不同城市化进程地区（成熟型和稳定型转换区域、急剧转换型区域、缓慢型转换区域）居民对农地保护的偏好程度存在明显差异，在城市化进程较快、农地保护形势紧张的区域居民保护农地的偏好意愿高于城市化进程低的地域，诸如武汉市在快速城市化进程中农地资源流失严重，居民对农地保护的偏好高于江汉平原、鄂中丘陵及鄂西山地。

表8-2　不同生态类型区农地资源的非市场价值（WTP）

单位：元/公顷

农地类型	武汉市	江汉平原	鄂中丘陵	鄂西山地	湖北省
耕　地	54 348	32 667	25 386	40 004	19 979
园　地	835 076	409 973	197 247	99 294	119 062
林　地	163 236	85 704	10 279	5 485	6 407
水　域	89 183	47 374	47 832	99 650	30 377
平　均	92 382	48 658	25 180	20 555	16 893

表8-3　不同生态类型区农地资源的非市场价值（WTA-农民）

单位：元/公顷

农地类型	武汉市	江汉平原	鄂中丘陵	鄂西山地	湖北省
水　田	34 980	33 660	23 897	61 742	37 732
旱　地	29 727	35 640	17 701	56 357	37 126
园　地	37 727	31 053	16 258	87 432	49 337
林　地	33 560	31 507	19 080	43 639	32 194
水　域	29 213	32 333	23 740	64 493	37 354

表8-4　不同生态类型区农地资源的非市场价值（WTA-市民）

单位：万元/公顷

农地类型	武汉市	江汉平原	鄂中丘陵	鄂西山地	湖北省
耕　地	32	11.57	2.08	16.88	12.52
园　地	1 056.44	44.26	40.81	64.15	147.79
林　地	169.78	87.79	2.72	4.88	8.76
水　域	92	29.75	12	101.75	32.39

8.1.3 结论三：农地非市场价值估算结果与 Constanza 等的研究结果比较

Constanza 等（1997）对全球农田、森林、海洋等 16 种生态类型及 17 种生态系统服务价值的评估是国际上目前对生态系统服务价值最具有影响的研究。Constanza 等的研究表明，全球耕地资源生态系统服务每公顷年平均价值为 92 美元，森林每公顷的年生态服务价值为 302 美元，湖泊与河流生态系统服务的年度平均价值在 8498 美元。为此，按一美元折合 8 元人民币的汇率及 2.25% 的还原率，可以将此次研究的估算结果与 Constanza 等的研究结果进行比较，结果如表 8-5 所示。比较结果表明，在我国目前的经济水平和资源状况下，耕地资源非

农地生态与农地价值关系

市场价值的估算结果与 Constanza 等在 1997 年的研究结果较接近，水域用地则较相差较远。从研究区域分析，武汉市当前耕地、林地的非市场价值与 Constanza 等的研究结果最接近。比较分析表明，此次估算的农地非市场价值是基于我国当前的经济发展水平和人们的环境保护意识下的调查结果，接近 10 年前发达国家的研究水平，尤其经济发达的城市估算结果更加接近，有一定的借鉴和参考价值。

表 8-5   不同生态类型区农地资源非市场价值与 Constanza 研究结果的比较

农地类型	武　汉	江汉平原	鄂中丘陵	鄂西山地	湖北省
耕　地	1.66	1.00	0.78	1.22	0.61
园　地	7.78	3.82	1.84	0.92	1.11
林　地	1.52	0.80	0.10	0.05	0.06
水　域	0.03	0.02	0.02	0.03	0.01

8.1.4   结论四：不同类型地区农地资源价值及其构成

综合收益还原法和条件价值评估法对不同生态类型地区农地资源市场价值和非市场价值的估算单价，可以比较系统、科学地估算出武汉市、江汉平原、荆门、宜昌、湖北省五个典型研究地区现有农地资源的总价值及其构成。不同类型地区现有农地资源价值、非市场价值及其构成，如表 8-6 ~ 表 8-8 所示。以湖北省为例，湖北省现有包括耕地、园地、林地、水域在内的农地资源的非市场价值达 2456.23 亿元，相当于湖北省 2004 年 GDP（6309.92 亿元）的 38.93%。其中，水田、旱地、园地和水域用地的非市场价值分别占其价值的 8.54%、10.14%、13.64% 和 5.48%。从各典型研究地区内各类型农地资源中非市场价值所占的比例份额比较分析，表明在农地资源流失速度较快、农地生态系统脆弱、景观破碎度较高的特大城市，农地资源非市场价值所占比例份额较高；在农地生态环境敏感、资源相对稀缺的鄂西山地，农地非市场价值的比例份额也明显高于资源相对丰富、生态环境较好的鄂中丘陵和江汉平原。从农地类型分析，越稀缺的农地资源，其非市场价值所占的比例份额越高，说明农地非市场价值与资源禀赋呈负相关关系。例如，武汉、江汉平原、荆门各类型农地中园地面积最少，其非市场价值的比例份额在各类型农地中最高，在荆门甚至高达 50%。且可预计，未来随着城市化进程的快速推进及人类社会经济活动干扰强度的加大，不可替代的农地资源会变得越来越稀缺，其非市场价值的比例份额仍会增加。

表 8-6　各典型研究区农地非市场价值现值　　　　单位：亿元

农地类型	武汉市	江汉平原	荆门市	宜昌市	湖北省
水　田	119.67	304.68	67.34	48.22	479.96
旱　地	76.03	212.26	31.19	95.55	424.55
园　地	106.27	200.68	38.06	85.92	506.87
林　地	124.72	225.64	40.15	70.03	506.35
水　域	140.93	275.20	33.80	68.54	453.53
合　计	577.12	1 246.82	218.72	368.25	2 456.23

表 8-7　各典型研究区农地资源价值现值　　　　单位：亿元

农地类型	武汉市	江汉平原	荆门市	宜昌市	湖北省
水　田	572.61	2 150.2	1 076.15	227.26	5 621.6
旱　地	296.48	1 579.95	256.66	439.83	4 188.93
园　地	219.32	623.09	75.9	911.03	3 715.27
水　域	989.94	3 210.06	416.62	—	8 269.33

表 8-8　各典型研究区不同类型农地非市场价值所占的比例份额　　单位:%

农地类型	武汉市	江汉平原	荆门市	宜昌市	湖北省
水　田	20.90	14.17	6.26	21.22	8.54
旱　地	25.64	13.43	12.15	21.72	10.14
园　地	48.45	32.21	50.14	9.43	13.64
水　域	14.24	8.57	8.11	—	5.48

8.1.5　结论五：近期不同类型地区农地资源景观变化及其价值变动

　　对武汉市、江汉平原、荆门市、宜昌市、湖北省五个典型研究地区近年来农地资源景观变化及其价值变动进行估算，研究结果如表 8-9。近年来，随着工业化、城市化进程的推进，耕地资源的流失速度加快，湖北省耕地资源的非市场价值损失 46.25 亿元。1996～2003 年，湖北省耕地资源减少面积 231 453.85 公顷，价值损失 479.93 亿元，相当于 2004 年全省农业生产总值 1020.09 亿元的47.05%。同期，受生态退耕及农业结构调整政策的影响，园地、林地及水域用地基本呈增加趋势，为此地区农地资源的非市场价值呈净增加趋势。1996～2003

年湖北省农地非市场价值净增加 7.53 亿元，表明近期农地生态环境略有改善。

表 8-9　各典型研究区近期农地资源变化及其价值变化规律

地区　　　　　项目		武汉市	江汉平原	荆门市	宜昌市	湖北省
时　期		1996~2002 年	2000~2003 年	1999~2003 年	1996~2003 年	1996~2003 年
耕地	耕地变化面积/公顷	−13 893.5	−28 968.68	−7 441.89	−26 431.26	−231 453.85
	非市场价值变化/亿元	−7.55	−9.46	−1.89	−10.57	−46.25
	市场价值变化/亿元	−40.28	−73.02	−16.22	−38.28	−433.68
	总价值变化/亿元	−47.83	−82.48	−18.11	−48.86	−479.93
园地	园地变化面积/公顷	730.22	4 469.75	8.99	8 818.42	27 069.47
	非市场价值变化/亿元	6.1	18.32	0.02	8.76	32.23
	市场价值变化/亿元	6.49	38.57	0.02	84.09	204.01
	总价值变化/亿元	12.59	56.89	0.04	92.85	236.24
林地	林地变化面积/公顷	2 194.57	14 537.13	9 652.67	16 902.3	207 914.21
	非市场价值变化/亿元	3.58	12.46	0.99	0.93	13.32
水域	水域变化面积/公顷	2 304.19	6 724.46	−265.33	5 187.69	27 091.8
	非市场价值变化/亿元	2.05	3.19	−0.13	5.17	8.23
	市场价值变化/亿元	12.38	33.97	−1.44	—	141.82
	总价值变化/亿元	14.43	37.16	−1.57	—	150.05
非市场价值变化		+4.18	+24.51	−1.01	+4.29	+7.53

8.1.6　结论六：受访居民参与农地保护响应意愿的影响因素

运用 Logit 模型分析了武汉市、江汉平原、荆门市、宜昌市、湖北省受访居民参与农地保护响应意愿的影响因素，如表 8-10 和表 8-11 所示。分析结果表明，环境态度、影响预期、年龄、性别、收入、家庭劳动力状况等社会经济信息对受访居民参与农地保护响应意愿具有显著的影响，符合经济学理论，CVM 的可靠性得到较好的验证。说明当前在我国运用 CVM 评估农地资源的非市场价值具有良好运用基础，符合当前居民的环境意识及经济能力，意愿真实、可靠。

表 8-10　各典型研究区受访农民参与农地保护响应意愿的影响因素

影响因素（作用方向）	武汉市	江汉平原	荆门市	宜昌市	湖北省
农地保育土壤功能的评价	+		−	+	+
农地生活保障功能的评价		−	−		−
农地粮食安全功能的评价	−	−			−

影响因素（作用方向）	武汉市	江汉平原	荆门市	宜昌市	湖北省
农地减少是否影响家庭当前生活的预期	−	−			
农地减少是否影响家庭未来生活的预期	+	+			
受访者的年龄	+	+		+	+
受访者的性别	−		−		−
受访者家庭人口中 60 岁以上的老年人口数			+		
受访者家庭收入中农业收入的比例份额			+		

表 8-11　各典型研究区受访城镇居民参与农地保护响应意愿的影响因素

影响因素（作用方向）	武汉市	江汉平原	荆门市	宜昌市	湖北省
农地调节洪水功能的评价	+		−		
农地保育土壤功能的评价	−		−		
农地维护生物多样性功能的评价	+		−		
农地废物降解功能的评价			−		
农地生活保障功能的评价		+			+
农地社会稳定功能的评价	−	−	−		−
农地粮食安全功能的评价			+		
农地是否需要保护			−		
农地减少是否影响家庭当前生活的预期			+		
农地减少是否影响家庭未来生活的预期			−		
农地减少是否影响子孙后代生活的预期			+		
受访者的年龄			+		
受访者的性别			+		+
受访者的教育程度					+
受访者家庭参加工作人口数					−
受访者家庭的月均生活开支			+		
受访者家庭月收入			−		
受访者对农地的感情			−		

8.1.7　结论七：受访居民参与农地保护支付数额的影响因素

运用多元回归对武汉、江汉平原、荆门、宜昌、湖北省五个不同生态类型地区受访居民参与农地保护支付数额高低的影响因素进行筛选，结果如表 8-12 和表 8-13 所示。研究表明，受访者的年龄、性别、文化程度、土地资源禀赋、家庭人口状况、环境态度、影响预期等社会经济特征对支付数额的高低有显著的影响。并且，除个别因素与预期不吻合外，整体上支付数额的高低与居民的环境意识、文化程度及经济能力呈显著的正相关关系、说明随着环境意识的增强，生活条件的改善，公众对农地保护的偏好在增强。并且，今后随着经济的发展和资源稀缺程度的增强，农地非市场价值仍会随时间变动，呈不断增加的可能。

表 8-12　各典型研究区受访农民参与农地保护支付数额高低的影响因素

影响因素（作用方向）	武汉市	江汉平原	荆门市	宜昌市	湖北省
农地净化空气功能的评价	+	+			+
农地调节气候功能的评价	+	+	−		
农地调节洪水功能的评价		+			+
农地废物降解功能的评价					
农地生活保障功能的评价		+			
农地社会稳定功能的评价					+
农地粮食安全功能的评价					−
农地减少是否影响家庭当前生活预期			−		
受访者的年龄	−	−		−	−
受访者的性别				+	
受访者是否村干部		+			+
受访者家庭耕作的土地面积	+	+		+	
受访者家庭 60 岁以上老年人口数	−				−

表 8-13　各典型研究区受访市民参与农地保护支付数额高低的影响因素

影响因素（作用方向）	武汉市	江汉平原	荆门市	宜昌市	湖北省
支付工具，捐钱 =1，义务劳动 =2	+	+	+	+	+
农地非市场价值是否存在				−	
农地净化空气功能的评价	+				
农地调节气候功能的评价	−				
农地调节洪水功能的评价					+
农地废物处理功能的评价				+	
农地保育土壤功能的评价		+			
农地维护生物多样性功能的评价		−			
农地社会稳定功能的评价					
农地减少是否影响家庭当前生活的预期	+				
受访者的年龄	−		−		
受访者的性别	+			−	
受访者的文化程度		+		+	+
受访者家庭参加工作人数	−				
受访者家庭月收入状况					+

8.1.8　结论八：农地生态与农地市场价值的关系

　　分别对江汉平原、鄂中丘陵、鄂西山地等不同类型地区农地生态与农地市场价值的关系进行分析。研究表明，在同一区域范围内，农地经济产出的高低主要取决于土地资源禀赋、种植制度、种植结构安排及灌溉保收条件，说明科学的种植方式和经营管理能够有效地提高农地的经济产出。并且，农地市场价值的高低还与地区农地资源利用的优势度相关。鄂中丘陵水田具有资源优势，为此其水田市场价值在不同类型地区内最高；鄂西山地园地资源具有比较优势，其市场价值最高；江汉平原的水域、旱地及水田具有利用优势，为此其水域用地、旱地及水田的经济产出价值相对较高。同时，研究也表明，单位农地的生产投入与土地规模呈显著的正相关关系，经营规模越大，农户对单位土地的生产投入增加。但是，经营规模对土地相对密集的水田和旱地的单位净产值则影响不大，与劳动相对密集的园地的单位净产值则呈显著的正相关关系。

　　以湖北省为研究范围，将水稻和小麦分别作为水田和旱地的基准作物，通过对湖北省58个市县水稻及小麦单产与其相关生态因子的主成分分析，研究表明不同类型地区内基本农田建设情况、地区人均土地资源禀赋及地貌特征、光温生产潜力等自然条件是影响水田市场价值高低的主导性生态因子，影响旱地的主导性生态因子仅有土地资源禀赋及气候生产潜力通过显著性检验。通过湖北省70多个市县水稻和小麦单位产量的聚类分析，研究结果表明在不同生态类型地区内农地的市场价值呈明显的地域分域规律，水田的市场价值呈现出由平原中心向丘陵及最外围山地依次递减的趋势，旱地的市场价值呈丘陵向平原及最外围山地递减的规律。

8.1.9　结论九：农地生态与农地非市场价值的关系

　　对武汉市、江汉平原、鄂中丘陵、鄂西山地等不同类型地区的826户样本农户和422户市民家庭参与农地保护响应率及支付意愿的调查结果如表8-14和表8-15所示。分析结果表明，在我国目前的经济发展水平下，不同生态类型地区受访居民对各类型农地资源支付意愿及偏好有明显的差异。从受访居民参与农地保护的情况分析，公众对当前流失速度最快且与居民生活联系最直接、最紧密的耕地资源的支付意愿最高。不同地区内，进入快速城市化进程、农地流失速度较快且农地生态系统受人为干扰较多、相对脆弱的武汉市的居民保护农地的支付意愿高于江汉平原及鄂中丘陵；同时，农田生态环境敏感、农田承载力能力较差的鄂西山地城镇居民保护农地的支付意愿也明显高于江汉平原和鄂中丘陵。从农地保护的受益主体分析，农民普遍对自家经营的水田、旱地保护响应率最高，其次是对生态系统服务功能强大的水域和林地用地。而城镇居民对耕地的保护意愿最高，对园地、林地和水域用地的偏好差异不明显。

表8-14 不同类型地区受访农民参与农地保护的情况

	地 区	武汉市	江汉平原	鄂中丘陵	鄂西山地
响应率/%	水 田	71.78	82.63	92.76	71.10
	旱 地	48.51	64.47	80.26	72.25
	园 地	9.90	16.17	59.87	63.01
	林 地	29.21	29.54	62.50	58.38
	水 域	45.05	44.11	73.68	49.71
支付意愿（元/年·户）	水 田	199.48	163.15	198.41	196.67
	旱 地	187.28	146.25	147.36	185.82
	园 地	330.70	190.70	135.84	193.86
	林 地	222.15	147.60	140.44	150.35
	水 域	238.72	167.58	178.05	152.86

表8-15 不同类型地区受访市民参与农地保护的情况

	地 区	武汉市	江汉平原	鄂中丘陵	鄂西山地
响应率/%	耕 地	76.21	77.43	73.85	84.06
	园 地	76.21	75.69	70.77	84.06
	林 地	77.67	77.43	73.85	82.61
	水 域	76.70	76.67	73.85	82.61
支付意愿/（元/年·户）	耕 地	228.31	210.43	215.59	229.41
	园 地	211.94	198.09	212.45	222.78
	林 地	216.55	198.31	208.05	209.43
	水 域	211.78	198.58	198.74	225.72

8.2 政 策 建 议

8.2.1 组建农地保护的民间平台，增强公众监管机制

经济学家黄有光（1991）认为，任何一件外部性事件的产生，都或多或少地存在良心效应。斯蒂格里兹也认为，进行社会准则的教育是解决外部性的一种方

法（黄恒学，2002）。农地问题尤其耕地问题是全社会的大问题，关系到社会全体成员，关系到国家的持续发展和子孙万代的生存。为此，农地保护作为我国的一项基本国策，不仅是一项政府行为、政策管制措施，更是一项公益事业、公众行为。农地保护具有社会外部性，某些范围内通过社会准则等"思想教育"或良心效应等"道德约束"可以解决农地资源的保护问题，因此应积极发挥公众参与农地保护的作用。政府在农地保护工作中，要改变以"农地论农地"的惯性思维，要善于发挥群众保护农地的热情和主观能动性。公众是农地保护的主体，是农地保护的受益者，对于农地他们有着血脉相连的情深。近年来，随着人们环境保护意识的增强，追求高的生活品质，有越来越多的公众开始参与农地保护，公众参与成为实现农地保护不可忽视的一股重要力量。应通过各种宣传媒体，增加公众的环境意识、资源危机意识及社会福利意识，形成全民保护农地的良好氛围。同时，建议组建农地保护基金会等民间组织，为公众提供一个参与农地保护的平台和活动空间，组织自愿参与农地保护的居民不定期地义务参加农田水利设施建设、植树造林、田间沟渠维护、农地保护宣传等各种活动，吸纳公众保护农地的力量和热情。此外，目前我国制度软约束条件下的行政控制，实际上不能有效抑制各级政府对土地"农转非"巨额增值收益的渴求（温铁军，2002）。为此，组建农地保护的民间平台，可以健全我国农地保护的公众监督约束机制，通过公众的监督和参与增强农地保护的监管力度，监督地方政府落实和执行中央政府制定的各项农地保护的政策和措施，规避信息不对称所带来的一些地方政府或土地开发商在农地非农转用过程的"寻租"行为。

8.2.2　将农地非市场价值纳入征地补偿体系，缓解农地流失形势

农地资源具有公共物品的属性，存在巨大的外部效益，不仅包括直接的经济产出价值，还具有巨大的非市场价值。然而，农地的非市场价值目前难以通过市场机制表现，现行的土地征收补偿体系中也往往没有将非市场价值纳入其中，客观上加速了农地流失的速度。调查表明，83.82%的受访居民愿意以捐资或参加义务劳动的方式参与农地保护活动，即农地保护的外部效益或非市场价值是客观存在的。公众对农地保护的支付意愿间接反映了公众的福利损失，尤其是农民的直接福利损失。农地对农民的主要效用是社会保障、提供就业、提供直接经济收益（霍雅勤等，2004），目前我国的土地征用补偿标准没有将农地资源提供社会保障、提供就业的这部分社会福利纳入到征地的成本中，引发了诸多的失地农民社会保障问题。陈锡文（2006）认为，要解决征用农民土地引发的矛盾，最终要提出逐步推行征地制度改革。征地最重要的是处理好几个矛盾：一是耕地的减少和确保农业发展和国家粮食安全的问题；二是对被征地农民的经济补偿问题；三

是失地农民就业和社会保障的问题。因此，估算农地资源的非市场价值，估算公众参与农地保护的意愿价值，并将其纳入农地资源征收的成本核算体系中，有效、合理地控制农地城市流转，不仅能够弥补市场机制作用不足给农地流转城市决策带来的影响，而且通过提高土地资源农业利用的比较效益，能够真正达到缓解农地资源流失的作用。

8.2.3 增设农地保护专项补贴政策，激励农民保护农地的积极性

胡锦涛总书记在党的十六届四中全会上首次提到：工业化国家发展过程中，初始阶段"农业支持工业"，达到相当程度后"工业反哺农业、城市支持农村"。工业反哺农业意味着给予农业生产者最直接的经济利益，增加农民的社会福利。农民是农地保护的直接执行者，政府应在免除农业税的基础上，继续对种粮农民实行直接补贴，同时建议增设农地保护专项补贴，激励农民保护农地的积极性。基于目前我国政府对种粮实施直接补贴政策、取消农业税费、农地保护外部效益客观存在的形势下，课题组调查受访农民参与农地保护、作为保护的执行主体所愿意接受的补偿意愿。问卷设计参考目前国家种粮补贴按粮食作物播种面积发送的形式，对农户受偿意愿的假想前提是"假如政府为了促进农民保护农地的积极性，每年发放一定数量的补贴作为回报农民保护农田对社会稳定、对保障国家粮食安全和保护环境所带来的好处"。询问农户认为单位水田、旱地、园地及村属公共林地和水域资源每年最低需要补贴多少钱，才能达到较为理想的保护效果。调查显示，受访农户从保护农地需要投入的工时、物质折算，认为单位公顷农地的补贴在 800 ~ 1000 元。其中，园地的受偿意愿最高，其次是水田和旱地，水域和林地的受偿意愿最低。受访农民对各类型农地保护的受偿意愿与农地管理需要投入的工时、产出和权属直接相关。

8.2.4 界定基本农田保护的价值内涵，建立基本农田保护补偿机制

基本农田保护制度是我国目前农地保护制度中较有成效的一项重要制度。划定基本农田的实质上是为了保障国家的粮食安全，限定非农建设用地的扩张。然而，经济建设和农田保护的协调和矛盾却往往成为地方政府头痛的事情。尽管中央政府三令五申要控制农地非农流转，保护基本农田面积，但一些地方政府仍千方百计通过各种手段和途径减少基本农田的实际保护面积。主要原因在于，一方面基本农田作为一项行政任务，以确保国家粮食安全为目的，实质上是一项具有明显地区外部性的公共行为。基本农田保护对社会带来的粮食安全、环境保护等绝大部分效益被周边地区乃至全社会共享，而保护的成本却由行为者承担，地区

未得到补偿。另一方面，基本农田面积的划定无疑限制了地方经济建设用地的发展和扩张，农田保护的面积越大，非农用地扩展的空间愈小。因此，面临着发展地方经济的巨大压力，地方政府作为具有理性"经济人"特性的微观经济主体，在市场力量的作用下，所提供的农地保护量将低于社会最优量（陈江龙，2003）。事实上，社会公众作为农地资源环境或社会福利的受益者，有参与农地保护的支付意愿，他们愿意出钱或出力使农地资源保护形势加以改善，充分说明基本农田保护的外部效益客观存在，并且通过条件价值法等多种非市场价值评估技术可以对这部分效益加以估算。为此，在估算基本农田的非市场价值的前提下，可尝试建立基本农田保护补偿机制。一方面可以通过发放补贴的方式促进农民保护农地的积极性；另一方面由工业省向农业省、基本农田保护小省向基本农田保护大省实行部分"反哺"，实现基本农田保护的地域公平和合理，对于促进全国的基本农田保护、完善农田保护制度将有着重要的作用。

8.2.5 构建农地保护的生态补偿标准

对湖北省江汉平原、鄂中丘陵、鄂西山地及大城市等不同类型地区近期农地资源景观变化及生态承载力的分析表明，当前湖北省耕地面积锐减、自然的荒草地及水域用地迅速减少，农地生态系统已经呈现出极度的脆弱性。因此，需要加强对农地生态系统的保护和投入，建立农地保护的生态补偿标准。生态补偿能够有效地实现农地保护外部性的内在化，促进资源的合理利用。1983 年我国曾尝试在云南省对磷矿开采征收植被的破坏恢复费用，这是国内最早实行的生态补偿实践。目前生态补偿的范围包括矿产开发、土地开发、旅游开发、自然资源、药用植物和电力开发六类。但是，在生态环境补偿的政策、法规方面，仍没有形成统一、规范的管理体系，收费标准的制定也未建立在科学预算的基础上，各项工作的努力没能避免自然状况的进一步恶化（王丰年，2006）。其原因之一在于目前仍难以对生态系统的服务价值进行货币化计量。农地非市场价值的量化，有效地解决了农地生态补偿机制构建的一个技术难题，为构建农地保护的生态补偿标准提供参考依据。

8.2.6 建立绿色国民核算体系

我国现行国民核算体系以国民生产总值（GNP）或国内生产总值（GDP）为主要衡量指标，只体现态系统为人类提供的直接产品的价值，未能反映其外溢的非市场价值，忽视了资源的耗损贬值和环境退化所造成的损失。为纠正这种偏向，联合国专家组制订了建议性的综合环境与经济核算体系（SEEA）框架。我国制定的《中国 21 世纪议程》和《中国环境保护 21 世纪议程》也将研究和实施环境核算并将其纳入国民经济核算体系的任务列为优先项目（王晓鸿，2004）。评估农地资源保护的整体效益，有助于建立区域环境—经济综合核算体系，为区域生态—环境—经济综合决策定量依据。同时，农地价值评估结果为我国建立绿色国民核算体系，尤其是第一产业的国民核算体系提供了基础资料。在经济发展过程中，考虑经济发展的生态环境成本，将生态环境成本纳入区域发展的综合核算，以利于保护经济社会可持续发展的生态基础。

8.3　讨论及研究展望

　　本书运用收益还原法和 CVM 对武汉市、江汉平原、鄂中丘陵、鄂西山地、湖北省等不同生态类型区域农地资源的总价值进行较为科学的全面评估，探索农地资源市场价值和非市场价值的比例份额及贡献，分析农地生态与农地价值的关系，为农地保护补偿机制、补偿标准的构建及农地城市流转决策提供重要的理论参考。但由于人们对农地价值的认识，尤其是非市场价值的认识尚未达成统一的观点，农地资源的服务功能及其价值构成也较为复杂、多面，具有不确定性，并且评估方法基于问卷调查获取基础数据的特性也存在一定的局限和偏差，因此研究仍存在许多的局限与不足，有待在今后进一步加强。

8.3.1　本研究中农地生态类型的选择与问题

　　对于农地生态类型的选择重点体现在两个方面：一方面，是通过分析研究区域在地貌类型上的差异，比较不同类型区域同一种生态系统农地价值的变化及关系；另一方面，通过具有不同生态系统及服务功能的农地类型来表现，比较同一地区不同类型农地的价值及其关系。从生态类型区域的选择来看，湖北省地跨秦岭褶皱系和扬子准地台两大构造区，地势地形起伏较大，具有山地、丘陵、平原、岗地等多种地貌形态，为研究不同类型地区农地资源价值及其关系提供了良好的比较基础。为此，根据湖北省平原、丘陵、山地三种主要生态类型区农地利用的特点，分别选择样本点进行随机抽样调查。江汉平原以仙桃、汉川、武汉为典型研究区，丘陵区以鄂中的荆门地区为代表，山地以鄂西南的宜昌地区为典型研究案例。各生态类型典型研究地区在经济发展阶段、种植结构、耕作制度、资源禀赋、气候特征、光温生产潜力等方面存在明显的区域差异，为分析不同类型农地生态与农地价值的关系提供充足的资料。其次，在农地类型选择上，以水田、旱地、园地、林地及水域五种具有不同生态服务功能的农地作为研究对象，从受访农户的经营资料及受访居民的保护意愿分别估算出农地的市场价值和非市场价值，各类型农地资源价值受经济产出、资源禀赋及相关因素的影响，具有明显的差异。因此，总体而言，在农地生态类型的选择上是较为科学和具有代表性的。但是在研究区域的选择上也存在一些不足之处：①研究的基础资料主要来源于农户及受访者的调查，调查区域均为纯农区，主要以耕作农田为主，为此对于水域、园地市场价值的估算，存在受访样本少、经营资料不足等问题，使水域和园地市场价值的估算存在一定的偏差；②当前林地多属村属公共用地，禁止砍伐，为此通过收益还原法评估林地的市场价值，存在林地的经济资料不足的问题。今后，可运用成本法、交易价值法等方法补充对林地市场价值的评估，完善研究成果。

8.3.2　本研究中农地市场价值估算的方法与存在的问题

农地市场价值是一种直接使用价值或实物价值，综合农地收益较为稳定的特性，将收益还原法作为估算农地市场价值的基本方法。方法运用时，受限于调查资料及相关问题，存在一定的不足：①在农地单位产值计算时，调查设计时只包括主产品的价值（稻谷、玉米等直接农产品），遗漏了副产品的价值（如作物秸秆等）。事实上，农地价值研究中既包括主产品的价值，还包括副产物的价值。例如，作物秸秆是一种具有消耗性使用价值的产品，通常被农民当作饲料、肥料、燃料消耗掉。这类消耗性产品的经济价值由于各农户的用途不同，用价值衡量和计算很难统一，而样本调查时忽略了这部分副产品的价值。而按《湖北省农村统计年鉴》，每公顷粮食作物的副产品价值是主产品价值的 4.95%。因此，所估算的耕地资源的市场价值可在估算结果的基础上增加 4%～5%。②在生产费用的测算方面也存在一些考虑不周之处：一是生产投入主要包括直接生产费用如种子、农药、化肥、农家肥、排灌费、机械等投入，漏掉了一些小项目的费用，如农舍费、销售费用等未计入。二是人工费用（农民劳动工资）的测算是参考《湖北省农村统计年鉴2004》的单位劳动用工计算表上的数据得到的。③时值国家对农业加大投资力度、取消农业税费和实施种粮补贴的时期，各地区取消农业税费的进度不一，因此在调查的不同地区农户 2004 年家庭农业生产成本及投入时，一部分地区 2004 年已经取消了农业税费（如武汉），而一些地区仍处在农业税费改革的试点阶段，从 2005 年才开始取消农业税费，为此单位农地的农业生产成本有一定的差距，荆门地区、宜昌地区、仙桃、汉川每 0.0667 公顷农业生产成本要比武汉市的高出几十元不等。而从时间分析，目前的农业生产形势也比 2001 年以前（尤其 1998～2001 年）要好，农业税费负担减轻，而种粮补贴在增加。据调查，受访农户反映 2001 年以前种田每 0.0667 公顷土地的农业税费在 120 元左右，最高时 200 多元，因此与当时的农业生产成本相比，目前的是最低的，而且每 0.0667 公顷土地包括种粮补贴在内至少净增加 100 元左右。为此，按 2004 年的农业种植形势根据收益还原法计算出的市场价值较往年的相比是较高的。这点，在与一些研究人员对某些地区的农地价值估算结果可以得到证实（贺锡苹等，1994；黄贤金，1997，1999）。④计算农地经济价值时，把国家对种粮补贴也纳入到农地的纯收益里。对这部分的处理也存在争议，一种观点认为国家对部分农地实施种粮补贴，从某种角度考虑是农地的一种外部效益，是国家基本粮食安全考虑所发送的补贴，而且这种补贴带来是政策性的，不是长期或永久的，不能纳入到农地的纯收益里进行折现；另一种观点认为既然农业税费能够纳入到农业种植的生产成本里，种粮补贴作为一种实在的收益，应当也能纳入到农地的收益里。综合考虑后，在计算农地市场价值时，把政府的补贴也纳入到农地的纯收入里。⑤部分用地类型如园地、养殖水面经营农户的受访样本数量不足，诸如荆门地区 152 户受访农户中分别仅有 2 个样本农户经营果园和鱼塘，样本数量不足对用地经济产出的估算造成一定的影响。其次，林地的经济产值缺乏经营资料，为此没有对林地的市场价值进行估算。虽然在应用收益还原法估算农地市场价值时，因一些小项目的遗漏或指标选取存在一些缺陷，通过适度修正或在今后研究增加部分样本可以避免。整体上，估算结果是通过入户调查获取农户经营不同类型农地的经营资料的基础上得到的，体现农户在不同资源禀赋、经济特征、种植结构安排下真实的生产投入。而前人的研究多采用官方统计资料估算农地价值，明显存在农地面积、播种面积等数据与详查数据差异较大、样本数据单一、真实性较差等问题。为此，总体上对农地市场价值的估算结果较为准确、可靠。

8.3.3 本研究中农地非市场价值估算的方法与存在的问题

CVM 是建立在"事先"行为分析基础之上的陈述偏好价值评估方法，被广泛应用于资源环境价值、医疗风险、公共政策效益等非市场价值的评估领域。但本质上由于 CVM 是基于模拟市场交易行为基础之上的估价技术，完全依赖问卷调查来评估资源价值，为此难以避免地存在一些问题。

1）偏差不可能完全消除。尽管很多专家及研究人员认为，可以通过精心设计问卷，使各种可能的偏差降至最低（Arrow et al.，1993）。问卷在设计及调查时也对偏差分析及偏差处理事先做了尽可能的规避，但 CVM 的方法特性决定了偏差不可能完全消除或避免，运用条件价值评估法估算出的农地非市场价值只是对最终结果的一种逼近。

2）受益群体的界定。农地保护具有明显的外部效益，这种效益全社会共享，跨区域、跨国界，潜在的受益群体包括尚未出生的后代。因此，在估算农地非市场价值时受益群体的确定是较为困难和敏感的问题，并且受益群体范围的界定将直接影响到非市场价值的高低。基于当前人们对农地保护的认识水平，估算农地非市场价值时仅将农地资源的受益群体按行政辖区人口确定，没有考虑辖区外受益于农地保护的样本，估算出的价值是较为保守的数值，有低估的可能。

3）样本容量。CVM 的基本思路是通过样本调查，计算受访居民的平均支付或受偿意愿，并把样本扩展到研究区域整体，用平均支付或受偿意愿乘以受益群体，估算农地环境改善或损失所能带来的经济效益或损失。因此，样本的代表性及样本容量的适宜性直接关系到估算结果的真实、可靠性。适宜样本容量的讨论，Arrow 和 Solow（1993）领导的"蓝带小组"曾对简单二分式问题格式提出至少需要 1000 份总样本的指导性原则。为此，本文调查问卷的抽样份数以 1000份为下限，按 Scheaffer（1979）抽样公式确定样本的上限数 1200 份，实际调查1305 份，回收有效问卷 1248 份。样本容量整体设计是较为适宜、合理的。但在分区和群体抽样调查时，考虑对经济发展水平较低的汉川、荆门等城市的城镇居民的调查仍属探索性研究，为此荆门、宜昌城镇居民的样本容量较低，在作Logit 和多元线性回归分析时存在样本数量不足的问题。

4）样本的代表性。从各典型调查地区受访样本特征统计可见，受访样本兼顾不同的职业、年龄、收入等受益群体，并且回归结果表明受访者的性别、年龄、文化程度、收入、环境态度、影响预期等社会经济特征对支付意愿及支付数额有显著影响，符合经济学理论，样本具有代表性。但因受访者通常是家庭中具有经济决策权的户主，为此农村受访居民中女性比例偏低。

5）非市场价值的构成。借鉴台湾学者吴佩瑛（2001）对"垦丁国家公园"资源经济价值评估时的做法，将农地目前无法通过市场显现的非市场价值作为一个总值，直接通过 CVM 评估。西方的效用价值理论和环境价值理论的发展带动了农地价值理论的提升，农地资源价值的研究有较为明显的突破和飞跃。虽然学术界公认农地资源价值的研究已不能仅局限于传统的经济产出价值上，但目前对农地资源价值的内涵和构成尚缺乏统一的结论，各自从不同的角度出发，有将农地资源价值分成市场价值和非市场价值（张安录，1999；赵学涛，2003；王瑞雪，2005），分为非使用价值和使用价值（高云峰，2005），或从农地经济价值、生态价值和社会价值三方面分别估算地区农地资源价值（汪峰，2001；霍雅勤等，2003；张芳，2003；武燕丽，2005）等，存在颇多争议。归结起来，目前国内学者多将资源难以在市场上体现的非市场价值纳为生态价值和社会价值或间接使用价值和非使用价值之总和，分别采用替代方法、条件价值评估法估算非市场价值的各组成成分，再汇总。然而，笔者考虑一方面对非市场价值的各个构成成分存在嵌入效果，因而认为对于同一受访者愿意支付的非市场价值没有必要再进一步区分间使用价值和非使用价值；另一方面，对间接使用价值的各个部分再细细分类，即使考虑再周全，所估算出的资源价值仍可能会存在交叉、重叠或遗漏的可能，并且会因为评估技术的困难难以完成，表面上看起来评估出的价值似乎准确、全面，事实并非如此，甚至可能割裂了资源各种生态系统服务之间的有机联系和复杂的相互依赖性。

6）WTP 和 WTA 的比较。分别从不同的受益群体（农民和市民）、不同的假想市场（保护意愿和接受补偿）分别估算出农地资源的非市场价值，其中受假想市场即农地资源环境品质的改善程度及替换程度的影响，WTP 和 WTA 存在较大的偏差。对于 WTP 和 WTA 价值两种度量尺度的偏差，学术界的认识已经较20世纪 80 年代有了实质性的突破，认为偏差并非消费者不理性的行为导致，而是受资源的替代程度影响，偏差范围可以从 0 到无穷大。研究结果也表明，从城市居民对农地损失的受偿意愿所分析的非市场价值最高，可视为农地非市场价值的上限值；而从农民保护农地接受补贴所计算的 WTA 最低，甚至低于支付意愿价值 WTP，可视为农地非市场价值的下限值。这两个假设前提所估算出农地非市场价值仅作参考值。从当前辖区居民保存农地的支付意愿（WTP）所折算出的非市场价值估算结果适中，反映受访居民当前的真实意愿及经济能力，将其作为农地非市场价值的估算值。

7）估算出的耕地资源非市场价值与 Constanza 在 1997 年对耕地生态系统服务价值的估算结果较为接近，尤其是武汉市农地非市场价值的估算结果与其研究结果最为接近，说明在当前的经济发展水平和资源稀缺程度上估算出来的非市场价值与 Constanza10 年前在经济发达国家的评估结果相近。说明农地资源的非市场价值随时间不断变化，受居民的环境意识、地区资源状况及经济发展水平影响。未来，随着资源稀缺程度、环境状况、地区经济发展、人们文化素质的增加等相关变化，农地非市场价值仍有增加的可能。

8.3.4　农地生态特征与农地价值关系分析及可替代的方法

1）分析同一区域范围内种植结构、耕作制度、资源禀赋等对农地市场价值的影响，比较不同生态类型区域内基本农田建设、光温生产潜力、地貌等生态特征与农地经济产出的关系，比较不同经济发展阶段、不同类型地区受访居民因资源禀赋、经济条件、生态环境的差异对农地保护的偏好意愿及差异。但因经济资料主要来源于受访样本的调查，对于农地生态系统稳定性、景观破碎度、生态位等的研究尚未涉及，有待加强。

2）受自然及人为因素的干扰，尤其社会经济活动的巨大影响，农地生态系统的结构、功能、过程、质量状况随时间不断变化，只有监测这种变化，才能对农地资源价值的变化规律做出相应的研究。文中虽然分析了近期农地景观及其价值的变化，但因基础数据的时间序列不足，对规律的把握仍不够。有望在今后，通过增强资料及研究范围，进一步探索农地价值变化的时空规律，研究农地价值随农地生态系统结构、功能、质量状况变化的趋势。

3）条件价值评估法是当前可以全面评估农地非市场价值的唯一方法，主要应用于估计农地资源数量及质量整体变化的价值，但是农地也具有许多难以用市场价格来衡量的属性特征。文中仅对农地非市场价值进行了全面评估，对其中的游憩、土壤性状、区位或环境质量等单个属性的价值变化的研究是今后需要进一步深入探讨的课题。从理论上属性价值可以通过寻求替代物的市场价格来衡量，运用旅游成本法和特征价值法等替代市场法来估算。为此，在未来的研究中，可结合旅游成本法、特征价值法更为准确地评估农地不同特征属性的价值。

8.3.5　研究展望

评估农地资源的价值或整体保护效益，揭示农地生态与农地价值的关系，仅是研究的起点，重要的是要将现有的研究结合相关方法，指导实践，解决问题。

1）农地城市流转决策标准的制定。可将农地资源价值的估算结果与成本费用分析等相关方法相结合，为确定研究区域基本农田保有量，制定农地城市流转的时间、空间、区位、数量等决策标准提供参考。

2）农地保护补偿机制的研究。当前失地农民和耕地保护、环境保护和经济发展等相关问题是经济发展过程中面临的棘手难题，是今后需进一步将农地价值研究结果与实践问题相结合，解决实际问题的一个重要方面。未来的研究可从农地资源的总价值出发，探索农地资源公共产权和私人产权的比例份额，确定利益补偿标准，包括失地农民的利益补偿机制、农地保护的区域补偿机制及生态补偿机制；运用产权理论确定政府、集体经济组织、农民等利益主体在农地产权结构中的比例份额及贡献，构建有效的初始产权分配机制，建立可操作的量化模式。

参 考 文 献

蔡剑辉 . 2004 . 论森林资源定价的理论基础 . 北京林业大学学报 (社会科学版), 3 (3):
    41 – 44.

蔡运龙 . 2000 . 中国经济高速发展中的耕地问题 . 资源科学, 22 (3): 22 – 28.

曹辉, 陈平留 . 2003 . 森林景观资产评估 CVM 法研究 . 福建林学院学报, (1): 48 – 52.

曹辉, 兰思仁 . 2001 . 福州国家森林公园景观游憩效益评估 . 林业经济问题, 21 (5): 296 – 298.

陈恭钧 . 1994 . 关渡沼泽区的保护效益评估 – 假设性市场评价法之应用 . 台北: 台湾大学经济
    学研究所 .

陈会广 . 2004 . 经济发展中土地非农化的制度响应与政府征用绩效研究: 理论框架与来自常州、
    马鞍山的经验 . 南京: 南京农业大学 .

陈江龙 . 2003 . 经济快速增长阶段农地非农化问题研究 . 南京: 南京农业大学 .

陈凯俐 . 2003 . 台湾湿地的价值评估——生态评估与经济评估之结合 . 自然资源与环境经济
    学——理论基础与本土案例分析 . 台北: 双业书廊 .

陈钦奇 . 2003 . 离岛地区民众对淡化水的愿付金额之探讨 . 台湾土地金融季刊, 40 (1): 229 –
    253.

陈伟琪, 刘岩, 洪华生等 . 2001 . 厦门岛东部海岸旅游娱乐价值的评估 . 厦门大学学报 (自然
    科学版), 40 (4): 914 – 921.

陈锡文 . 2006 . 中国将坚持实施最严格的耕地保护制度 . http://finance.people.com.cn/GB/
    1037/4133689.html [2006-2-23] .

陈应发, 陈放鸣 . 1994 . 国外森林游憩价值评估的两种流行方法 . 北京林业大学学报, (3),
    97 – 105.

陈应发 . 1996 . 旅行费用法——国外最流行的森林游憩价值评估方法 . 生态经济, (4),
    35 – 39.

戴星翼, 俞厚未, 董梅 . 2005 . 生态服务的价值实现 . 北京: 科学出版社 .

董孝斌, 高旺盛, 严茂超 . 2004 . 黄土高原典型流域农业生态系统生产力的能值分析 . 地理学
    报, 59 (2): 223 – 229.

高吉喜 . 2001 . 可持续发展理论探索——可持续生态承载理论、方法与应用 . 北京: 中国环境
    科学出版社 .

高云峰 . 2005 . 北京山区森林资源价值评估 . 北京: 中国农业大学 .

高智晟 . 2005 . 野生动物价值评估与定价研究 . 哈尔滨: 东北林业大学 .

郭剑英, 王乃昂 . 2005 . 敦煌旅游资源非使用价值评估 . 资源科学, 27 (5): 187 – 192.

国土资源部地籍管理司编 . 全国土地利用变更调查报告 . [M] . 北京: 中国大地出版

社，2003

国家环境保护总局 . 2005 . 2004 年中国环境状况公报 http：//www．zhb．gov．cn/eic/
  649368307484327936/20050602/8215．shtml［2005-06-02］．

国土资源部地籍管理司 . 2005 . 全国土地利用变更调查报告 2002 . 北京：中国大地出版社 .

贺锡苹，张小华 . 1994 . 耕地资产核算方法及实例分析 . 中国土地科学，8（6）：23－27 .

黄恒学 . 2002 . 公共经济学 . 北京：北京大学出版社 .

黄书礼 . 2002 . 生态系统理论在区域研究之应用 . 都市与计划，29（2）：187－215 .

黄贤金 . 1997 . 中国耕地资源价值量核算研究 . 农业经济问题，（3）：40－42 .

黄贤金 . 1999 . 江苏省耕地资源价值核算研究 . 江苏社会科学，（4）：55－59 .

黄雅玲，陈明健 . 2004 . 厨馀回收及其经济效益之评估——以台中市社区为例 . 台湾土地金融
  季刊，41（3）：99－119 .

黄有光 . 1991 . 福利经济学 . 北京：中国友谊出版公司 .

黄宗煌 . 1990 . 台湾地区国家公园之游憩效益的评估 . 台湾银行季刊，41（3）：282－304 .

霍雅勤，蔡运龙，王瑛 . 2004 . 耕地对农民的效用考察及耕地功能分析 . 中国人口资源与环境，
  14（3）：105－108 .

霍雅勤，蔡运龙 . 2003 . 耕地资源价值的评估与重建——以甘肃省会宁县为例 . 干旱区资源与
  环境，17（5）：81－85 .

金健君，王志石 . 2005 . 澳门固体废物管理的经济价值评估——选择试验模型法和条件价值法
  的比较 . 中国环境科学，25（6）：751－755 .

金丽娟 . 2005 . 香山公园森林游憩价值评估与旅游管理对策研究 . 北京：北京林业大学 .

靳乐山 . 1999 . 用旅行费用法评价圆明园的环境服务价值 . 环境保护，（4），31－34 .

蓝盛芳，钦佩，陆宏芳 . 2002 . 生态经济系统能值分析 . 北京：化学工业出版社 .

李百冠 . 1997 . 土地物质、土地资本与土地价值关系探究 . 不动产纵横，（2）：14 .

李国安 . 1996 . 还原利率与使用权年限的关系及应用 . 宁波大学学报（理工版），9（2）：
  27－33 .

李金昌，姜文来，靳乐山等 . 1999 . 生态价值论 . 重庆：重庆大学出版社 .

李仁安，邓建勋 . 2004 . 江汉平原水资源保护与农业可持续发展研究 . 武汉理工大学学报，26
  （7）：91－93 .

李仁东，程学军，隋晓丽 . 2003 . 江汉平原土地利用的时空变化及驱动因素分析 . 地理研究，
  22（4）：423－430 .

李巍，李文军 . 2003 . 用改进的旅行费用法评估九寨沟的游憩价值 . 北京大学学报（自然科学
  版），39（4），548－555 .

刘绍明，吴文良 . 2003 . 县域农业生态经济系统的分析——功能和效益 . 农业环境科学学报，
  22（1）：78－81 .

刘坤，杨东 . 2001 . 旅游资源的经济价值评价 . 曲阜师范大学学报（自然科学版），27（3）：
  103－107 .

刘卫东 . 1994 . 江汉平原土地类型与综合自然区划 . 地理学报，49（12）：73－82 .

刘卫东等 . 1990 . 湖北省中亚热带与北亚热带自然地理界线的划分 . 北京：科学出版社 .

刘彦随，彭留英，王大伟 . 2005 . 东南沿海地区土地利用转换态势与机制分析 . 自然资源学

报，20（3）：333 – 339.

罗必良．2000. 农地经营规模的效益决定．中国农村观察，（5）：18 – 24.

罗伊·普罗斯特曼，李平，蒂姆·汉斯达德．1996. 中国农业的规模经营：政策适当吗．中国农村观察，（6）：17 – 29.

马思新，李昂．2003. 基于 Hedonic 模型的北京住宅价格影响因素分析．土木工程学报，36（9），59 – 65.

钱忠好．2003. 中国农地保护：理论与政策分析．管理世界，（10）：60 – 70.

乔家君，熊剑．2006. 村域农田生态经济系统投入产出特征研究——以河南省巩义市吴沟村为例．中国生态农业学报，14（1）：226 – 229.

乔家君，许立民．2005. 山区耕地资源投入产出的高程因子分析——以河南吴沟村为例．资源科学，27（6）：53 – 57

乔家君．2004. 中国中部农区村域人地关系系统定量研究——河南省巩义市吴沟村、滹沱村、孝南村的实证分析．开封：河南大学．

全国土地估价师资格考试委员会．2004. 土地估价理论与方法．北京：地质出版社．

尚杰．2000. 农业生态经济学．北京：中国农业出版社．

世界财经报道．2006. 忧：中国 GDP 能耗是日本的 8 倍．http：//finance. icxo. com/htmlnews/2006/03/13/777882_ 0. htm［2006-03-13］.

世界银行．2001. 中国：空气、土地和水——新千年的环境优先领域．北京：中国环境科学出版社．

宋敏，横川洋等．2000. 用假设市场评价法（CVM）评价农地的外部效益．中国土地科学，14（3）：19 – 22

苏国麟，李谋召，蓝盛芳等，1999. 广东三水市种植业系统的能值分析及其可持续发展．农业现代化研究，20（6）：359 – 361.

苏明达，吴佩瑛．2004. 愿意支付价值最佳效率指标之建构与验证．农业经济丛刊，9（2）：27 – 60.

孙昌金，陈晓倩．2002. 关于森林生态补偿基金的几点感想//中国环境与发展国际合作委员会林草问题课题组．生态环境效益补偿政策与国际经验研讨会论文集．北京：中国林业出版社．

孙建平．2004. 秦岭北坡森林公园游憩价值及深层生态旅游开发．西安：陕西师范大学．

唐建荣．2005. 生态经济学．北京：化学工业出版社．

唐焱，吴群，刘友兆等．2003. 基于 C-D 生产函数的农用地估价实证研究．南京农业大学学报，26（3）：101 – 105.

田树君．2002. 两种土壤生态系统固氮菌和磷细菌的生物多样性研究．北京：中国农业大学．

万广华，程恩江．1996. 规模经济、土地细碎化与我的粮食生产．中国农村观察，（3）：31 – 36.

汪峰．2001. 农地价值评估及其社会保障功能研究．杭州：浙江大学．

王姝．我国失地农民年均百万，征用地改革方案正在制定．http：//news. sohu. com/20060309/n242198871. shtml［2008-9-15］.

王丰年．2006. 论生态补偿的原则和机制．自然辩证法研究，22（1）：31 – 35.

王凤仙．1995．农田系统潜在危机及调控之见．农业环境保护，14（1）：34-36.

王瑞雪．2005．耕地非市场价值评估理论方法与实践．武汉：华中农业大学．

王瑞雪，张安录，颜延武．2005．近年国外农地价值评估方法研究进展述评．中国土地科学，19（3）：59-64.

王瑞雪，赵学涛，张安录．2005．农地非市场价值条件评估法及其应用．资源科学，27（3）：105-110.

王舒曼，谭荣，吴丽梅．2005．农地资源舒适性价值评估——以江苏省为例．长江流域资源与环境，14（6）：720-724.

王宪礼，胡礼满，布仁包．1996．辽河三角洲湿地的景观变化分析．地理科学，16（3）：260-265.

王晓鸿．2004．鄱阳湖湿地生态系统评估．北京：科学出版社．

王学军等．1995．国外生态环境补偿费征收情况调查报告//国家环境保护局自然保护司．中国生态环境补偿费的理论与实践．北京：中国环境科学出版社：118-131.

王昭正，陈益壮，林建信．2001．奥万大森林游乐区游客会费意愿分析——多指标多因子模式之应用．农业经济半年刊，70（2）：91-115.

温海珍，贾生华．2004．住宅的特征与特征的价格——基于特征价格模型的分析．浙江大学学报（工学版），38（10）：1338-1342.

温铁军．2002．中国的"城镇化"道路与相关制度问题．http：//www.cei.gov.cn/forum50，[2002/5/22]．

吴歆．国家土地副总督察解析土地调控：对房价影响不大．http：//www.chinanews.com.cn/estate/news/2006/09-23/794838.shtml.［2006-09-23］

吴佩瑛，苏明达．2001．60亿元的由来——垦丁国家公园资源经济价值评估．台北：前卫出版社．

武燕丽．2005．农用土地资源价值测度方法研究．晋中：山西农业大学．

夏伦旺．2000．农田生态系统的概念、组成和特性．生物学通报，35（3）：18

萧景楷．1999．农地资源保育效益之评价．水土保持研究，6（3）：60-71.

谢高地，鲁春霞，冷允法等．2003．青藏高原生态资产的价值评估．自然资源学报，18（2）：189-195.

谢静琪，简士豪．2003．环境敏感地区之保育价值．台湾土地金融季刊，40（1）：1-21.

徐中明，张志强，程国栋．2003．生态经济学理论方法与应用．郑州：黄河水利出版社．

徐中明，张志强，程国栋等．2002．额济纳旗生态系统恢复的总经济价值评估．地理学报，57（1）：107-116

薛达元，包浩生，李文华．1999．长白山自然保护区森林生态系统间接经济价值评估．中国环境科学，19（3）：247-252.

薛达元．2000．长白山自然保护区生物多样性非使用价值评估．中国环境科学，20（2）：141-145.

严茂超，李海涛，程鸿等．2003．中国农林牧渔业主要产品的能值分析与评估．北京林业大学学报，23（6）：66-69.

杨凯，赵军．2005．城市河流生态系统服务的CVM估值及其偏差分析．生态学报，25（6）：

1391 – 1396.

姚志勇等. 2002. 环境经济学. 北京：中国发展出版社.

余家林. 1993. 农业多元试验统计. 北京：北京农业大学出版社.

张安录. 1997. 城乡生态经济交错区农地城市流转机制与制度创新. 中国农村经济，（7）：
43 – 49.

张安录. 1999. 城乡生态经济交错区土地资源可持续利用与管理研究. 武汉：华中农业大学.

张安录. 2000. 农地城市流转与土地一级市场流转. 华中师范大学学报（自然科学版），6
（2）：232 – 236.

张帆. 1998. 环境与自然资源经济学. 上海：上海人民出版社.

张芳. 2003. 黑龙江省耕地资源价值核算. 农场经济管理，（6）：26 – 27.

张洁暇，郝晋珉，段瑞娟. 2005. 现代农业生态系统能值演替分析——以河北省曲周县为例.
水土保持学报，19（6）：141 – 144.

张士功. 2005. 耕地资源与粮食安全. 北京：中国农业科学院.

张耀启，李一清，潘羿. 2005. 自然与环境资源价值评估的误区. 自然资源学报，20（3）
453 – 460.

张茵，蔡运龙. 2004. 基于分区的多目的的 TCM 模型及其在游憩资源价值评估中的应用——以
九寨沟自然保护区为例. 自然资源学报，19（5）：651 – 661.

张跃庆，张连城著. 1990. 城市土地经济问题. 北京：光明日报出版社.

张志强，徐中明. 2002. 黑河流域张掖地区生态系统服务恢复的条件价值评估. 生态学报，22
（6）：885 – 893.

赵军. 2005. 生态系统服务的条件价值评估：理论、方法与应用. 上海：华东师范大学.

赵学涛. 2003. 城市边缘区农地城市流转决策. 武汉：华中农业大学.

郑惠燕，林政德. 1997. 条件价值评估法之嵌入效果：台湾野生动物保护区之验证. 农业经济
半年刊，64：125 – 139

郑捷奋. 2004. 城市轨道交通与周边房地产价值关系研究. 北京：清华大学.

朱会义，李秀彬. 2003. 关于区域土地利用变化指数模型方法的讨论. 地理学报，58（5）：
643 – 650.

朱俊林. 1997. 三峡工程和江汉平原农业持续发展. 生态学杂志，16（2）：36 – 41.

朱仁友. 2000. 我国农地估价中运用收益还原法存在的问题与求解. 中国农村观察，(5)：25 – 29.

朱宜萱等. 2003. 凝眸中原——中国经济快速发展的第四板块（生态卷）. 北京：中央文献出
版社.

中国经济年鉴编委会. 2005 中国经济年鉴［M］. 北京：中国经济年鉴社出版社，2006.

Albers H J, Fisher A C, Hanemann W M. 1996. Valuation of tropical forests：implications of uncer-
tainty and irreversibility. Environmental and Resource Economics, 8（1）：39 – 61.

Arguea N M, Hsiao C. 1993. Econometric issues of estimating hedonic price functions-with an applica-
tion to the U. S. market for automobiles. Journal of Econometrics, 56（1）：243 – 267.

Arrow K J, Fisher A C. 1974. Environmental preservation, uncertainty, and irreversibility. Quarterly
Journal of Economics, 88（2）：312 – 319.

Arrow K, Solow R, Portney P, et al. 1993. Report of the NOAA panel on contingent valuation. Report to the General Council of the US National Oceanic and Atmospheric Administration. Washington D C: Resource for the Future.

Baltas G, Freeman J . 2001. Hedonic price methods and the structure of high-technology Industrial markets: an empirical analysis. Industrial Marketing Management, 30 (7): 599 – 607.

Bergstrom J C, Stoll J R, Titre J P, et al. 1990. Economic value of wetlands-based recreation. Ecological Economics, 2 (2): 129 – 147.

Barnes J I. 1996. Changes in the economic use value of elephant in Botswana: the effect of international trade prohibition. Ecological Economics, 18 (3): 215 – 230.

Bateman I J , Langford I H . 1997. Non-users willingness to pay for a national park: an application and critique of the contingent valuation method. Regional Studies, 31 (6): 571 – 582.

Bennett J W. 1984. Using direct questioning to value the existence benefits of preserved natural areas. Australian Journal of Agricultural Economics, 28 (2): 136 – 152.

Bennett R Y , Larson D. 1996. Contingent valuation of the perceived benefits of farm animal welfare legislation: an exploratory survey. Journal of Agricultural Economics, 47 (2): 224 – 235

Bergstrom J C, Boyle K, Poe G. 2000. The economic valuation of water quality. Cheltenham: Edward Elgar Publishers.

Bishop R C. 1982. Option value: an exposition and extention. Land Economics, 58 (1): 1 – 15.

Blomquist G C, Whitehead J C . 1998. Resource quality information and validity of willingness to pay in contingent valuation. Resource and Energy Economics, 20 (2): 179 – 196.

Bockstael N E, Hanemann W M, Kling C L. 1987. Estimating the value of water quality improvements in a recreational demand framework. Water Resources Research, 23 (5): 951 – 960.

Bong-Koo K, Yongsung C, Jae Eun K . 2001. Estimation of WTP for water quality improvements in Paldang reservoir using contingent valuation. Environmental and Resource Economics Review, 10 (3): 433 – 459.

Bonnetain P. 2003. A hedonic price model for islands. Journal of Urban Economics, 54 (2): 368 – 377.

Bowker J M . Stoll J R . 1988. Use of dichotomous choice nonmarket methods to value the whooping crane resource. American Journal of Agricultural Economics, 70 (2): 372 – 381.

Boyle K J , Bishop R C . 1987. Valuing wildlife in benefit-cost analysis: a case study involving endangered species. Water Resources Research, 23 (5): 943 – 950.

Boyle K H, Bishop R C . 1987. Toward total valuation of Great Lakes fishery resources. Water Resources Research, 5: 943 – 950.

Brown T C, Ajzen I, Hrubes D. 2003. Further tests of entreaties to avoid hypothetical bias in referendum contingent valuation. Journal of Environmental Economics and Management, 46 (2): 353 – 361.

Burt O. 1986 Econometric modeling of the capitalization formula for farmland price. American Journal of Agricultural Economy, 68 (2): 10 – 26.

Campbell D E. 1998. Emergy analysis of human carrying capacity and regional sustainability: an example using the state of Maine. Environmental Monitoring and Assessment, 51 (1 – 2): 531 – 569.

Carson R T. 1998. Valuation of tropical rainforest: philosophical and practical issues in the use of contingent valuation. Ecological Economics, 24 (1): 15 – 29.

Carson R T, Mitchell R C . 1995. Sequencing and nesting in contingent valuation surveys. Journal of Environmental Economics and Management. 28 (2): 155 – 173.

Carson R T, Flores N E, Meade N F. 2001. Contingent valuation: controversies and evidence. Environmental and Resource Economics, 19 (2): 173 – 210.

Carson R T, Mitchell R C, Kopp R J, et al. 2003. Contingent valuation and lost passive use: damages from the exxon valdez oil spill. Environmental and Resource Economics , 25 (3): 257 – 286.

Choe K A, Whittington D, Lauria D T . 1996. The economic benefits of surface water quality improvements in developing countries: a case study of Davao, Philippines. Land-Economics, 72 (4): 519 –537.

Clawson M, Knetsch J . 1966. Economics of outdoor recreation. Baltimore: Johns Hopkins University Press.

Clawson M. 1959. Methods of measuring the demand for and value of outdoor recreation. Washington: Resources for the Future.

Combris P, Lecocq S, Visser M . 1997. Estimation of a hedonic price equation for Bordeaux wine: does quality matter? The Economic Journal, 107 (3): 390 – 402.

Common M, Perrings C. 1992. Toward an ecological economics of sustainability. Ecological Economics, 6 (1): 7 – 34.

Constanza R, et al. 1997. The value of the world's ecosystem services and natural capital. Nature, 387: 253 – 260.

Cummings R G, Brookshire D S, Schulze W D. 1986. Valuing environmental goods, an assessment of the contingent valuation method. Totowa: Rowman and Allanheld.

Cummings R G, Ganderton P T , Mcguckin T. 1994. Substitution effects in CVM values. American Journal of agricultural Economics, 76 (2): 205 – 214.

Cummings R G, Taylor L O . 1999. Unbiased value estimates for environmental goods: a cheap talk design for the contingent valuation method. The American Economic Review, 89 (3): 649 – 665.

Davis R K. 1963. Recreation planning as an economic problem. Natural Resource Journal, (3): 239 – 249.

Drake L. 1992. The non-market value of the Swedish agricultural landscape. European Review of Agricultural Economics, 19 (3): 351 – 364.

Emmert J J. 1999. Income and substitution effects in the travel cost model: an application to Indiana state parks. American Journal of Agricultural Economics, 81 (5): 1330 – 1337.

Freeman A. 1993. The measurement of environmental and resource values-theory and methods. Washington: Resources for the Future.

Freeman L. 2002. Subsidized housing and neighborhood impacts: a theoretical discussion and review of the evidence. Journal of Planning Literature, 16 (3): 359 – 378.

Goodman A C. 1998. Andrew court and the invention of hedonic price analysis. Journal of Urban Economics, 44 (2): 291 – 298.

Gowdy J M. 1997. The value of the biodiversity: markets, society and ecosystems. Land Economics, 73 (1): 25 –41.

Griliches Z. 1958. The demand for fertilizer: an econoetric reinterpretation of a technical change. Journal of Farm Econoics, 40 (2): 591 – 606.

Halstead J M. 1984. Measuring the nonmarket value of Massachusetts agricultural land: a case study. Northeast Journal of Agriculture and Resource Economics, 14 (1): 12 – 19.

Hammack J, Brown G . 1974. Waterfowl and wetlands: towards bioeconomic andlysis. Baltimor: Johns Hopkings University Press.

Hanemann M. 1991. Willingness to pay and willingness to accept: how much can they differ. American Economic Review, 81 (3): 635 – 647.

Hanley N C, Spash L , Walker L . 1995. Problems in valuing the benefits of biodiversity protection. Environmental and Resource Economics, 5 (3): 249 – 272.

Harless D W, Allen F R . 1999. Using the contingent valuation method to measure patron benefits of reference desk service in an academic library. College and Research Libraries, 60 (1): 56 – 69.

Harrison G W, Rutström E E . 2002. Experimental evidence on the existence of hypothetical bias in value elicitation methods. // Ed. Smith V L. Handbook of Results in Experimental Economics. New York: Elsevier Science .

Haurin D R, Brasington D. 1996. School quality and real house prices: Inter-and intrametropolitan effects. Journal of Housing Economics, 5 (4): 351 – 368.

Hicks J. 1946. Value and capital. Oxford: Oxford Univ. Press.

Hoehn J P, Randall A . 2002. The effect of resource quality information on resource injury perceptions and contingent values. Resource and Energy Economics, 24 (2): 13 – 33.

Holling C S, Goldberg M A . 1971. Ecology and planning. Journal of the American Institute of Planner, (39): 221 – 230.

Holt G E, Elliott D , Moore A . 1999. Placing a value on public library services. Public Libraries, 38 (2): 98 – 108.

Hotelling H. 1949. An economic Study of the Monetary Valuation of Recreation in the National Parks. Washington.

Jokobsson, Christin M, Eglar E. 1996. Contingent valuation and endangered species: methodological issues and applications. Cheltenham: Edward Elgar Press.

Jonathan I, Eisen-Hecht, Randall A K. 2002. A cost-benefit analysis of water quality protection in the Catawba basin. Journal of the American Water Resources Association, 38 (2): 453 – 465.

Jordan J L, Elnagheeb A H . 1993. Willingness to pay for improvements in drinking water quality. Water Reasources Research, 29 (2): 237 – 245.

Kahmeman D, Knetsch J L . 1992. Reply: contingent valuation and the value of public goods. Journal of Environmental Economics and Management, 22 (1): 90 – 94.

Kahmeman D, Knetsch J L . 1992. Valuing public goods: the purchase of moral satisfaction. Journal of Environmental Economics and Management, 22 (1): 57 – 70.

Kahneman D, Knetsch J , Thaler R. 1991. The endowment effect, loss aversion and status quobias. Journal of Economic Perspectives, (5): 193 – 206.

Kaufmann R. 1987. Biophysical and marxist economics: learning from each other. Ecological Modelling, 38 (1): 91 – 105.

Kennedy J. 1998. A travel cost analysis of the value of Carnarvon Gorge National park for recreational use: comment. Australian Journal of Agricultural and Resource Economics, 42 (3): 263 – 265.

Knetsch J, Sinden J. 1984. Willingness to pay and compensation demanded: experimental evidence of an unexpected disparity. Quarterly Journal of Economics, 94 (3): 507 – 521.

Knetsch J. 1989. The endowment effect and evidence of nonreversible indifference curves. American Economic Review, 79 (5): 1277 – 1284.

Kramer R A, Mercer D E. 1997. Valuing a global environmetal good: U. S. residents' willingness to pay to protect tropical rain forests. Land Economics, 73 (2): 196 – 210.

Krutilla J V 1967. Conservation reconsidered. The American Economic Review, 57 (4): 777 – 786.

Ladd G, Suvannunt V. 1976. A model of consumer goods characteristics. American Journal of Agricultural Economics, 58 (3): 504 – 510.

Lancaster K J. 1966. A new approach to consumer theory. Journal of Political Economics, 74 (2): 132 – 157.

Lee H S, et al. 2003. Estimation of information value on the internet: application of hedonic price model. Electronic Commerce Research and Applications. 2 (1): 73 – 80.

Li Xiaoyun, Cai Yinying, Zhang Anlu. 2006. Agricultural land loss in China's urbanization process. Ecological Economy, 2 (1): 32 – 42.

Lockwood M, Tracy K. 1995. Nonmarket economic evaluation of an urban recreation park. Journal of Leisure Research, 27 (2): 155 – 167.

Loomis J B, Walsh R G. 1997. Recreation economic decisions: comparing benefits and costs. 2nd editon. Alberta: Venture Publishing Inc.

Loomis J, Rameker V, Seidl A. 2000. Potential non-market benefits of agricultural lands in Colorado: a review of the literature. Agricultural and Resource Policy Report, Department of Agricultural and Resource Economics, APR00-02, February 2000. http://dare. agsci. colostate. edu/csuagecon/ extension/docs/landuse/agland. pdf [2006-06-13].

McHarg I L. 1969. Design with Nature. New York: Natural History Press.

McNeely J A, Miller K R, Reid W V, et al. 1991. 保护世界的生物多样性. 薛达元等译. 北京: 中国环境科学出版社.

Meadows D H, Meadows D L, Randers T, et al. 1974. The limits to growth. New York: Universe Books.

Meyerhoff J. 2002. The influence of generaland specific attitudes on stated willingness to pay: a composite attitude- behavior- model. Norwich: CSERGE and School of Environmental Science, University of EastAnglia.

Mitchell R C, Carson R T. 1984. A contingent valuation estimate of national freshwater benefits. Technical report to the US Environmental Protection Agency. Washinton: Resources for the future. Cited in Mitchell, R C and R T Carson. 1984.

Mitchell R, Cameron G, Carson R T. 1989. Using surveys to value public goods: the contingent valuation method. Washinton: Resource for the Future.

Murphy J J, Stevens T H, Allen P G, et al. 2003. A meta-analysis of hypothetical bias in stated preference valuation. Working paper, Amherst, MA: Univ. of Massachusetts, Dept. of Resource Economics.

Myrick Freeman A. 2002. 环境与资源价值评估—理论与方法. 曾贤刚译. 北京: 中国人民大学

出版社.

Noonan D S. 2003. Contingent valuation and cultural resources: A meta-analytic review of the litera-
ture. Journal of Cultural Economics, 27 (3 – 4): 159 – 176.

Norgaard R B. 1984. Co-evolutionary development potential. Land Economics, 60 (2): 160 – 173.

Navrud, S. 1988. Recreational value of atlantic salmon and sea trout angling in the river vikedalselv in
1987-before regular liming. Oslo: Report from the Directorate of Nature Management.

Odum H T. 1971. Environment, power & society. New York: John Wiley and Sons.

Odum H T. 1996. Environmental accounting: emergy and environmental decision making. New York:
John Wiley and Sons.

Odum H T, Odum E P. 1981. Hombre y naturaleza: bases energéticas. Omega Barcelona.

Olsen E R, Ramsey R P . 1993. A modified fracture dimension as a measure of landscape diversity.
Photo Grammatik Engineering &Remote Sensing, 53 (10): 1517 – 1520.

Pearce D W, Moran D. 1995. The economic value of biodiversity. London: Earthscan Publications Ltd.

Pearce D W, Turner R K. 1990. Economics of natural resources and the environment. Baltimore, EUA :
Johns Hopkins University.

Poe G L, Boyle K J, Bergstrom J C. 2000. A meta analysis of contingent values for groundwater quality
in the United States. Washing ton: American Agricultural Economics Association.

Portney P R. 1994. The contingent valuation debate: why economists should care. Journal of Economic
Perspectives, 8 (4): 3 – 17.

Pruckner G J. 1999. Agricultural landscape cultivation in Austria: an application of the CVM. European
Review of Agricultural Economics, 22 (2): 173 – 190.

Randall A, Hoehn J P , Brookshire D S . 1983. Contingent valuation surveys for evaluation environ-
ment assets. Natural Resources, 23 (6): 35 – 48.

Randall A, Stoll J. 1980. Consumer' s surplus in commodity space. American Economic Review, 70
(3): 449 – 455.

Ready R, Berger M , Blomquist G . 1997. Measuring amenity benefits from farmland: hedonic pricing
vs contingent valuation. Growth and Change, 28 (1): 43 – 58.

Ribaudo M O, Epp D J. 1984. The importance of sample discrimination in using the travel cost method
to estimate the benefits of improved water quality. Land-Economics, 60 (4): 397 – 403.

Rosen S. 1974. Hedonistic prices and implicit markets: product differentiation in pure competition.
Journal of Political Economy, 82 (1): 34 – 55.

Rosenburger S R, Walsh G R . 1997. Non-market valuation of western valley ranchland using contin-
gent valuation. Journal of Agricultural and Resource Economics, 22 (2): 296 – 309.

Rowe R, Arge R d`, Brookshire D . 1980. An experiment on the economic value of visibility. Journal
of Environment Economics and Management, 7 (3): 1 – 19.

Samples K C, Hollyer J R . 1990. Contingent valuation of wildlife resources in the presence of substi-
tutes and complements//Johnson R L, Johnson G V. Economic valuation of natural resources: is-
sues, theory and applications. Florida: Westvies Press.

Sengupta S, Osgood D E . 2003. The value of remoteness: a hedonic estimation of ranchette prices.

Ecological Economics. 44 (1): 91 – 103.

Smith K V. 1993. Nonmarket valuation of environmental resources: an interpretative appraisal. Land Economics, 69 (1): 1 – 26.

Stanley L R, Tschirhart J . 1991. Hedonic prices for a nondurable good: the case of breakfast cereals. Review of Economics and Statistics, 73 (3): 537 – 541.

Tobias D, Mendelsohn R. 1991. Valuing ecotourism in a tropical rainforest reserve. Ambio, 20 (2): 91 – 93.

Turner K. 1991. Economics and wetland management. Ambio, 20 (2): 59 – 61.

Ulgiati S, Odum H T , Bastianoni S . 1993. Emergy analysis of Italian agricultural system. The role of emergy quality and environmental inputs. In Trends in Ecological Physical Chemistry, Ed. By L Bonati, U Cosentino, M Lasagni, G Moro, D Pitea, and A Schiraldi, Elsecire, Amsterdam. 187 – 215.

Venkatachalam L. 2004. The contingent valuation method: a review. Environmental Impact Assessment Review, 24 (1): 89 – 124.

Vitousek P, Ehrlich P, Enrich A, et al. 1986. Human appropriation of the products of photosynthesis. Bioscience, 36 (6): 368 – 373.

Wackernagel Onisto L , Bello P, et al. 1997. Ecological footprints of nations: how much nature do they have. Commissioned by the earth council for the Rio + 5 forums. International Council for Local Environmental Initiatives. Toronto.

Wackernagel Onisto L, Bello P, et al. 1999. National natural capital accounting with the ecological footprint concept. Ecological Economics, 29 (3): 375 – 390.

Wackernagel, Rees W E . 1997. Our ecological footprint: reducing human impact on the earth. Florida: St Lucie Press.

Walsh R, Loomis J, Gillman R . 1984. Valuing option existence and bequest demand for wilderness. Land Economics, 60 (1): 14 – 29.

Waugh F V. 1928. Quality factors influencing vegetable prices. Journal of Farm Economics, 10 (2): 185 – 196.

Willing R. 1976. Consumer's surplus without apology. American Economic Review, 66 (4): 589 – 597.

Willis K G, Garrod G D . 1991. An individual travel cost method of evaluating forest recreation . Journal of Agricultural Economics, 42 (1): 33 – 42.

Willis K G, Garrod G D . 1993. Valuing landscape: a contingent valuation approach. Journal of Environmental Management, 37 (1): 1 – 22.

Willis K G, Garrod G D. 1999. An individual travel cost method of evaluating forest recreation. Journal of Agricultural Economics, 42 (1): 33 – 42.

Willis K G. 1989. Option value and non-user benefits of wildlife conservation. Journal of Rural Studies, 5 (3): 245 – 256.

Wood S, Trice A. 1958. Measurement of recreation benefits. Land Economics, 34 (3): 195 – 207.

Woodward R T, Wui Y S. 2001. The economic value of wetland services: a meta-analysis. Ecological Economics, 37 (2): 257 – 270.

参
考
文
献

附　表

1. 湖北省生态足迹计算中的生物资源账户（2004 年）

单位：吨

	地区	湖北	武汉	黄石	十堰	荆州	宜昌	襄樊	鄂州	荆门	孝感	黄冈	咸宁	随州	恩施	仙桃	天门	潜江	神农架
农产品	谷物	12 945 739	916 147	408 699.00	153 159	2 242 275	594 533	1 164 847	194 797	1 319 463	1 405 834	1 946 039	617 292	614 957	399 238	472 271	301 534	194 282	372
	小麦	1 829 784	43 154	19 757.00	111 360	88 194	55 096	729 587	8 813	147 648	188 668	147 747	7 054	179 329	37 575	7 753	30 268	26 885	896
	玉米	1 649 336	50 558	42 330.00	147 194	82 162	343 409	212 650	5 631	77 542	12 140	10 335	65 629	6 558	529 314	27 885	11 189	17 211	7 599
	薯类	1 021 842	38 855	78 436.00	94 287	32 053	134 816	117 139	13 691	53 297	40 892	89 919	76 664	28 153	203 091	8 362	7 495	4 006	686
	豆类	450 679	37 140	16 084.00	18 459	50 374	28 681	33 268	4 636	46 930	39 461	48 452	20 342	11 232	31 484	19 747	33 914	10 058	417
	棉花	389 622	20 907	2 276.00	56	102 211	19 157	34 562	2 517	36 753	23 263	36 266	1 290	13 073	30	19 964	39 375	37 922	200
	油料	2 727 208	170 981	63 894.00	55 958	379 713	201 908	451 087	50 237	345 597	162 013	368 302	70 170	61 276	69 318	90 611	106 252	79 691	0
	麻类	56 777	3 345	8 741.00	0	8 498	0	10 461	237	291	135	3 039	19 928	26	122	1 864	4	86	0
	糖料	759 671	82 598	4 089.00	7 129	262 557	6 435	109 360	41 848	30 691	40 875	69 647	46 007	3 766	1 627	27 045	10 802	15 195	0
	烟叶	93 443	58	0.00	3 618	32	11 338	10 916	0	4	0	26	0	443	66 987	0	0	0	21
	蔬菜	31 315 600	—	—	—	—	—	—	—	—	—	—	—	—	—	—	—	—	—
园产品	水果	6 115 727	563 632	87 813.00	130 931	604 166	992 232	1 225 577	180 000	583 250	459 139	204 361	243 094	250 575	86 483	301 441	84 617	117 831	585
	茶叶	72 225	1 940	309.00	1 259	181	11 137	5 481	180	184	1 587	16 254	14 621	812	18 230	0	0	0	50
林产品	生漆	28.507 5	—	0.00	18.26	0	8.997	6.46	0	0.053	0	0.05	0	0	246.89	0	0	0	4.365
	油桐籽	13 132	33	529.00	3 785.00	20	600	387	111	238	1 304	3 145	339	2 055	582	0	0	0	4
	油茶籽	17 659	414	3 368.00	262.00	14	37	312	149	89	1 056	5 068	4 723	2 083	83	0	0	0	1
	乌桕籽	10 517	82		181.00	2	404	252	0	373	5 418	2 379	0	1 166	260	0	0	0	0
	五倍籽	821	1		103.00	0	148	21	0	84	0	17	0	187	255	0	0	0	5

地区		湖北	武汉	黄石	十堰	荆州	宜昌	襄樊	鄂州	荆门	孝感	黄冈	咸宁	随州	恩施	仙桃	天门	潜江	神农架
林产品	棕片	4 287		138.00	86.00	17	931	171		118	0	1 994	164	56	606	0	0	0	6
	松脂	4 509.21	0	0.00		0	425.28		0	1 930.429	68.53	309.64	68.124	1 665.84	41.367	0	0	0	0
	笋干	2 423	0	215.00	108	1	62	80	0	22	0	139	1 739	0	57	0	0	0	0
	核桃	2 398		0.00	535	1	341	260	135	39	8	506	0	178	288	0	0	0	107
	板栗	65 739	1 853	817.00	2 659	60	4 401	1 482	0	4 444	15 577	26 668	1 254	5 416	763	0	0	0	345
	木材(万立方米)	126.54	2.43	3.44	4.08	10.6	14.25	16.03	1.19	13.22	5.46	17.66	17.71	2.68	11.84	1.89	0.48	3.57	0
水产品		2 871 330	376 386	88 371.00	23 907	605 372	104 052	148 772	130 000	228 038	296 252	300 098	122 961	64 740	5 890	212 424	74 861	86 491	0

注：数据来源于《湖北省统计年鉴 2005》

2. 湖北省人均生态足迹计算（2004 年）

单位：公顷/人

农产品	全球平均产量/(千克/公顷)	湖北	武汉	黄石	十堰	荆州	宜昌	襄樊	鄂州	荆门	孝感	黄冈	咸宁	随州	恩施	仙桃	天门	潜江	神农架
谷物	2 744	0.078 4	0.042 5	0.058 4	0.016 3	0.127 7	0.054 4	0.073 5	0.000 3	0.161 1	0.101 0	0.097 6	0.081 2	0.087 0	0.038 0	0.107 8	0.062 2	0.069 8	0.001 7
小麦	2 744	0.011 1	0.002 0	0.002 8	0.011 9	0.005 0	0.005 0	0.045 9	0.000 0	0.018 0	0.013 6	0.007 4	0.000 9	0.025 4	0.003 6	0.001 8	0.006 2	0.009 7	0.004 1
玉米	2 744	0.010 0	0.002 3	0.006 1	0.015 7	0.004 7	0.031 4	0.013 4	0.000 0	0.009 5	0.000 9	0.000 5	0.008 6	0.000 9	0.050 4	0.006 4	0.002 3	0.006 2	0.035 1
薯类	12 607	0.001 3	0.000 4	0.002 4	0.002 2	0.000 4	0.002 7	0.001 6	0.000 0	0.001 4	0.000 6	0.001 0	0.002 2	0.000 9	0.004 2	0.000 4	0.000 3	0.000 3	0.000 7
豆类	1 856	0.004 0	0.002 5	0.003 4	0.002 9	0.004 2	0.003 9	0.003 1	0.000 0	0.008 5	0.004 2	0.003 6	0.004 0	0.002 3	0.004 4	0.006 7	0.010 3	0.005 3	0.002 8
棉花	1 000	0.006 5	0.002 7	0.000 9	0.000 0	0.016 0	0.004 8	0.006 0	0.000 0	0.012 3	0.004 6	0.005 0	0.000 5	0.005 1	0.000 0	0.012 5	0.022 3	0.037 4	0.002 5
油料	1 856	0.024 4	0.011 7	0.013 5	0.008 8	0.032 0	0.027 3	0.042 0	0.000 0	0.062 4	0.017 2	0.027 3	0.013 6	0.012 8	0.009 8	0.030 6	0.032 4	0.042 3	0.000 0
麻类	1 500	0.000 6	0.000 3	0.000 3	0.000 0	0.000 9	0.000 0	0.001 2	0.000 0	0.000 1	0.000 0	0.000 3	0.004 8	0.000 1	0.000 0	0.000 0	0.000 3	0.000 1	0.000 0
糖料	18 000	0.000 7	0.000 6	0.000 0	0.000 1	0.000 0	0.000 1	0.001 0	0.000 0	0.000 6	0.000 0	0.000 5	0.000 9	0.000 1	0.011 3	0.000 0	0.000 0	0.000 8	0.000 0
烟叶	1 548	0.001 0	0.000 0	0.000 0	0.000 7	0.000 0	0.001 8	0.001 2	0.000 0	0.000 1	0.000 0	0.000 0	0.000 0	0.000 1	0.000 0	0.000 0	0.000 0	0.000 0	0.000 2
蔬菜	18 000	0.028 9	0.028 9	0.028 9	0.028 9	0.028 9	0.028 9	0.028 9	0.028 9	0.028 9	0.028 9	0.028 9	0.028 9	0.028 9	0.028 9	0.028 9	0.028 9	0.028 9	0.028 9
小计		0.167 0	0.093 9	0.118 8	0.087 6	0.222 0	0.160 3	0.217 7	0.028 9	0.302 8	0.171 5	0.172 2	0.145 7	0.163 5	0.150 7	0.196 7	0.165 3	0.200 7	0.076 1

附

录

续表

	全球平均产量/（千克/公顷）	湖北	武汉	黄石	十堰	荆州	宜昌	襄樊	鄂州	荆门	孝感	黄冈	咸宁	随州	恩施	仙桃	天门	潜江	神农架
园产品 水果	3 500	0.029 0	0.020 5	0.009 8	0.010 9	0.027 0	0.071 1	0.060 5	0.000 0	0.055 8	0.025 9	0.008 0	0.025 1	0.027 8	0.006 5	0.053 9	0.013 7	0.033 2	0.002 1
园产品 茶叶	566	0.002 1	0.000 4	0.000 2	0.000 7	0.000 0	0.004 9	0.001 7	0.000 0	0.000 1	0.000 6	0.004 0	0.009 3	0.000 6	0.008 4	0.000 0	0.000 0	0.000 0	0.001 1
园产品 小计		0.031 2	0.020 9	0.010 1	0.011 6	0.027 0	0.076 1	0.062 2	0.000 0	0.056 0	0.026 4	0.012 0	0.034 4	0.028 3	0.014 9	0.053 9	0.013 7	0.033 2	0.003 2
林产品 生漆	1 600	0.000 0	0.000 0	0.000 1	0.000 7	0.000 0	0.000 0	0.000 0	0.000 0	0.000 0	0.000 0	0.000 3	0.000 0	0.000 0	0.000 1	0.000 0	0.000 0	0.000 0	0.000 0
林产品 油桐籽	1 600	0.000 1	0.000 0	0.000 0	0.000 0	0.000 0	0.000 1	0.000 0	0.000 0	0.000 0	0.000 2	0.000 3	0.000 1	0.000 5	0.000 0	0.000 0	0.000 0	0.000 0	0.000 0
林产品 油茶籽	1 600	0.000 2	0.000 0	0.000 8	0.000 0	0.000 0	0.000 0	0.000 0	0.000 0	0.000 0	0.000 1	0.000 4	0.001 1	0.000 5	0.000 0	0.000 0	0.000 0	0.000 0	0.000 0
林产品 乌桕籽	1 600	0.000 1	0.000 0	0.000 0	0.000 0	0.000 0	0.000 1	0.000 0	0.000 0	0.000 1	0.000 7	0.000 2	0.000 0	0.000 3	0.000 0	0.000 0	0.000 0	0.000 0	0.000 0
林产品 五倍籽	1 600	0.000 0	0.000 0	0.000 0	0.000 0	0.000 0	0.000 0	0.000 0	0.000 0	0.000 0	0.000 0	0.000 2	0.000 0	0.000 0	0.000 1	0.000 0	0.000 0	0.000 0	0.000 0
林产品 棕片	1 600	0.000 0	0.000 0	0.000 0	0.000 0	0.000 0	0.000 1	0.000 0	0.000 0	0.000 0	0.000 0	0.000 0	0.000 0	0.000 0	0.000 0	0.000 0	0.000 0	0.000 0	0.000 0
林产品 松脂	1 600	0.000 0	0.000 0	0.000 1	0.000 1	0.000 0	0.000 1	0.000 0	0.000 0	0.000 4	0.000 0	0.000 0	0.000 4	0.000 4	0.000 0	0.000 0	0.000 0	0.000 0	0.000 0
林产品 笋干	1 600	0.000 0	0.000 0	0.000 0	0.000 3	0.000 0	0.000 1	0.000 0	0.000 0	0.000 0	0.000 0	0.000 0	0.000 0	0.000 0	0.000 0	0.000 0	0.000 0	0.000 0	0.000 0
林产品 核桃	3 000	0.000 0	0.000 1	0.000 1	0.000 1	0.000 0	0.000 4	0.000 1	0.000 0	0.000 5	0.001 0	0.000 1	0.000 2	0.000 7	0.000 1	0.000 0	0.000 0	0.000 0	0.000 5
林产品 板栗	3 000	0.000 4	0.000 2	0.000 1	0.000 6	0.000 0	0.001 8	0.000 1	0.000 0	0.000 5	0.000 5	0.000 1	0.000 2	0.000 7	0.001 6	0.000 6	0.000 1	0.000 0	0.001 5
林产品 木材（万）	1.99	0.001 1	0.000 2	0.000 7	0.000 6	0.000 8	0.001 8	0.001 4	0.000 0	0.002 2	0.000 5	0.001 2	0.003 2	0.000 5	0.001 6	0.000 6	0.000 1	0.001 8	0.000 0
林产品 小计		0.002 0	0.000 3	0.001 8	0.001 7	0.000 8	0.002 6	0.001 6	0.000 0	0.003 3	0.002 5	0.003 6	0.005 0	0.003 0	0.002 0	0.000 6	0.000 1	0.001 8	0.002 1
水产品	29	1.645 8	1.651 5	1.195 5	0.241 2	3.261 2	0.900 4	0.886 3	0.000 0	2.635 2	2.014 1	1.424 8	1.530 7	0.866 3	0.053 1	4.586 7	1.460 1	2.938 4	0.000 0
生态足迹		0.833 3	0.616 6	0.584 9	0.308 1	1.304 5	0.715 5	0.857 1	0.081 0	1.440 1	0.914 7	0.784 3	0.757 3	0.665 4	0.451 1	1.528 0	0.770 0	1.188 1	0.218 8

注：耕地、园地、林地及水域的均衡因子分别采用 2.8、1.1、1.1、0.2，数据来源《湖北省统计年鉴 2005》

3. 湖北省人均农地承载力计算　　　　　　　　　单位：公顷/人

地　区	人均耕地	人均园地	人均林地	人均水域	总供给面积	生态承载力
湖北	0.078 4	0.007 1	0.131 4	0.024 8	0.612 0	0.538 6
武汉	0.048 0	0.001 6	0.009 7	0.021 5	0.312 4	0.274 9
黄石	0.042 4	0.004 1	0.050 8	0.021 9	0.325 7	0.286 6
十堰	0.062 3	0.014 5	0.474 7	0.009 8	0.848 6	0.746 8
荆州	0.103 4	0.002 0	0.011 2	0.041 8	0.653 5	0.575 1
宜昌	0.090 2	0.021 7	0.320 4	0.017 3	0.867 4	0.763 3
襄樊	0.104 3	0.009 5	0.140 4	0.014 3	0.747 2	0.657 5
鄂州	0.051 1	0.001 2	0.017 3	0.049 6	0.385 4	0.339 2
荆门	0.130 1	0.006 5	0.130 9	0.035 8	0.913 5	0.803 9
孝感	0.068 6	0.002 8	0.028 9	0.019 4	0.441 8	0.388 7
黄冈	0.053 3	0.010 4	0.097 3	0.022 5	0.439 3	0.386 6
咸宁	0.070 2	0.010 8	0.155 5	0.023 4	0.592 4	0.521 3
随州	0.085 3	0.004 7	0.179 3	0.017 6	0.683 0	0.601 1
恩施	0.098 7	0.010 1	0.377 8	0.004 3	0.937 5	0.825 0
仙桃	0.083 5	0.001 5	0.003 2	0.020 5	0.498 7	0.438 8
天门	0.088 3	0.000 9	0.002 6	0.012 1	0.508 9	0.447 8
潜江	0.109 5	0.001 7	0.006 8	0.019 6	0.643 5	0.566 3
神农架	0.090 6	0.008 6	3.733 8	0.014 0	4.267 8	3.755 7
全省农地 产量因子 均衡因子	耕地：湖北省耕地平均产量 5400kg·hm^{-2}·a^{-1}，是世界平均产量 2744 kg·hm^{-2}·a^{-1} 的 1.96 倍；园、林地：取中国平均值（Wackernagel，1997；1999），是世界平均产量的 0.91 倍；水域：湖北省平均产量 252.10kg·hm^{-2}·a^{-1}，是世界平均产 29 kg·hm^{-2}·a^{-1} 的 8.69 倍，耕地 2.8，园、林地 1.1，水域 0.2					

注：农地生态承载力已扣除 12% 的生物多样性保护面；数据是根据《湖北省统计年鉴 2005》整理计算得到

附

表

303